バイオ実験の知恵袋

効率アップとピンチ脱出のワザ **350+Plus**

はじめに

　バイオ実験に関するプロトコール集や解説書などの指南書は，初歩的なものから先端的なものまで，また形式的なものからアイデア満載のものまで，すでに数多くの良書が出版されている．これらの指南書の多くでは，一般的あるいは典型的な事例に則して実験を理想的に展開させており，各ステップにおける操作法と留意点を解説することで，実験をうまく進める方法を効果的に伝授している．しかし現実のバイオ実験は，指南書どおりの理想的展開というより，実験規模・操作環境・反応条件などの初期設定的な違いや，反応効率・副産物・例外・凡ミスなどの現実的問題によって翻弄されることのほうが多い．もちろん優れた指南書には，初期設定条件の変更法やその際の留意点，起こりやすいトラブルに対する注意喚起やその回避法も盛り込まれている．しかし，プロトコールの範疇外に起因するトラブルの回避法や，思わずやってしまった操作ミスの挽回法，ものぐさを助長しかねない横着法，データの品質劣化を伴う手抜き法を力説してくれる指南書はほとんどない．

　そこで本書では，理想と現実のバイオ実験のはざまで悩める初中級者に向け，従来の指南書では扱われにくかった型破りなノウハウを搔き集め，知恵袋としてまとめてみることにした．バイオ実験におけるノウハウは料理におけるスパイスのようなものであり，実験シーンに応じて使用するバランスは異なる．ノウハウの真意はある限定的な実験シーンに則して体系化しても伝えにくいものだが，本書ではできるだけ遭遇頻度が高いと思われる実験シーンで活用できる技として体系化し，その解説においてノウハウ使用のバランスやそれが意味するところの言及に努めた．また，現実のバイオ実験で直面するであろう諸問題の解決法を多角的に模索できるようにするため，標準的・一般的な手法はもとより応用・先端的な手法まで，関連性のある手法をできるだけ取り上げることにした．

本書は，各種バイオ実験で使えそうなノウハウを整理し，簡便・お手軽な技のデパートを開店する目的で作製したものではない．また，紹介した技を知恵に値するとか，すでに一般化してしまっているとか，応用性に乏しいとか，究極的ではないとか，もっと良い技があるなどを論議する叩き台にしたかったわけでもない．紙面や項目設定の関係で盛り込めなかった技，一般性に乏しくて盛り込めなかった技は多いが，技の数はそれほど重要ではない．バイオ実験に用いる手法の特性（可能性と限界）を把握することが重要であること，通念的手法以外にも問題解決の糸口が多数存在すること，通念を超えた手法にこそ新たなバイオ実験展開の可能性があることを体得できたのであれば，技は自ずから生み出せる．当然，本書を古紙回収に出しても何の問題はない．

　最後に，トンデモかもしれないノウハウに光を投げかけ，本書を忍耐強くまとめていただいた羊土社の望月恭彰氏，中川由香氏，ならびに編集部の方々に心より感謝したい．また，型破り（れ？）な本書であるが，なんらかの形で読者のバイオ実験の一助となったのであれば，うれしい限りである．

2007年3月

小笠原 道生

バイオ実験の知恵袋

目次概略

第1章　実験の準備 編 … *17*
何事も，まずは準備から．良い加減に，適当に，臨機応変に手を抜くことも

第2章　実験の基本操作 編 … *57*
基本操作の習得が重要．でも，それなりに，お手軽に，たまには横着することも

第3章　大腸菌・ファージの培養 編 … *99*
増殖のコントロール．自己都合にあわせられれば，マイスターを称しても

第4章　核酸の抽出とクローニング 編 … *135*
核酸の確保．偽物ではないアガリをゲットできたら，ど忘れで失わないように

第5章　アガロースゲル電気泳動 編 … *183*
核酸を入手したら電気泳動．いつもの方法に飽きたら，変則技を使ってみるのも

第6章　遺伝子スクリーニング 編 … *217*
クローンの選択．お目当ての遺伝子を，あの手この手を使って釣り上げる

第7章　遺伝子発現の検出 編 … *255*
転写産物の存在確認．間違えず，多次元的に，お手軽に，そして納得して

第8章　実験器具・機器の変身 編 … *287*
固定概念からの脱却．視点を変えると，それなりだけど，マルチな才能が見え隠れ

本書の構成

第1章〜第7章

：最初にオーソドックスな正攻法をしっかり確認

↓

オススメ技：問題解決のためのさまざまな手法を，一般的なものから
応用を利かせたものまで列挙，詳細に解説

特に有用なオススメ技には，次のような分類を行っています
【オススメ度】実用性の高さなどから判断し，★ 〜 ★★★ で表示
【アイコン】　どのような場合に有効か，以下の6パターンで表示

第8章
実験器具・機器や日用品の驚くような流用術をご紹介．ピンチ脱出に役立ちます

★★★ : オススメ度を3段階で表しています

はじめに

第1章 実験の準備 編

■ 手狭な実験スペースを広げる方法 18
- **001** キャスターつきワゴンを導入する ★★★ ……… 18
- **002** 実験台に棚をとりつける ★ ……… 19
- **003** 実験台の引き出しに板をのせる ★★★ ……… 20

まだまだある こんな チョイ技 ……… 21
- 004 時間的棲み分け / 005 引き出し式補助台つきガスレンジ台の使用 / 006 パソコンラックの使用

■ 実験器具・試薬の不足で困らない方法 22
- **007** 見える化システムを導入する ★★★ ……… 22
- **008** まわりのラボから分けてもらう ★ ……… 24
- **009** 代替品や代替法を想定しておく ★★ ……… 25

まだまだある こんな チョイ技 ……… 26
- 010 個人用ストックの確保 / 011 ラボメイトに相談 / 012 使用予定情報の共有 / 013 経済力があるラボに出向

■ 実験器具を楽にきれいにする方法 27
- **014** アイデア洗浄装置を用いて楽しく洗浄する ★★ ……… 27
- **015** 洗浄せずにラップを敷いて使用する ★★★ ……… 29
- **016** 器具を専用化し，洗浄なしに使用する ★★ ……… 30

まだまだある こんな チョイ技 ……… 31
- 017 使用済み器具の即洗浄 / 018 ラジオを聴きながら洗浄 / 019 洗浄作業の分担制・当番制 / 020 ディスポーザブル器具の使用

■ 実験器具・試薬をそれなりに無菌化する方法 32
- **021** 実験器具をエタノールで消毒する ★★ ……… 33
- **022** 電子レンジのマイクロ波で殺菌する ★★★ ……… 34
- **023** 紫外線照射滅菌を行う ★ ……… 35

まだまだある こんな チョイ技 ──────────────── 36
　　024 家庭用調理器具の利用 ／ 025 微細孔フィルターによるろ過滅菌 ／
　　026 薬剤による消毒

5 正しい試薬調製プロトコールを手に入れる方法　37
　　027 メジューム瓶に組成・調製情報を明記する ★★★ ──── 37
　　028 組成・調製プロトコールを掲示する ★★ ─────── 38
　　029 プロトコールを電子ファイル化して共有する ★ ───── 39
　　　まだまだある こんな チョイ技 ──────────────── 40
　　030 インターネットによる情報収集 ／ 031 ブログの活用 ／ 032 試薬調
　　製スペースでの中古パソコンの活用 ／ 033 音声読み上げによる確認

6 試薬の計量をうまく行う方法　41
　　034 アルミホイル上に試薬をとる ★★★ ────────── 42
　　035 デカントで試薬を取り出す ★★ ──────────── 43
　　036 液体試薬を重さで計量する ★ ───────────── 44
　　　まだまだある こんな チョイ技 ──────────────── 45
　　037 連続ゼロ点調整法 ／ 038 最終容量による調整法 ／ 039 試薬容器内
　　への直接溶媒注入 ／ 040 計量済み試薬のストック ／ 041 アバウトな溶液
　　計量

7 試薬調製を手軽に行う方法　47
　　042 メスシリンダー内で直接溶液を調製する ★★ ────── 48
　　043 メジューム瓶内で直接溶液を調製する ★★ ────── 49
　　044 高濃度溶液を用いて溶液を調製する ★★ ─────── 50
　　　まだまだある こんな チョイ技 ──────────────── 51
　　045 高濃度溶液の分取用チューブの専用化 ／ 046 溶液調製時の温度上昇を
　　抑える ／ 047 溶液調製時の温度降下を抑える

8 信頼ブランドの試薬を手に入れる方法　53
　　048 試薬調製後，すぐに性能確認を行う ★★ ─────── 53
　　049 試薬の実験成功実績を把握する ★★★ ──────── 54
　　　まだまだある こんな チョイ技 ──────────────── 55
　　050 試薬の同時大量調製と小分け保存 ／ 051 正常溶液との混合動態のチェ
　　ック ／ 052 トラブル相談掲示板の設置

第2章　実験の基本操作 編

1 ディスポーザブル器具を賢く使う方法　58
　　053 トータルコストを考えて導入を検討する ★★ ────── 58
　　054 使用順や使用法を工夫して使う ★★★ ──────── 60
　　055 単価を掲示し周知する ★★ ────────────── 62

Contents

まだまだある こんなチョイ技 ……………………………………………………… 62
056 ディスポーザブル器具のサンプル品の入手 ／ 057 用途に応じたディスポーザブル器具の導入 ／ 058 バルク品の直接使用 ／ 059 チップ詰めの労働コスト算出 ／ 060 プラスチックの素材特性の把握

2 ハンドリングをスムーズに行う方法 *64*
061 実験方法や実験器具の構造と原理を理解する ★★ ………………………… 64
062 実験の空き時間に予行練習をする ★★★ ………………………………… 66
063 他人との特性の差を検討する ★ …………………………………………… 66

まだまだある こんなチョイ技 ……………………………………………………… 67
064 想定の範囲内化とイメージトレーニング ／ 065 手際のよい人のコツを参考にする ／ 066 臨機応変に変更 ／ 067 体の微振動の制御

3 溶液分注をエレガントに行う方法 *69*
068 容量を固定した分注器を使用する ★★ …………………………………… 69
069 分注手順を最適化・簡便化する ★★★ …………………………………… 70
070 大まかに分注した後で微調整する ★ ……………………………………… 71
071 点滴瓶を利用する ★★★ …………………………………………………… 72

まだまだある こんなチョイ技 ……………………………………………………… 73
072 プッシュポンプ式の分注器の利用 ／ 073 自動分注装置への一任 ／ 074 Ready-to-Go キットの作製 ／ 075 遠心操作による分注 ／ 076 視認ができる微量溶液分注

4 溶液を均一化できる風変わりな方法 *75*
077 体の揺れを利用して振とうする ★★ ……………………………………… 76
078 電動ドリルを工夫して振とうする ★ ……………………………………… 76

まだまだある こんなチョイ技 ……………………………………………………… 77
079 試験管立てを用いたボルテックス ／ 080 温度上昇を抑えた穏やかなタッピング ／ 081 近似濃度溶液による均一化促進 ／ 082 漂流振動による撹拌 ／ 083 バブリングによる撹拌 ／ 084 遊星式撹拌装置の使用

5 遠心操作をクールに行う方法 *79*
085 G（遠心加速度）を計算のうえで遠心操作を行う ★★★ ……………… 79
086 加速・減速スピードをコントロールする ★ ……………………………… 81

まだまだある こんなチョイ技 ……………………………………………………… 81
087 冷却ローターの使用 ／ 088 各種バランサーセットの作製 ／ 089 遠心時間設定の延長 ／ 090 ローターの底にティッシュペーパーを詰める ／ 091 手回し遠心機の利用 ／ 092 卓上ミニ遠心機の利用 ／ 093 遠心力による溶液置換

6 冷却や冷凍が必要なときの対処法 *84*
094 ペットボトルに冷水を用意しておく ★ …………………………………… 84
095 フリーザーの霜を利用する ★★★ ………………………………………… 85

096 エタノールを−80℃で冷やしておく ★★ 86

まだまだある こんな チョイ技 87
097 家庭用冷蔵庫と電動かき氷機の導入 ／ 098 冷蔵・冷凍コンテナの使用 ／ 099 低温恒温機器の利用 ／ 100 ドライアイスの入手 ／ 101 凝固点降下の利用 ／ 102 低温室の使用

7 加温や保温に役立つ庶民的方法　89

103 温水入りの発泡スチロール箱で保温する ★★★ 90
104 体温で加温・保温する ★★ 90

まだまだある こんな チョイ技 92
105 恒温室の使用 ／ 106 白熱灯照射による保温 ／ 107 電子レンジ対応カイロの利用 ／ 108 モイストチャンバーとしての利用 ／ 109 ホットボンネットの使用 ／ 110 電子レンジによる加熱

8 サンプルのなるほど保存法　94

111 チャックつきの透明袋に入れて保存する ★★★ 94
112 複数の方法でサンプルを保存する ★★ 95
113 サンプルを保存しなくてもよい方法を考える ★ 96

まだまだある こんな チョイ技 97
114 保存容器の特徴による分類 ／ 115 バーコードやICチップの利用 ／ 116 ヒートシーラーの利用 ／ 117 バイオリソースの活用

第3章　大腸菌・ファージの培養 編

1 大腸菌用培地を手早く準備する方法　100

118 培地を調製後，電子レンジで加熱・殺菌を行う ★★★ 100
119 代用となる培地をさがす ★★ 102

まだまだある こんな チョイ技 103
120 高温培地分注による冷却 ／ 121 培地の節約使用 ／ 122 小包装のプレミックス培地 ／ 123 フィルム状の乾燥培地

2 スケールに合わせた大腸菌の液体培養法　104

124 小スケール培養を多連チューブで行う ★★ 104
125 中スケール培養をコニカルチューブで行う ★ 105
126 微小スケール培養をマイクロチューブで行う ★★★ 107
127 微小スケール培養をマルチウェルプレートで行う ★★ 108

まだまだある こんな チョイ技 109
128 2.0 mlチューブでの小スケール培養 ／ 129 坂口フラスコでの中スケール培養 ／ 130 小動物用の給水ボトルでの中スケール培養 ／ 131 スターラーによる撹拌培養

Contents

3 大腸菌増殖をコントロールするための液体培養法 110
- **132** 複数本の試験管に分けて培養を行う ★★ ………… 110
- **133** 接種量を変えて対数増殖期を長くとる ★★★ ………… 111
- **134** 植え継いで培養する ★★ ………… 113

まだまだある こんな チョイ技 ………… 114
- **135** 大腸菌濃度の視認と濁度見本の用意 / **136** 遠沈濃縮による濃度調整 / **137** 培養温度による増殖制御 / **138** 培地組成による増殖制御

4 大腸菌のコロニー形成をあやつるプレート培養法 115
- **139** 不均一にコロニーを形成させる ★★★ ………… 116
- **140** 傾斜プレートでコロニー形成速度を制御する ★★ ………… 117
- **141** ガラスビーズを用いて塗布する ★ ………… 118

まだまだある こんな チョイ技 ………… 119
- **142** プログラムインキュベーションの利用 / **143** ヒートブロック上での温度制御 / **144** 角シャーレの利用 / **145** ターンテーブルを用いたらくらく塗布

5 大腸菌のなるほど管理・保存法 120
- **146** 大腸菌の培養液をそのまま凍結保存する ★★★ ………… 121
- **147** 大腸菌を乾燥させて保存する ★★ ………… 122

まだまだある こんな チョイ技 ………… 123
- **148** 大腸菌クローンの継代法 / **149** 裏文字プレートによるらくらく植菌 / **150** レプリカプレート法による複製 / **151** マルチウェルプレートでの保存 / **152** 大腸菌の凍結真空乾燥保存 / **153** 大腸菌の常温輸送法 / **154** プラスミドでの保存

6 ファージをささっとまく方法 125
- **155** トップアガーを試験管内壁で冷却する ★★★ ………… 126
- **156** プレートを保温しておく ★★ ………… 127
- **157** 試験管の口の縁で塗り広げる ★★ ………… 128

まだまだある こんな チョイ技 ………… 129
- **158** 指示菌の迅速な準備 / **159** 高温培地によるプレート作製 / **160** トップアガーとトップアガロースの使い分け / **161** ヒートブロックでのトップアガーの保温

7 ファージプラークをうまく出す方法 130
- **162** 傾斜プレートでプラーク形成を制御する ★★ ………… 131
- **163** 温度でプラーク形成を制御する ★★★ ………… 132

まだまだある こんな チョイ技 ………… 133
- **164** ファージ溶出条件の同一化 / **165** 指示菌の連続使用 / **166** ファージ培養中のプレート乾燥 / **167** 局所的加温によるプラークサイズ調整

第4章　核酸の抽出とクローニング 編

1 DNAをちゃっかりと抽出する方法　136

168 担体の複数回使用でDNAの抽出量を増やす ★★ ……… 137
169 核の容積比が大きい試料からゲノムDNAを抽出する ★★ ……… 138

まだまだある こんなチョイ技 ──────────── 139

170 PCRによる増幅 ／ **171** ライブラリーを鋳型に利用 ／ **172** ろ紙吸着試料からのDNA抽出 ／ **173** ピペッティング操作によるDNA抽出 ／ **174** DNA溶液からの多糖の除去

2 RNAを気楽に抽出する方法　141

175 固定した試料からRNAを抽出する ★★★ ……… 142
176 ダミーのRNAと一緒に抽出する ★★ ……… 143

まだまだある こんなチョイ技 ──────────── 144

177 GTC溶解サンプルの凍結保存 ／ **178** ろ紙に吸着させたサンプルからのRNA抽出 ／ **179** 磁性ビーズによるmRNAの直接抽出 ／ **180** RNAを抽出しない方法 ／ **181** RNaseの不活化

3 フェノール処理を問題なく行う方法　146

182 フェノール層をチューブの先端部分から除去する ★★ ……… 147
183 中間層付近の白濁水層を集め，遠心分離を行う ★★★ ……… 148

まだまだある こんなチョイ技 ──────────── 149

184 TE飽和済みフェノールの購入 ／ **185** フェノールを用いない核酸精製 ／ **186** 中間層固化剤の添加

4 核酸溶液を安全に濃縮する方法　150

187 蒸発による核酸溶液の濃縮 ★★ ……… 151
188 限外ろ過フィルターによる核酸溶液の濃縮 ★★★ ……… 151

まだまだある こんなチョイ技 ──────────── 152

189 ブタノール濃縮 ／ **190** 担体による吸着と溶出 ／ **191** 遠沈のチューブ形状の選択 ／ **192** －20℃での長時間静置 ／ **193** アルコール沈殿のキャリアー使用

5 PCRで遺伝子を巧みに釣り上げる方法　154

194 ターゲットの量と存在比率をアップしてPCRを行う ★★★ ……… 154
195 アニーリングしそうな縮重プライマーを設計する ★★ ……… 156

まだまだある こんなチョイ技 ──────────── 158

196 制限酵素処理によるPCR増幅制御 ／ **197** ホットスタート ／ **198** ミネラルオイルの適宜添加 ／ **199** 耐熱性DNAポリメラーゼの選択 ／ **200** ネスティドPCR ／ **201** アニーリング温度をサイクル中に下げるPCR ／ **202** ライブラリー作製用cDNA断片を用いたRACE ／ **203** 一定温度でのDNA増幅法

Contents

6 制限酵素をうまく使いこなす方法　*160*

204 至適塩濃度が低い順に制限酵素処理を行う ★★★ ……… 160
205 制限酵素による不完全消化断片を利用する ★★ ……… 162
206 不要な核酸を断ち切る ★★★ ……… 163

まだまだある こんな チョイ技 ……… 164

207 制限酵素のユニット数と活性を理解 ／ 208 制限酵素の至適温度チェック ／ 209 スター活性の利用 ／ 210 制限酵素の失活条件チェック ／ 211 至適塩濃度範囲が広い *Hae* Ⅲの利用 ／ 212 メチル化に注意

7 サブクローニング効率をアップする方法　*166*

213 制限酵素サイトつきプライマーでPCRを行う ★★★ ……… 167
214 DNAサンプルを2種以上の制限酵素で処理する ★★ ……… 168
215 ライゲーション産物を制限酵素で処理する ★ ……… 169

まだまだある こんな チョイ技 ……… 170

216 DNAの損傷を避ける ／ 217 DNaseによる大腸菌ゲノムの除去 ／ 218 ライゲーションの効率化 ／ 219 複数の制限酵素断片の一括クローニング ／ 220 ファージの組換えシステムを用いたクローニング ／ 221 トポイソメラーゼを用いたクローニング ／ 222 致死遺伝子を組み込んだベクターでコロニー選択 ／ 223 前培養前に抗生物質のチェック ／ 224 PCRによるDNA断片の確保

8 カラーセレクションのど忘れ挽回法　*173*

225 レプリカプレートでカラーセレクションを行う ★★ ……… 173
226 メンブレン上でカラーセレクションを行う ★★★ ……… 175

まだまだある こんな チョイ技 ……… 176

227 コロニーダイレクトPCRによるクローンチェック ／ 228 メンブレンスクリーニングによるクローンチェック

9 失いかけたクローンを取り戻す方法　*177*

229 コンピテントセルを加え，トランスフォーメーションを行う ★★ ……… 177
230 大腸菌をボイルしてプラスミドを取り出す ★★★ ……… 178
231 PCR増幅で必要なDNA領域を救出する ★ ……… 179

まだまだある こんな チョイ技 ……… 181

232 シークエンスデータからの復活 ／ 233 ろ紙を用いたお気軽保存

第5章　アガロースゲル電気泳動 編

1 泳動用ゲルのなるほど準備法　*184*

234 ゲル濃度別の専用メジューム瓶を用いる ★★ ……… 185
235 使用済みゲルを再溶解してゲルを作製する ★★★ ……… 186
236 泳動用ゲルを工夫して使う ★★ ……… 187

まだまだある こんな チョイ技 ──────────── 190
237 プレキャストゲルの用意 ／ 238 計量不要タイプのアガロースの購入 ／ 239 キャピラリーゲルの使用

2 泳動用サンプルを手早く調製する方法　*191*
240 Loading Dye 入り PCR プレートを用いる ★★★ ──────── 191
241 Loading Dye 入りチューブのフタ内側を利用する ★★ ──── 193

まだまだある こんな チョイ技 ──────────── 194
242 Loading Dye はタレ瓶で分注 ／ 243 Loading Dye 入り PCR ミックスの使用 ／ 244 2×Loading Dye の使用

3 泳動用サンプルを軽快にアプライする方法　*195*
245 動線を最適化する ★★★ ──────────────── 195
246 チップを使いまわす ★★ ──────────────── 197
247 アプライ用の補助器具を使う ★ ─────────── 198

まだまだある こんな チョイ技 ──────────── 199
248 マルチチャンネル対応器具の利用 ／ 249 ウェルの事前洗浄 ／ 250 穴あきゲルでないことの確認 ／ 251 ウェル形状の工夫 ／ 252 音楽のリズムに合わせた作業

4 電気泳動時間をコントロールする方法　*201*
253 泳動スピードを一定化し，待機時間を確保する ★★ ──── 201
254 携帯電話で泳動状態の確認・制御を行う ★ ──────── 202

まだまだある こんな チョイ技 ──────────── 204
255 タイマーつき電源装置の利用 ／ 256 逆向き電気泳動 ／ 257 泳動用ゲルの大型化 ／ 258 電気泳動槽の大型化 ／ 259 高速電気泳動システムの導入 ／ 260 web カメラでの泳動状態の把握

5 電気泳動結果をスムーズに把握する方法　*206*
261 泳動開始後の早い時期に泳動状態を確認する ★★★ ───── 206
262 EtBr 入り泳動バッファーで泳動する ★★ ─────────── 208
263 泳動サンプルにサイズマーカーを混ぜて泳動する ★ ───── 208

まだまだある こんな チョイ技 ──────────── 209
264 デジタルカメラによる泳動写真の撮影と画像処理 ／ 265 色素マーカーの選択 ／ 266 EtBr 以外の核酸検出用試薬の使用 ／ 267 可視光下での DNA バンドの検出

6 核酸をうまく回収するための電気泳動法　*211*
268 複数レーンを連結させて泳動する ★★★ ───────── 212
269 キャピラリーゲルで電気泳動を行う ★★ ──────── 212
270 逆向き電気泳動による核酸の濃縮 ★ ───────── 214

Contents

まだまだある こんな チョイ技 ──── 215
271 可視光下でのDNAバンドの切り出し ／ 272 ゲル切り出し器具の利用

第6章　遺伝子スクリーニング 編

1 ファージライブラリーの軽快スクリーニング法　218

273 プラーク形成数の異なる
1stスクリーニングプレートを用いる ★★ ──── 219
274 PCRでポジティブプラークの選別を行う ★★★ ──── 220
275 2ndスクリーニングプレートの
プラークPCRでクローン化する ★ ──── 221
276 傾斜プレートを用いて2ndスクリーニングを行う ★★ ──── 222

まだまだある こんな チョイ技 ──── 223
277 cDNAの5′端領域をプローブに設定 ／ 278 スクリーニング用のキットの利用 ／ 279 スクリーニングプレートの再利用

2 既知遺伝子の堅実スクリーニング法　224

280 ライブラリー内の遺伝子存在量を，PCRで確認する ★★ ──── 225
281 異なる領域のプローブで，
レプリカメンブレンをスクリーニングする ★★ ──── 226
282 インサートチェックPCRと構造解析を行う ★★★ ──── 227

まだまだある こんな チョイ技 ──── 228
283 RACEとRT-PCRの活用 ／ 284 網羅的なEST解析 ／ 285 遺伝子情報データベースとPCRの利用

3 類似遺伝子の明朗スクリーニング法　230

286 インサートの*Hae* Ⅲ処理断片長の解析を行う ★★★ ──── 231
287 特異的プライマーによるPCRでクローンを選別する ★★ ──── 232

まだまだある こんな チョイ技 ──── 233
288 遺伝子情報データベースのホモロジー検索 ／ 289 同族遺伝子の一括スクリーニング

4 レア遺伝子の絞り込みスクリーニング法　234

290 増幅前のライブラリーをスクリーニングする ★ ──── 234
291 小分けライブラリーをスクリーニングする ★★ ──── 236

まだまだある こんな チョイ技 ──── 237
292 高発現試料を用いたライブラリー作製 ／ 293 平均化したcDNAライブラリーの作製 ／ 294 サイズ別のライブラリー作製 ／ 295 サブトラクションによる濃縮 ／ 296 一本鎖cDNAライブラリーの選択濃縮 ／ 297 インサートとベクターと宿主との関係変更

5 特異的遺伝子のお試しスクリーニング法　*239*

- **298** ディファレンシャルスクリーニングを行う ★★ …………… 240
- **299** ネガティブセレクションしたクローンを解析する ★ …………… 241

まだまだある こんな チョイ技 ──────────────── 242

300 ディファレンシャルディスプレイ法 ／ **301** EST データ数の比較 ／ **302** DNA チップを用いた発現比較解析 ／ **303** HiCEP による解析

6 メンブレン無用のスクリーニング法　*243*

- **304** ライブラリーを分割し PCR セレクションを行う ★★ …………… 244
- **305** ライブラリーにプローブを入れて直接ハイブリさせる ★★★ …… 245

まだまだある こんな チョイ技 ──────────────── 247

306 PCR セレクション用の小分けライブラリーの利用 ／ **307** 致死遺伝子を含むベクターの使用 ／ **308** 受託サービスの利用

7 スクリーニングで得たクローンの鑑定法　*248*

- **309** 類似したクローンが複数存在するかを確認する ★★ …………… 249
- **310** 遺伝子情報データベースをホモロジー検索する ★★★ …………… 250
- **311** 実際の転写産物を検出する ★ …………………………………… 251

まだまだある こんな チョイ技 ──────────────── 253

312 分子系統解析で生物種を確認 ／ **313** おかしなクローンの存在比率の把握

第 7 章　遺伝子発現の検出 編

1 甘美な結果に惑わされない RT-PCR 法　*256*

- **314** イントロンをはさむように PCR プライマーをセットする ★★★ … 257
- **315** RT-PCR 産物の増幅動態が理論に合うかを考える ★★ ………… 258

まだまだある こんな チョイ技 ──────────────── 259

316 PCR 産物のサザンブロット解析 ／ **317** PCR 産物のダイレクトシークエンス ／ **318** リアルタイム PCR による定量 ／ **319** 塩濃度による電気泳動のズレを考える

2 安くてうまい RNA プローブ作製法　*261*

- **320** PCR 産物を鋳型にして RNA プローブを合成する ★★★ ……… 262
- **321** 限外ろ過フィルターでプローブを精製する ★★★ ……………… 263

まだまだある こんな チョイ技 ──────────────── 264

322 PCR による RNA ポリメラーゼプロモーターの直接付加 ／ **323** DIG-RNA ラベリングミックスの節約使用

3 メンブレン上で遺伝子発現の根拠を得る方法　*265*

- **324** cDNA ライブラリーのインサートを利用する ★★ ……………… 266
- **325** 短冊形のメンブレンを用いる ★ ………………………………… 267

Contents

　　　まだまだある こんな チョヨイ技 ……………………… 268
　　326 RNA ドットブロッティング ／ 327 メンブレンリプロービングの回避 ／ 328 DNA チップの利用 ／ 329 ノイズの少ない遺伝子発現検出 ／ 330 RNase プロテクションアッセイ ／ 331 cDNA ライブラリーのスクリーニング

4 なるほど納得の切片 in situ ハイブリダイゼーション法　*270*
　　332 非ガラス性素材に切片を貼りつけて ISH 処理を行う ★★ …… 271
　　333 カバーガラスに切片を貼りつけて ISH 処理を行う ★★★ …… 272
　　　まだまだある こんな チョヨイ技 ……………………… 274
　　334 スライドガラスのコーティング剤の選択 ／ 335 浅底マルチウェルプレートでの直接 ISH 処理 ／ 336 切片作製のタイミングの選択 ／ 337 シグナルの増感操作 ／ 338 組織アレイ解析 ／ 339 PCR を用いた ISH 法

5 革新のホールマウント in situ ハイブリダイゼーション法　*276*
　　340 メッシュつきカップで WISH 処理を行う ★★ …………… 277
　　341 二重フィルターつきカラムで WISH 処理を行う ★★★ …… 278
　　　まだまだある こんな チョヨイ技 ……………………… 280
　　342 メンブレンつき 96 ウェルマルチウェルプレートの利用 ／ 343 自動 WISH 処理装置の利用 ／ 344 シグナルの明確化 ／ 345 WISH 済み試料の保存

6 遺伝子発現プロファイリングを理解する方法　*282*
　　346 転写産物の存在比率を把握する ★★★ ………………… 283
　　347 アルゴリズムの限界を推測する ★★ …………………… 284
　　　まだまだある こんな チョヨイ技 ……………………… 285
　　348 配列の連結による発現遺伝子の高効率解読 ／ 349 スタートマテリアルの同一化 ／ 350 WISH 法を用いた遺伝子発現パターンの確認

第8章　実験器具・機器の変身 編

1 隠れた才能をもつ実験器具たち　*288*
　　01 96 ウェルプレート ……… 288
　　02 アラームつきタイマー …… 288
　　03 アルミホイル …………… 289
　　04 角シャーレ ……………… 289
　　05 片刃カミソリ …………… 290
　　06 キャップロック ………… 290
　　07 吸引ろ過瓶 ……………… 291
　　08 コニカルチューブ ……… 291
　　09 チューブ立て …………… 291
　　10 ピペット ………………… 292
　　11 ペーパータオル ………… 292
　　12 マイクロチューブ ……… 293
　　13 マイクロピペットチップ … 294
　　14 メジューム瓶 …………… 294

Contents

❷ 日用品で間に合う実験器具たち　295

- 15　柄つき針　……………………… 295
- 16　ガラス板立て　………………… 295
- 17　コニカルチューブ・
    試験管立て　………………… 295
- 18　試薬棚・整理棚　……………… 296
- 19　シャーレ・反応容器　………… 297
- 20　凍結サンプルすくい　………… 297
- 21　白金耳　………………………… 298
- 22　ビーカー　……………………… 298
- 23　分注器具　……………………… 299
- 24　保冷コンテナ　………………… 299
- 25　マイクロプレートシール　…… 300
- 26　メジューム瓶　………………… 300
- 27　メスシリンダー　……………… 300
- 28　ろ紙　…………………………… 301
- 29　ロート　………………………… 301

❸ こんな風にも使える実験機器たち　302

- 30　恒温インキュベーター（気相）
    ……………………………… 302
- 31　恒温インキュベーター（水相）
    ……………………………… 302
- 32　サーマルサイクラー　………… 303
- 33　ショーケース型冷蔵庫　……… 303
- 34　ディープフリーザー　………… 304
- 35　ヒートブロック　……………… 304
- 36　ホットプレートスターラー　… 305
- 37　メディカルフリーザー　……… 305
- 38　冷却遠心機　…………………… 306

❹ 工夫次第で何とかなる実験機器たち　307

- 39　アガロースゲル撮影装置　…… 307
- 40　SDS-PAGE ゲル撮影装置　308
- 41　乾燥機　………………………… 308
- 42　恒温水槽　……………………… 308
- 43　製氷器　………………………… 309
- 44　超音波洗浄機　………………… 309
- 45　電解研磨器　…………………… 310
- 46　電子天秤　……………………… 310
- 47　電動ホモジナイザー　………… 311
- 48　パーソナルインキュベーター
    ……………………………… 311
- 49　マイクロプレートウォッシャー
    ……………………………… 311
- 50　モニタリング装置　…………… 312

索　引　……………………………………… 313

Column

ラボライフ　………………… 56	マトリックス　……………… 216
実験と料理　………………… 98	一期一会　…………………… 254
バイオリズム　……………… 134	コンピュータ　……………… 281
リスクヘッジ　……………… 182	ものの形と意味　…………… 312

イラスト作製協力：小笠原 恵美子
装　丁　　　　　：東村友美

第1章

実験の準備 編

何事も，まずは準備から．実験室内での居場所を決めたら，実験に必要な器具を準備し，信頼できる試薬を確保する．実験中にトラブルが生じないように準備はキチンと行うべきものだが，バイオ実験のレベルに合わせ，臨機応変に手を抜くことも重要．良い加減に，適当に．意味もなく気を張りすぎると，実験を始める前に疲れ切ってしまうことに…

1	手狭な実験スペースを広げる方法	18
2	実験器具・試薬の不足で困らない方法	22
3	実験器具を楽にきれいにする方法	27
4	実験器具・試薬をそれなりに無菌化する方法	32
5	正しい試薬調製プロトコールを手に入れる方法	37
6	試薬の計量をうまく行う方法	41
7	試薬調製を手軽に行う方法	47
8	信頼ブランドの試薬を手に入れる方法	53

第1章　実験の準備 編　　　　　　　　　Keyword　実験スペース

1 手狭な実験スペースを広げる方法

バイオ実験を能率的に行うためには，必要かつ充分な実験スペースが必要である．割り当てられた実験スペースが狭く，実験に支障をきたすことがあらかじめ想定できる場合もあれば，実験を始めてしまった後で急にスペースが必要になる場合もある．いずれの場合でも，実験スペースを広げるための装置や技を，いくつか前もって考えておけば…

標準的な手法

ラボメンバーと相談のうえ，使用する実験スペースを増やす

ラボ内の実験スペースと人数，および実験の性格を考慮に入れ，ラボ全体の共通理解のもとで実験スペースを割り当てる．

【個人的な実験のために，実験スペースを必要とする場合】
　❶ 個人用実験スペースの割り当てを，増やしてもらう［継続的］
　❷ 共用スペースを，実験のときだけ使用させてもらう［一時的］

【新規の実験を行うために，実験スペースを必要とする場合】
　❶ 専用の実験スペースを，新規に割り当ててもらう［継続的］
　❷ 共用スペースを，実験のときだけ使用させてもらう［一時的］

 個人用実験スペースは，ラボの人数をもとに均等配分されていることが多いが，実験の必要性や重要性が高ければ，実験スペースの拡張を認めてもらいやすい．ラボ全体の実験スペースが不足している場合は，自分の実験スペース近傍で創意工夫する．

オススメ技

001　キャスターつきワゴンを導入する　　オススメ度 ★★★

こんなときに有効　

実験台上の実験スペースは手狭だが，実験台周辺には空間的余裕があり，個人の裁量で空間を使用してもよい場合に有効．

18　バイオ実験の知恵袋

解説

　ワゴンを手に入れ，実験台に隣接させた実験スペースとして使用する．キャスターつきワゴンであれば，実験に応じて適した場所に動かすことができ，邪魔になるときは瞬時に移動させられる．ワゴンの安定性が乏しい場合は，キャスターにストッパーがついているものにするか，ワゴン下部の収納スペースに重いものを置くとよい．通路の幅が充分に（80 cm以上）確保でき，他のラボメンバーの邪魔にならず，移動の必要がない場合は，据え置き型のサイドテーブルを設置してもよい．

002 実験台に棚をとりつける

こんなときに有効

　割り当てられた実験台上を工夫し，こまごまとした実験器具を置く程度のスペースを拡張したい場合に有効．

解説

　実験スペース内の立体空間を有効に活用するため，実験台上に棚を置き，実験器具や試薬の収納スペースとする（図1-1）．棚は転倒しないように実験台に固定する．転倒・落下すると危険な収納物に対しては，転倒防止ホルダーや転倒防止バーなどの対策を講じておく．棚の奥に置いたものに手が届きにくければ，棚の上にトレイを置いて引き出せるようにすればよい．また，多段の棚や引き出し式の書類ケースを設置すれば，スクリーニング実験時のプレートやメンブレンの仮置きスペースとして重宝する．

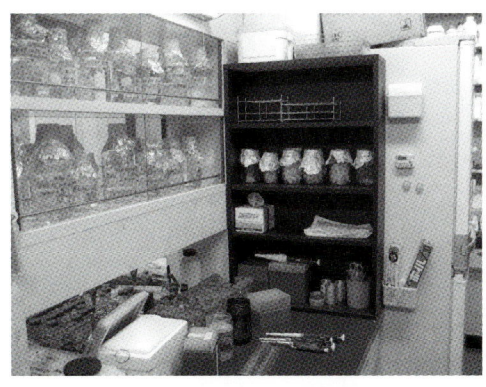

図1-1 ◆ 実験台の上に棚を置く

オススメ技

003 実験台の引き出しに板をのせる

オススメ度

🔍 こんなときに有効

実験中に急にスペースが足りなくなったが，近隣の実験スペースが使用できず，自分のスペース内で対処しなければならない場合に有効．

📝 解説

実験台には通常，収納用の引き出しがついている．実験台上のスペースだけではスペースが足りない場合，手前に引いた引き出しの上に板を置けば，簡易実験台として即座に使用できる（図1-2）．

引き出しとその上の板は固定されていないので不安定だが，重いものや危険なものでなければ置いても問題はない．多くのプレートやメンブレンを置くスペースが必要となるスクリーニング作業時には重宝する．引き出しを手前に引けば引くほど使用可能なスペースは増えるが，傾斜がきつくなり，引き出しが抜け落ちる危険性が増すので，ホドホドにしておく．

引き出しの上に置く板はフラットであれば何でもよいが，実験台下部にある収納棚の棚板がサイズ的に適している．板は少々汚くてもラップやペーパータオルを敷けば，きれいに使える．手頃な板をどこかで見つけたら，邪魔にならない場所に確保しておくとよい．

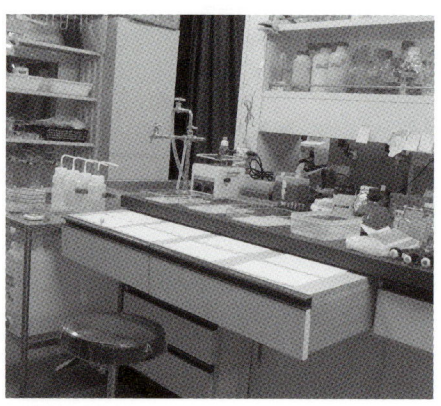

図1-2 ◆ 引き出しに板をのせて実験台にする

📋 プロトコール

『引き出しを利用した実験スペース拡張法』

❶ 実験台の引き出しを，手前に2/3ほど引き出す
▼
❷ 適当な大きさの板を，引き出しの上に水平になるように置く
▼
❸ 安定性・安全性を増すため，板と引き出しをガムテープで固定する
▼
❹ 板の上をきれいにし，安全に気をつけながら使用する

まだまだある こんな チョイ技

オススメ技
004 時間的棲み分け

朝型あるいは夜型のラボメンバーとうまく組むと，実験時間の棲み分けができ，未使用時間帯の実験スペースが使える．一般的に，早朝/深夜/休日などは実験スペースの使用頻度が低いので，使用許可が得られる可能性は大．実験スペース上に置いてある他人の実験器具や試薬の拝借は，トラブルを引き起こす可能性があるので，触らないほうが吉．

オススメ技
005 引き出し式補助台つきガスレンジ台の使用

引き出し式の簡易テーブルが出てくるガスレンジ台（ニューキッチンスペース）がある．簡易テーブルには重いものはのせられないが，小物の仮置きスペースとしてなら充分に使用できる．据え置き型実験機器をこのガスレンジ台上におけば，実験スペースが機器で占拠されてしまう状態を改善できる．

オススメ技
006 パソコンラックの使用

メインテーブルとスライドテーブル，上部物置き台，下部収納棚を備え，それだけでも充分な作業・収納スペースをもつ．組み立て・改造が容易であり，工夫次第でサイド実験台から簡易暗箱まで，カスタム仕様の実験台となりうる．

第1章 実験の準備 編　　　Keyword 器具・試薬管理

2 実験器具・試薬の不足で困らない方法

バイオ実験では，ラボに1つしかない高価で特殊なものから，多量にストックしてある安価で日常的なものまで，さまざまな実験器具や試薬が用いられる．どのような器具・試薬でも実験中に足りなくなると困るものだが，代替法や代替品がないもの，まわりの研究室から調達しにくいものに関しては，ストック切れを起こさないようにしないと…

標準的な手法

実験器具・試薬のストックを切らさないように管理する

使用頻度が高いものと低いものによって，ストック管理方法を工夫する．

【使用頻度が高いもの（日常的に使用する消耗品や試薬）】
❶ 使用頻度をもとに，常備数量を確保する
❷ 入荷環境（価格や納品日数）や品質保持期間を考慮に入れ，ストックを備蓄する

【使用頻度が低いもの（高価で特殊な実験器具，再利用できる実験器具）】
❶ 繁忙使用時を想定し，常備数量を確保する
❷ 破損・枯渇時に困らない程度に，予備を保持しておく

　品質維持・保管スペース・研究費使用の観点から，必要以上のストックは非効率である．最後のストックを開封したら，管理者に連絡するか自分で発注する．ストック切れ時の処理法がラボメンバー全員に周知されていないと，ある日突然，器具・試薬切れトラブルがくり返されるので注意．

オススメ技

007　見える化システムを導入する　　オススメ度 ★★★

📖 **こんなときに有効**　

多種多様な実験器具や試薬の管理システムを，できるだけ簡単に周知し，ストックの管理者や発注者の労力を軽減させたい場合に有効．

解説

バイオ実験で用いられる実験器具・試薬は多種多様であり，またその管理も多種多様である．すべての実験器具・試薬の管理法をマニュアル化し，ラボメンバーに周知できるに越したことはないが，管理システムやラボメンバーの変更が頻繁に起こる場合は対応しきれない．

そこで管理システムは，「**注意書きがない器具・試薬は現品限り．管理法は管理者に聞く**」，「**注意書きがある器具・試薬は注意書きに従う**」という単純なものにする．そのうえで，管理者が「見ればわかる注意書き」をつくれば，管理業務を現場にまかせることができる．

ストックが箱や袋単位の場合は，現物には何番目のストックかの情報を記載し，最後のストックには発注用情報（メーカー・品番・納入価格・納入業者・数量），発注状況（検討中や発注日など），納品状況（納品数・保管場所），管理者名，情報記載者名などの情報を明記するとよい（図 1-3）．

一方，ストックがチューブ単位の場合は記載スペースが乏しいので，現物が何番目のストックかのみの情報をチューブに記載し，他の情報はチューブの整理箱に記載する（図 1-4）．また，未開封のストックはパラフィルムをまいてシールし，使用しているものと区別できるようにする．

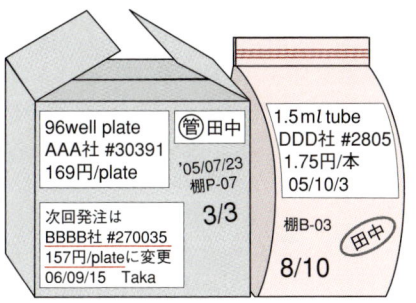

図 1-3 ◆ ストック（箱・袋）とラベル例

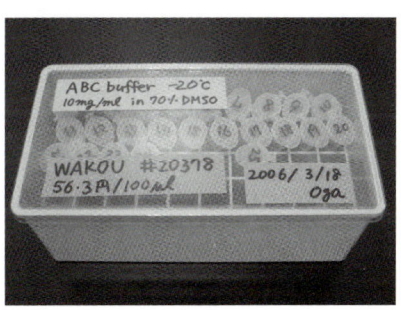

図 1-4 ◆ ストック（チューブ）とラベル例

プロトコール

『見たらわかるストック（箱・袋）の管理法』

❶ 箱・袋にそれぞれ，"何番目/全何個分"かの情報を明示する

❷ 使用中のものには一番小さな番号をつけ，小さな番号のものから順に使用する

❸ 最後のストックには，"開封時の処理法"，"発注・納品状況"，"記載者

名"などを明記する

❹ 新旧のストックが混在しないよう，新旧の管理番号は異なる色で示す

『見たらわかるストック（チューブ）の管理法』

❶ チューブにそれぞれ，"何番目"かの番号を記載し，パラフィルムをまいておく

❷ 使用中のものには一番大きな番号をつけ，カウントダウン方式で使用する

❸ チューブの整理箱に"発注情報・方法"を記載する

オススメ技

008　まわりのラボから分けてもらう

オススメ度 ★

🔖 こんなときに有効　

実験中に器具や試薬をきらしてしまったが，近隣のラボが予備をもっているので，それを使用して実験を続けたい場合に有効．

📝 解　説

基礎的なバイオ実験器具・試薬であれば，どのラボにもいくつかはストックがあり，特に問題なく貸してもらえることが多い．一方，特殊な器具・試薬は，どのラボにもあるわけではないので，予備をもっているかを聞いてまわることになる．器具・試薬のメーカーや規格が違っていても影響が出ない実験系もあるが，やはり同一規格のものを借りるに越したことはない．

日頃からまわりのラボとは仲良くし，どのような器具・試薬を使っているのかを教えてもらっておくと，いざというときに役に立つ．もし，お互いのラボが同じ考えのもとで同一規格の器具・試薬を使用することにすると，お互いがお互いにバックアップとなりうる．さらに，器具・試薬の購入も同時に行うと，大量購入の割引価格が適用される場合もある．

> **注意点◆** 器具・試薬を借りるときは，まず自分のラボのボスと相談し，借用先ラボのボスの了解を得てもらう．使いさしのものを借りたり返したりすると，コンタミネーションの危険性が増す．パッケージ単位で借りパッケージ単位で返すと，トラブルが起こりにくい．

オススメ技

009 代替品や代替法を想定しておく

オススメ度 ★★

こんなときに有効 【安全】

実験中に器具・試薬をきらしてしまったが，まわりから同規格のものを入手できる状況にはないので，臨機応変に対応しなければならない場合に有効．

解説

バイオ実験では，プロトコールで指示されている器具・試薬を使用し，実験を進めていくことが多い．しかし，プロトコールで指示されているものは最適例あるいは標準例であり，まったく同じ実験器具や試薬でなくてもよい．実験操作の真意や勘所を理解できていれば，代替品や代替法を用いて，問題なく実験を進めることができる．

代替器具に関しては，実験上で意味をもつのは，形状なのか材質なのかについて考える（例：メジューム瓶の代替品は，ペットボトル or 焼酎の空き瓶，図1-5）．試薬に関しては代替品の使用が難しいことが多いが，グレードの低い試薬や類似試薬，一般市販品が使用できることがある（例：寒天培地は，アガー or アガロース or 市販の寒天）．

一方，他のプロトコールを用いても実験目的が達成できる場合，他の器具・試薬を用いることでトラブルを回避できる（例：プラスミド調製は，アルカリSDS法 or ボイリング法 or 抽出キット）．日頃から，さまざまな器具の使用法や実験手法に気を配っていると，いざというときにアイデアが出やすい．代替品の例は，第8章を参照のこと．

PET　　ガラス

図1-5 ◆ ペットボトルか焼酎瓶か

第1章 ◆ 2　実験器具・試薬の不足で困らない方法

まだまだある こんな チョイ技

オススメ技
010 個人用ストックの確保

ストックがないと自分の実験に支障がでる場合，あらかじめストックを個人用として確保しておく．また大量使用の予定があるときは，前もって個人用に器具・試薬を準備・確保しておくと，まわりに迷惑がかからなくてよい．ただし，何でもかんでも節操なく個人用として囲い込むと，使用されないままに品質保証期限がすぎ，無駄になる可能性が大．

オススメ技
011 ラボメイトに相談

自分とよく似た実験を行っているラボメイトに聞けば，個人用ストックをもっていることがある．ストックがなかったとしても，同様のトラブルに対する回避方法をアドバイスしてもらえる場合がある．また，ラボメイトの人脈で器具を入手できることもあるので，困ったときはみんなに相談するのが吉．

オススメ技
012 使用予定情報の共有

実験を始める前に器具・試薬の残存量を確認しておいても，実験開始直前に誰かに使用されてしまうと，必要量を確保できないことがある．器具・試薬を多量に使用する場合は，ラボメンバー間で使用予定情報を共有しあい，トラブル回避を行っておくほうがよい．

オススメ技
013 経済力があるラボに出向

経済的な理由から，実験に必要な器具・試薬が慢性的に不足する場合がある．実験手法やテーマの変更が難しければ，経済力があるラボにお世話になるしかない．経済力をもとにラボの所属を選択するのは科学的ではないので，自分の科学的興味に合ったラボに所属しつつ，共同研究という形で出向できればよい．

第1章 実験の準備 編

Keyword 洗浄・浄化

3 実験器具を楽にきれいにする方法

バイオ実験において，実験器具の洗浄作業はつきもの．きれいな実験結果を出すためには，実験そのものよりも，きれいな実験器具を使うことのほうが重要だったりする．特に共通で使用している実験器具は，誰かの実験に影響を及ぼしてしまうかもしれないので，ちゃんときれいにしておかなければならない．とはいうものの，単調作業なのでやる気が…

標準的な手法

洗剤をつけてこすり洗いをした後，水道水でよくすすぎ，脱イオン水でリンスする

洗浄すべきものはラボによって異なるが，まずは手洗いが基本．
【ガラス器具やプラスチック容器の洗浄法】
❶ 洗剤を薄めた水にしばらく浸け置きし，汚れを浮かせる
❷ 洗剤を含ませたスポンジあるいはたわしを用いこすり洗いをする
❸ 水道水でのすすぎは，洗剤の泡がなくなってから10回以上行う
❹ 脱イオン水で数回リンスし，きれいな場所で風乾する

Point マジックや油脂分を洗い流す場合は，まずエタノールで拭く．こすり洗いがしにくい器具の場合は，超音波洗浄を組み合わせることもある．洗い物はコツコツていねいにやるしかないが，多量にあるとモチベーションが下がり，洗い方も雑になりがち．楽しく，できれば楽に洗浄する方法を工夫したい．

オススメ技

014 アイデア洗浄装置を用いて楽しく洗浄する　オススメ度 ★★

こんなときに有効
多量の実験器具をコツコツと手作業でこすり洗いする洗浄法に疲れ，もう少し効率的にバリバリ洗浄したい場合に有効．

🖉 解 説

　試験管・コニカルチューブやそのキャップ，小型の培養ディッシュやマルチウェルプレートなどは，使い捨てにするのはもったいない気がする．エコロジーな人は，何度か洗って使おうと考える．これらの実験器具1つ1つの洗浄はそれほど手間ではないものの，結構な数を洗浄するとなると，チマチマとした単調作業が長時間にわたって強いられることになる．そんなとき，単調すぎる洗浄方法にひとアイデアを加えると，楽しく，少しは楽に洗い物ができる．

　例えば，試験管・コニカルチューブは，洗浄ブラシを取りつけた電動ドリルを用いると，楽に，パワフルに，スピーディーに洗浄できる（図1-6）．また，遠沈管のキャップや小型の培養ディッシュのような小物類は，メガネ用の超音波洗浄機を用いたり，メッシュ式の内カゴをもつタッパーに入れてシェイクしたり，電気バケツ［松下電器］を利用したりすると，個々にではなく一気に洗浄・すすぎができるので楽である．マルチウェルプレート，特に，96ウェルプレートは洗浄しにくい代物であるが，ディスポーザブルの8チャンネルピペット［サンプラテック］を水道の蛇口につないだ高圧プレートウォッシャーを自作すると，96ウェルプレートの底のほうまで，楽に，パワフルに，スピーディーに洗浄することができる（図1-7）．

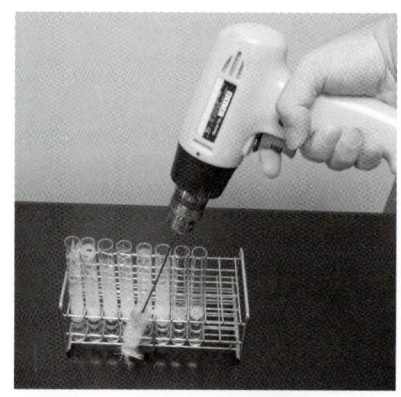

図1-6◆洗浄ブラシつき電動ドリル

図1-7◆8連プレートウォッシャー

> オススメ技

015 洗浄せずにラップを敷いて使用する

オススメ度 ★★★

🔖 こんなときに有効

容器洗浄の労力を省きたく，溶液・試薬・器具が直接ラップに触れても問題のない実験を行っている場合に有効．

📝 解説

バイオ実験では，食品用のラップはすでに必需品となっている．通常は，実験台が汚れないように，あるいは実験台の汚れを実験に持ち込まないようにするために，実験台の上に敷かれることが多い．また，ホコリよけのために実験器具の上にかけたり，実験器具・サンプルを梱包するためにも用いられる．

ラップは人の手に触れずに製造されているため，通常はDNase-freeおよびRNase-freeと考えてよい．したがって，ラップ上にDNAやRNA溶液と直接触れる器具を置いても，また溶液試薬をラップの上に置いても，問題となることは少ない．つまり，実験器具や容器の形状に合わせてラップで覆ってしまえば，実験器具・容器そのものが少々汚れていても，ラップ上でバイオ実験をクリーンに行えることになる（図1-8）．

マルチチャンネルマイクロピペット用のリザーバーや，メンブレン染色・洗浄用の容器をラップで覆って使用すれば，使用前・使用後に容器を洗う手間が省ける．ラップの裏面を少し濡らしておくと，容器にピッタリ貼りつき位置ずれを防ぐことができる．ラップと同様，ペーパータオル・アルミホイル・パラフィルムなども，きれいなものと考えて使用できる．

図1-8 ◆ 容器にラップを敷いて使用

> **注意点◆** シワがよったラップ上に溶液を入れると，毛管現象で溶液が思わぬところまで行ってしまったり，溶液がトラップされてデッドボリュームが大きくなるので注意する．溶液や試薬とラップが化学反応を起こす可能性がある場合は，使用を避ける．

オススメ技

016 器具を専用化し，洗浄なしに使用する

オススメ度 ★★

🛡 こんなときに有効

同一試薬を用いた作業をくり返し行う状況にあり，作業ごとに実験器具を洗浄する必要性が感じられない場合に有効．

📝 解 説

濃縮タイプの溶液を分取して希釈溶液を調製することは，定期的に行われる作業である．濃縮溶液を計量するための目盛りつきコニカルチューブをそのつど準備したり，使用後に洗浄したりすることは非効率である．計量チューブを使用したら，チューブはその試薬専用の分取用チューブとして洗わずに保管し，次回の計量時はそのまま使用すればよい（図1-9）．

ピペットやチップで同じ試薬をくり返し分取する場合も，ピペットやチップをチューブ内にさしたり，ラックに立てかけてきれいに保持すると再利用できる．

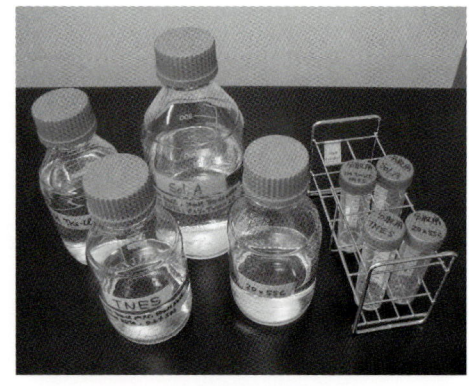

図1-9◆試薬瓶と分取用チューブ

まだまだある こんな チョイ技

オススメ技
017 使用済み器具の即洗浄

溶液が付着した容器は，濡れているうちに洗浄すると，それほど苦労しなくても汚れを落とせる．乾燥させてしまうと，汚れがこびりついて落ちにくくなる．洗浄用のシンクに放置すればするほど，さまざまな試薬や汚物でまみれ，洗浄が大変になる．特に大型で高価なビーカーやフラスコは，シンク内でぶつかると簡単に割れるので，さっさと洗浄し片づけておく．

オススメ技
018 ラジオを聴きながら洗浄

洗浄作業は単調作業であることが多く，作業時間が長くなるとともに，やる気と作業効率が落ちてくる．ストレスを軽減し，モチベーションを増加させるためには，ラジオや音楽を聴いて気を紛らしながら洗浄作業を行うのが効果的である．おしゃべりは，注意力が散漫になったり作業がおろそかになったりするだけでなく，洗浄した実験器具に唾が飛ぶので，控えたほうがよい．

オススメ技
019 洗浄作業の分担制・当番制

実験器具の洗浄を分担制にすることにより，洗浄の安定化と効率化をはかることができる．また当番制にすると，ローテーションがまわってきたとき以外は洗浄作業のストレスから解放されるので，実験に専念できる．ただし，特殊な洗浄法による洗浄が必要な器具は，使用者が洗浄する．

オススメ技
020 ディスポーザブル器具の使用

ラボに経済的な余裕があるときは，ディスポーザブル器具を使う．洗浄設備導入のコスト，人件費，実験の効率，実験の安定性を考えると，値段がこなれたディスポ器具を導入するほうが理にかなっていることもある．ラボの人数が少なく使用頻度が低い場合は，ピペット用の超音波洗浄機を買うお金で，洗浄機の耐用年数分のディスポピペットが買える（→第2章1：オススメ技053）．

第1章 実験の準備 編

第1章　実験の準備 編　　　　　　　　　　　　　　Keyword　消毒・無菌化

4　実験器具・試薬をそれなりに無菌化する方法

バイオ実験では，器具がきれいに洗浄してあっても，雑菌が付着していると実験に悪影響を及ぼすことがある．また，常温で長期保存する溶液試薬や，培養関連の試薬は，雑菌の増殖により組成変化を引き起こすので，無菌化しておく必要がある．ただし，すべてのバイオ実験が完全な無菌状態を必要とするわけではないので，無菌化の程度を…

標準的な手法

オートクレーブ/乾熱/火炎を用いて器具を滅菌する

実験器具の素材や試薬の組成，実験上における滅菌の必要度合によって，手法を選択する．

【バイオ実験用の器具・試薬の滅菌法】
❶ 高圧蒸気滅菌：オートクレーブ（高温高圧蒸気滅菌器）で2気圧，120℃，15〜20分間，加熱する
　　　　　　　　［適用 ⇒ 常温長期保存用の溶液試薬，液体・寒天培地］
❷ 乾熱滅菌　　：乾熱滅菌器で180℃，1〜2時間，加熱する
　　　　　　　　［適用 ⇒ ガラス製の試験管・ビーカー・ピペット］
❸ 火炎滅菌　　：バーナーの火炎であぶる
　　　　　　　　［適用 ⇒ 金属やガラス製の実験器具，白金耳］

Point　火炎滅菌を除き，いずれの滅菌法も特殊な装置が必要であり，滅菌には数時間かかる．チップやチューブのように，器具を洗浄・滅菌して再利用することが非効率な場合，γ線照射により滅菌されたディスポーザブルの実験器具を購入して使用する．

オススメ技

021 実験器具をエタノールで消毒する

オススメ度 ★★

🔬 こんなときに有効

滅菌用の装置が使用できない状態にあり，できるだけ素早く，それなりの除菌が行えればよい場合に有効．

📝 解説

オートクレーブや乾熱滅菌の滅菌性能はよいが，急いで滅菌しなければならないもの，長時間の耐熱性がないもの，滅菌装置に入らない大きさのものの滅菌には適さない．このような場合，簡単にかつそれなりに除菌・消毒を行える方法として，エタノール殺菌を選択する．

99.5％や95％のエタノールよりは，70％エタノールのほうが殺菌力が強い．器具は，エタノールに浸すか，エタノールを含ませたペーパータオルで拭くことによって殺菌する．殺菌後にエタノールを除去するためには，風乾させてとばせばよいが，素材・構造的に問題がなければ，エタノールに火をつけて燃焼させると速い．大腸菌を寒天プレートに塗り広げるためのコンラージ棒の殺菌は，この方法で行うのが一般的である．

> **注意点◆** 大量の器具をエタノールで消毒する場合，引火しないように，換気に気をつける．器具についたエタノールを燃焼させてとばすときは，近くに可燃物がない場所で行う．特に，エタノールを滴下させている場所で火を使うと引火しやすく，火事になりかねないので注意する．

📋 プロトコール

『エタノールを用いた消毒法』

① 実験器具とステンレス製のバットを，きれいに洗浄する
▼
② 実験器具をステンレス製バットの上にのせ，70％エタノールをかけて消毒する
▼
③ 消毒済みの実験器具のエタノールをよくきり，新しいラップ上で風乾する
▼
④ 風乾済みの器具は，ラップなどでくるんで保管する

022 電子レンジのマイクロ波で殺菌する

オススメ度 ★★★

こんなときに有効

器具・試薬が電子レンジに入る程度の小型・少量であり，簡易的にオートクレーブ効果を出したい場合に有効．

解説

電子レンジが発生するマイクロ波は水に吸収される性質をもち，極性分子である水分子を激しく振動させることによって摩擦熱を生じる．この原理を利用し，親水和性の核酸や細胞内器官をもつ細菌や菌類に高エネルギー電磁波を与えると，分子・細胞の破壊および殺菌が可能となる．

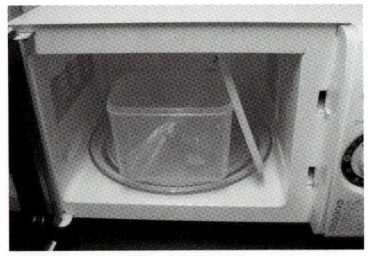

図1-10◆電子レンジによる加熱殺菌

水分子を含む溶液は，直接マイクロ波を当てて加熱・殺菌できる．ビーカーやメジューム瓶など，水を含まないのでマイクロ波が通過してしまうものは，少量（50 ml程度）の水を入れた容器内に入れて加熱する（図1-10）．この際，容器は完全には密閉せず，過剰な蒸気が逃げる場所をつくっておく．加熱時間は500Wで5～10分間でよいが，マイクロ波の透過性を確保するため，電子レンジ内にものを入れすぎないようにする．ほ乳瓶を電子レンジで消毒するための消毒ケース［アップリカ，ピジョン，他］や消毒バッグ［ピジョン］を利用すると便利．

プロトコール

『電子レンジによる溶液の殺菌法』

❶ ふきこぼれを避けるため，溶液量はメジューム瓶の半分程度にする

❷ メジューム瓶が爆発しないように，キャップを軽くゆるめてから電子レンジに入れる

❸ 加熱中溶液の状態を監視し，沸騰しはじめたら加熱をやめる

❹ 沸騰がおさまるまでしばらく静置し，メジューム瓶を揺すっても突沸しなくなったら，溶液を均一化する

❺ 沸騰・静置・均一化を数回くり返すことにより，殺菌する

『電子レンジによる器具の殺菌法』
① ポリプロピレン製の容器，あるいはオートクレーブ用の袋を用意する
▼
② 容器・袋に器具を入れ，50 mL 程度の水を加える
▼
③ 容器・袋を完全密閉にはならない程度に閉め，電子レンジに入れる
▼
④ 500W で 5〜10 分間，加熱殺菌を行う

023 紫外線照射滅菌を行う

オススメ度 ★

こんなときに有効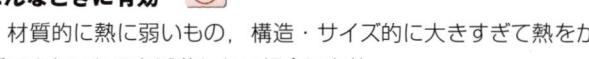

材質的に熱に弱いもの，構造・サイズ的に大きすぎて熱をかけることができないものを滅菌したい場合に有効．

解説

高エネルギーをもつ紫外線（UV）の殺菌作用を利用し，250〜280 nm の UV 照射で滅菌する．260 nm 付近に吸収帯をもつ DNA に UV を照射すると，細菌内の DNA に作用して二量体形成・分解などの光化学反応を引き起こし，菌類を死滅させると考えられている．

殺菌効果は 254 nm の波長がもっとも強く，無菌室，手術室，調理室では使用前・使用後に照射滅菌が行われる．UV 灯はクリーンベンチ，貯水槽，流水管などでも使用され，空気や水中の細菌・ウイルスを死滅させることができる（図 1-11）．核酸の電気泳動確認用の UV イルミネーターでも，UV 照射滅菌することは可能．

図 1-11 ◆無菌室とクリーンベンチ

> **注意点**◆ UV の長時間照射により，プラスチック器具は光酸化劣化，退色，黄変，物性低下を起こすので注意が必要．また，影になった部分や重なり合った部分は UV が照射されないので，殺菌効果は期待できない．メーカーから供給されるディスポーザブルのプラスチック器具（チップ，チューブ，シャーレ，ピペットなど）は，UV よりも透過性に優れた γ 線で照射滅菌されている．

まだまだあるこんなチョイ技

オススメ技
024 家庭用調理器具の利用

高温や高圧状態は，家庭用の調理器具でもつくりだせる．オーブンレンジを用いれば乾熱が，圧力釜や電気炊飯器を用いればオートクレーブが，簡易的に行える．煮沸消毒程度であれば，電子ジャーやホットプレートが便利．ただし，目的外使用となるため，破損・事故は自己責任で．

オススメ技
025 微細孔フィルターによるろ過滅菌

熱をかけると難溶性の沈殿が生じたり有効成分が失活する溶液は，オートクレーブ滅菌が行えない．この場合，微細孔（0.2〜0.45 μm）をもつニトロセルロース膜などのフィルターでろ過を行い，細菌を取り除く方法がとられる．ろ過装置としては，加圧するタイプ，吸引するタイプ，メジューム瓶に直接取りつける大容量タイプ，シリンジの先端に取りつける少量タイプと，さまざまなシステムが選択できる．

オススメ技
026 薬剤による消毒

実験器具や手指の殺菌，実験動物の消毒を行う場合，アルコール系だけではなく，過酢酸系（アセサイド®），グルタルアルデヒド系（サイデックスプラス®，ステリハイド®），オルトフタルアルデヒド系（ディスオーパ®），次亜塩素酸ナトリウム系（テキサント®），塩酸クロルヘキシジン系（ヒビテン®），塩化ベンザルコニウム系（オスバン®），塩化ベンゼトニウム系（ハイアミン®）などの消毒剤が用いられる．

第1章 実験の準備 編　　　　　　　　　　　Keyword 試薬調製法

5 正しい試薬調製プロトコールを手に入れる方法

バイオ実験を正確に行うためには，正しい組成の溶液試薬を調製することが必須となる．添加する試薬の量が正しくても，調製手順を誤ると試薬がなかなか溶けなかったり，有効成分を失活させてしまうことがある．使えない試薬をつくってしまうと，まわりに多大な迷惑をかけることになりかねない．まずは正しい試薬調製プロトコールの入手が…

標準的な手法

ラボノートや市販プロトコール集の方法を参考にする

実験開始当初は，先輩に試薬調製法を教えてもらえる．独自の実験を行うようになると，プロトコール集を参考にして試薬調製を行うことになる．

【溶液試薬の調製方法】
① 先輩のラボノートを見させてもらいながら，調製法を教わる
② 市販のプロトコール集を見ながら，自力で調製する

Point 試薬の調製ミスを避けるため，できるだけ多くのプロトコールに目を通し，調製時の注意点を把握する．参考にしたプロトコールの記載が異なる場合は，その違いの意味を調べたり，多数派の情報を採用したりする．同じ組成の試薬でも名前が違ったり，反対に同じ名前でも組成が違うこともある．

オススメ技

027 メジューム瓶に組成・調製情報を明記する　　オススメ度 ★★★

こんなときに有効　短縮　簡単

溶液試薬の調製法は一般的あるいは比較的簡単なものであり，組成や調製のポイントを手早く把握するのみでよい場合に有効．

解 説

溶液試薬の多くは，定められた量の粉末試薬を水（脱イオン水・Milli-Q水など）に順次加えて溶解させ，最終容量を調整し，無菌化（オートクレーブ・ろ過など）することによって調製する．粉末試薬を加える順番やオートクレーブによる沈殿の問題がない場合，溶液名だけではなく，試薬の組成（粉末試薬名と濃度）をメジューム瓶に書いておくだけでよい．一方，溶液調製時に難溶性，溶解のための至適pH，発熱，吸熱，pH調整の必要性，遮光，ろ過，オートクレーブ不可などの注意事項がある場合，その情報をあわせて書いておく．

試薬組成情報はモル濃度だけでよいが，バイオ実験初心者が間違えないようにするためには，調製時に加える粉末試薬のグラム数や，高濃度溶液の添加量を並記しておくとよい．また，一般的な調製法ではなく，ラボ固有の調製法を用いている場合，その情報を明示しておくと間違えなくてよい（図1-12）．

メジューム瓶に貼る各種情報は，ビニールテープに油性ペンで書くことが多いが，パソコン上で文字やレイアウトの編集ができるテープワープロ（テプラ）を使用するのが便利である．より詳細な試薬情報（メーカー・グレード・型番）や試薬調製法を記載したテープも簡単にかつ複数枚作成でき，またデータをパソコン内でデータベース化することもできる．

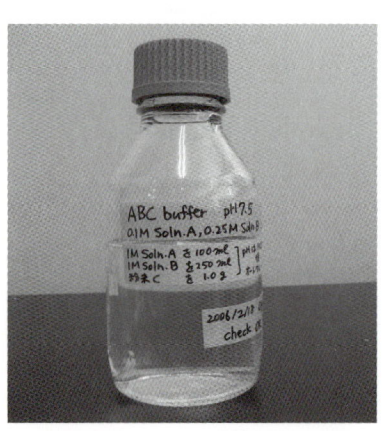

図1-12 ◆メジューム瓶のラベル例

オススメ技

028 組成・調製プロトコールを掲示する

オススメ度 ★★

こんなときに有効

頻繁に溶液調製を行うが，調製する溶液量が時によって異なることが多い場合に有効．

解 説

調製する溶液試薬の最終容量が状況によって異なる場合や，複数のメ

ジューム瓶分をまとめて調製する場合など，瓶単位での溶液調製法をメジューム瓶に書いておいても役に立たないことがある．このような場合は，1 l や100 ml 単位での試薬組成や調製法を，試薬調製場所に掲示しておけば便利である（図1-13）．

ホワイトボードを利用すれば，柔軟に情報を書いたり消したりでき，メモ用紙をマグネットで貼りつけることもできる．また，

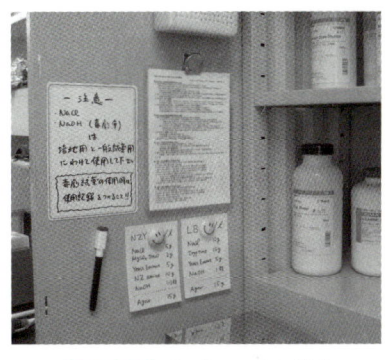

図1-13◆プロトコールの掲示

紙に印刷したプロトコールをラミネートすれば耐久性が増し，油性ペンで追加情報を上書き・消去（エタノールで拭きとる）することも可能になる．さらに，暗記カードのようにリングで束ねられるようにしておけば，フックにかけたり，ヒモをつけてぶら下げたり，必要な部分だけ取り外したりでき，プロトコールの集積・管理・利用がしやすくなる．

オススメ技

029 プロトコールを電子ファイル化して共有する

オススメ度 ★

📖 こんなときに有効　正確

プロトコール内の誤植によるトラブルを避けるため，つねに間違いのない最新プロトコールを用いたい場合に有効．

📝 解説

パソコンの普及とともに，プロトコールも電子ファイル化して管理することが普通になってきた．プロトコールは，各自それぞれが好きな形式で作成・管理していることが多いが，その一部はラボ内で伝播していく．プロトコールの質が良くて伝播したのであればよいのだが，質が悪いプロトコールの伝播力が強い場合，トラブルの種となりかねない．

プロトコールが伝播の過程で改悪されたり，質の悪いプロトコールがはびこらないようにするためには，質のよいプロトコールをスタンダードプロトコールとして電子化し，ラボの共有ファイルとして管理するとよい．個人レベルで改変したプロトコールは伝播させず，初心者はスタンダードプロトコールを参考にするルールにしておけば，伝言ゲーム的なト

ラブルは避けられる．スタンダードプロトコールを改良するときは慎重に行い，改良プロトコールで実験がうまくいくことを確認する．また，改変履歴は明示し，以前のバージョンも捨てずに残しておく．

まだまだある こんな チョイ技

オススメ技
030 インターネットによる情報収集

使用しているプロトコールが怪しい場合，他のプロトコール集を購入するのもよいが，インターネット上のプロトコールを参考にするのも手．インターネット上のプロトコールにも多分に不適切・不充分な情報が含まれているので，複数の情報ソースをもとに採用するプロトコールを決定する．

オススメ技
031 ブログの活用

ラボ内のメンバーが自由に書き込み・返信・検索ができるブログを設置すると，手軽に情報を共有することができる．形式張ったプロトコール内に記載しにくいような情報であっても，実験を進めるうえで有用であったり，どこかに記載しておきたい情報を集積するのに便利．

オススメ技
032 試薬調製スペースでの中古パソコンの活用

古いノートパソコンが余っていれば，試薬調製スペースに設置し，ラボ内LANに接続する．電子ファイル化した最新プロトコールを，試薬調製中に直接確認できるようにすると便利．また，試薬管理システムを構築すれば，試薬の有無・残存状況・保管場所を把握することができる．

オススメ技
033 音声読み上げによる確認

プロトコールのテキスト情報の見間違えによるミスを防ぐには，電子ファイルのテキストをパソコンで音声読み上げし，耳でも確認するとよい．調剤の現場では，計量ミスを避けるため，音声読み上げ調剤システムを導入しているところもある．

第 1 章　実験の準備 編

Keyword　試薬計量

6　試薬の計量をうまく行う方法

試薬調製プロトコールが確認できたら，実際に試薬を計量する操作に入る．一言で試薬といっても固体・タブレット・粉末・液体・粘性液体・揮発性液体などなど，さまざまなタイプのものがある．通常は粉末あるいは粘度の低い溶液を扱うことが多いので，粉末・固型のものは電子天秤で，液体はピペットで計量することになるのだが…

標準的な手法

粉末・固型試薬は電子天秤で，液体試薬はピペットで計量する

試薬の形状や計量する量に応じて，計量器具の種類とサイズが異なる．

【試薬が粉末やタブレットなど，固型の場合】
1. 電子天秤上に薬包紙を置いて電源を入れ，ゼロ点調整を行う
2. 薬サジを用いて試薬を取り出し，薬包紙上に目的のグラム数になるまで加える
3. 薬包紙上にのりきらない場合，複数回に分けて計量するか，秤量皿を利用する

【試薬が液体の場合】
1. メスシリンダーあるいはピペットを用い，目盛りを指標に必要量の試薬をはかりとる
2. メスシリンダーやピペット内に試薬が付着して残る場合は，溶媒でリンスする

Point　精度の高い計量器具を用いると，目的の量にぴったり合わないことが気になるので，厳密性がそれほど必要ないときは，精度の低い計量器具のほうが気楽に作業できる．場合によっては，上皿天秤でバランスを合わせる程度で充分なこともある．

オススメ技

034 アルミホイル上に試薬をとる

オススメ度 ★★★

🗒 こんなときに有効　節約¥　簡単☺

広いスペース上で粉末試薬の計量を行いたいが，秤量皿は高価なので，より安価で柔軟性のある方法で行いたい場合に有効．

📝 解説

薬包紙にはさまざまな大きさのものがあるが，数百グラムの試薬をのせられる薬包紙を常備しているラボは少ない．紙製の薬包紙では試薬を高く積み上げることが難しく，試薬をビーカーに移す際も扱いづらい．このような場合，プラスチック製のディスポーザブル秤量皿が有用だが，結構高価である．

そこで，アルミホイルを加工し，お好みの大きさと形の秤量皿をつくる（図1-14）．大容量の試薬をはかるときは深底の形状にし，複数の試薬を秤量皿上にすべてのせて計量したいときは，底面積の大きな形状にする．秤量皿をつくる際に，端の方から少しだけアルミホイル片を切り取っておけば，取り出しすぎた試薬を取り除く薬サジがわりとして使える．

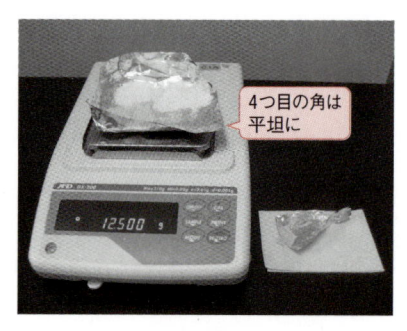

4つ目の角は平坦に

図1-14 ◆ アルミホイル皿

💡 プロトコール

『アルミホイル皿を用いた計量法』

❶ アルミホイルの角のうち3つを折り上げて成形し，秤量皿をつくる
▼
❷ ホイル皿が電子天秤皿以外に接しないように，皿の形状を整える
▼
❸ ホイル皿上の広いスペースを有効活用し，試薬を計量する
▼
❹ 計量済みの試薬は，4つ目の平坦な角を利用してビーカーなどに移す

オススメ技

035 デカントで試薬を取り出す

オススメ度 ★★

📎 こんなときに有効　[短縮]

　粉末や溶液試薬を取り出すための薬サジあるいはピペットを準備するのが手間であり，容器から素早く試薬を取り出したい場合に有効．

📝 解説

　粉末試薬を計量する際は，必ずしも試薬を薬サジで取り出す必要はない．ある程度の量まではデカントで取り出したほうが，手間も時間もかからない（図1-15）．慣れてくれば最初から最後までデカントで試薬を計量することができるので，薬サジの準備や洗浄の必要はなくなる．薬サジが直接試薬に触れることを嫌って，超微量計量以外はデカントによる計量を標準法とするラボもある．

　一方，液体試薬の計量の場合，1回のピペット操作で計量が済む量であれば，もちろんピペットを用いる．複数回のピペット操作あるいはメスシリンダーでの計量をしなければならない場合，ある程度まではデカントで取り出したほうが速い．溶液がたっぷり入った試薬瓶からのデカント操作がやりにくければ，いったん，コニカルチューブなどの容器に分取し，その容器でデカント操作を行えば扱いやすくなる．コニカルチューブに溶液を分取すればマイクロピペット用のチップが使用できるため，溶液量の微調整が容易となる．

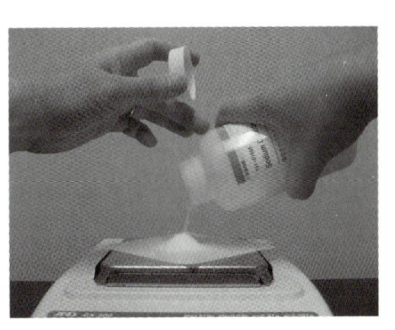

図1-15◆デカント計量

> **注意点◆** デカントで計量すると，試薬容器に積もったホコリや口の部分の汚れが混入しやすいので注意する．また，危険な試薬（強酸・強塩基・飛散性・毒劇・引火）は，従来どおりの安全な方法で行う．

📋 プロトコール

『デカントによる粉末試薬の計量法』

❶ 試薬容器のフタや口がホコリで汚れていたら，きれいに掃除する
▼

❷ 試薬が固化していたら，容器をシェイクして粉末化する
❸ 電子天秤に薬包紙をのせ，電源投入後，ゼロ点調整を行う
❹ 試薬を容器口の近くまで寄せ，静かにフタを開ける
❺ 容器に微振動を与え，こぼれ落ちる試薬を薬包紙で受けて計量する

『デカントによる液体試薬の計量法』
❶ 試薬容器のフタや口がホコリで汚れていたら，きれいに掃除する
❷ 試薬容器の口をメスシリンダーやビーカーに接触させないように傾け，溶液を一気に流出させる
❸ 流出スピードを計算に入れ，タイミングをはかって流出を終了する

オススメ技
036 液体試薬を重さで計量する

オススメ度 ★

こんなときに有効 簡単 正確

粘性や揮発性をもつためピペットでの計量が難しい液体試薬を，納得して計量したい場合に有効．

解説

液体試薬は一般にピペットで計量を行うが，粘性や揮発性をもつ液体試薬をピペットで計量するのは結構大変である．粘性試薬（グリセロールや界面活性剤など）の場合，ピペット内部の計量部分以外に試薬をつけてしまうと計量の意味がなくなるし，ピペット内部に付着した試薬をよく溶かし出すためのピペッティング操作は骨が折れる．マイクロピペットを用いる場合，チップの先端を太くしておかなければ吸い上がってきにくいし，マイクロピペットの気密性が低下している場合，粘性が高ければ高いほど正確な計量ができない．一方，揮発性試薬（クロロホルムやアセトンなど）の場合，計量中にピペットやチップ内部で揮発が起こり，試薬をピペッ

図1-16◆溶液の重さ計量

ト先端から押し出してしまうので，正確な計量は難しい．

　これらの試薬を厳密に計量しなければならない実験系は多くないが，できるだけ正確に計量する方法として，重さで計量することを考える（図1-16）．粘性試薬の場合，事前に一定液量の重さを電子天秤で計量して知っていれば，以後はそのグラム数を参考にすることができ，ピペット内部に付着した試薬を溶かし出す苦労をしなくてもよくなる．また，揮発性試薬の場合は少し多めに分取し，目的のグラム数になるまで揮発させることで適量をはかりとることができる．

まだまだある こんな チョイ技

オススメ技
037 連続ゼロ点調整法

複数の粉末試薬を1枚の薬包紙を用いて計量する場合，個々の試薬の計量後にゼロ点調整をすることにより，試薬を薬包紙上にのせたまま連続して試薬の計量を行うことができる．培地作製時のようにそれほど厳密な計量が必要ではない場合，計量のたびに試薬をビーカーなどに移す必要がなくなるので，素早く計量を行える．試薬を取り出しすぎた際の除去のことを考えて，各試薬を置く位置が重ならないように工夫する．

オススメ技
038 最終容量による調整法

目標に近い重量の粉末試薬を計量し，その重量をもとに最終溶液容量を計算し，溶媒を添加する方法．微量計量が困難な場合や，タブレットタイプなので目的重量ピッタリの計量ができないときに有用．取り出しすぎた試薬を捨てるのがもったいないときにも利用できる．

オススメ技
039 試薬容器内への直接溶媒注入

微量の粉末試薬を電子天秤で正確に計量しにくい場合，試薬容器に直接溶媒を注入し溶解させることがある．ゴム栓つきの瓶で供給される試薬では，ゴム栓上から注射針を刺し，注射器で加える溶媒分の空気を瓶内から抜き，その後同容量の溶媒を加えて溶解させる．

オススメ技

040 計量済み試薬のストック

あらかじめ試薬を計量しておいたものをストックしておくと，溶液調製時に計量を行わなくても済む．一定濃度・容量の溶液をくり返し作製することがある場合に便利．試薬を取り出しすぎて捨てるのがもったいない場合，次回に使う分量を計量してストックしておくと無駄にならない．薬包紙の包み方を知っておくと便利（図 1-17）．

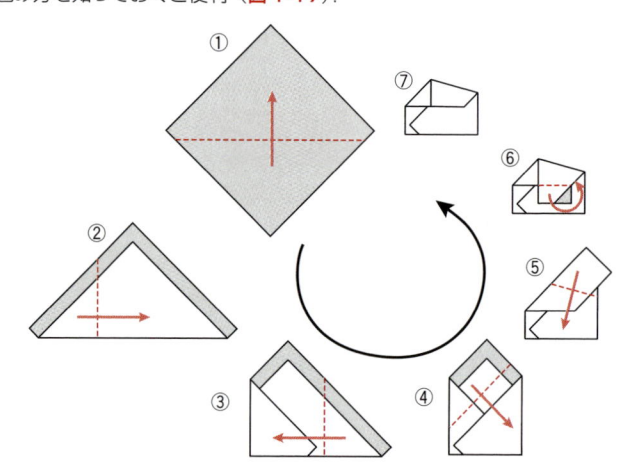

フリー百科辞典『ウィキペディア（Wikipedia）』より引用，改変

図◆ 1-17 薬包紙の折り方

オススメ技

041 アバウトな溶液計量

溶液試薬の計量に，それほどの厳密性が求められない場合，コニカルチューブの目盛りを利用すると，メスシリンダーやピペットを使わなくても計量できる．また，目盛りのない容器であっても，正確な溶液量を入れたときの高さを記しておくか，高さ見本をつくっておけば，溶液の高さの比較で量を把握することができる．また，スポイトやチップの先から滴下する1滴の容量（溶液によって異なるので注意）を知っていれば，滴下数をもとに計量することもできる．

第1章 実験の準備 編　　　　　　　　　　　　　　　Keyword 試薬調製

7 試薬調製を手軽に行う方法

試薬を無事に計量できたら，試薬を水に溶解させて溶液試薬の調製を行うことになる．試薬調製には，溶解用のビーカーや，最終溶液量調整用のメスシリンダーが必要であり，溶液調製後はこれらの器具を洗浄しなければならない．容器の準備や洗浄作業を軽減できれば，少しは溶液調製が手軽にできそうなのだが…

標準的な手法

ビーカー内で試薬を溶解し，メスシリンダーで最終溶液量を調整する

調製する溶液試薬量に応じて適したサイズの器具を準備し，基本に忠実に試薬調製を行う．

【溶液試薬の調製法】
① ビーカーに撹拌子を入れ，7～8割程度までMilli-Q水を入れる
② スターラーで撹拌子を回転させながら，試薬を少しずつビーカーに入れて融解する
③ 試薬を完全に融解させたら，溶液をメスシリンダーに移す
④ 少量のMilli-Q水で，ビーカー内壁に付着した溶液をリンスし，それをメスシリンダーに移す
⑤ メスシリンダーを用い，最終溶液量を調整する
⑥ ビーカー内の撹拌子をメスシリンダーに移し，よく撹拌する

Point 試薬調製後は，使用したビーカーやメスシリンダーを洗浄し，乾燥させ，アルミホイルで口を覆って乾熱をかけ，保管場所に戻す．試薬調製にかかわる時間よりも，洗浄・乾燥・乾熱のことを気にしていなければならない時間のほうが長い．

オススメ技

042 メスシリンダー内で直接溶液を調製する

オススメ度 ★★

📖 こんなときに有効 【簡単】

できるだけ正確な濃度の試薬調製を行いたいが，最低限必要な器具のみの使用ですませたい場合に有効．

📝 解説

正確な濃度の試薬調製には，正確な最終溶液容量の調整が必要であり，メスシリンダーの使用が必須となる．しかし，ビーカーの使用は必須でないので，メスシリンダーに直接粉末試薬を入れて試薬調製を行うことにする．メスシリンダーは口が狭いため試薬が投入しにくい，背が高いため撹拌しにくい，pH調整が必要な試薬調製には不向き，という難点はあるが，メスシリンダー1本のみで行える試薬調製は魅力的である．

試薬調製のコツは，撹拌子が粉末試薬に埋もれないように強磁力のスターラーを用い，試薬は少しずつ加えることである．撹拌子が粉末試薬に埋もれてしまって動かなくなってしまった場合は，ピペットで溶液を撹拌して粉末試薬を舞い上げてからスターラーをオンにする．また，メスシリンダーの口の部分をパラフィルムやラップで封をし，手のひらで押さえてシェイクすることもできる（図1-18）．1 *l* 用のメスシリンダーが大きくてシェイクしにくいときは，500 m*l* 用のメスシリンダーで2倍濃度の溶液を作製し，後で倍に薄めればよい．

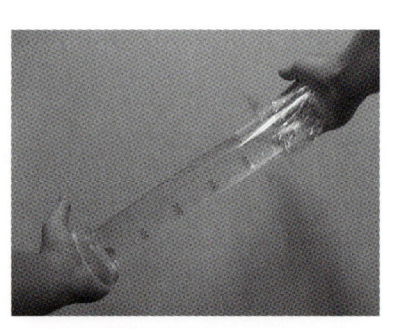

図1-18◆メスシリンダーでシェイク

注意点◆ この方法はかなり危険なので，ラボによっては禁止される可能性が大．プラスチック製メスシリンダーの使用，充分な作業スペースの確保，シェイク時はまわりに気をつけるなどの事故防止策をとり，安全に作業する．

オススメ技

043 メジューム瓶内で直接溶液を調製する

オススメ度 ★★

📖 こんなときに有効　[簡単]

　　最終溶液容量をそれほど厳密に調整する必要がなく，メジューム瓶に印刷されている目盛りを利用してもよい場合に有効．

✏️ 解 説

　　溶液試薬調製の原則としては，溶液の最終容量はメスシリンダーで正確に合わせることになっているが，すべてのバイオ実験がそこまでの厳密性を必要とするわけではない．試薬を直接メジューム瓶に投入し，水を目的の容量まで加えて溶液調製を行うと，ビーカーやメスシリンダーを使用する必要はなくなる．

　　メジューム瓶に印刷されている目盛りは，誤差が大きいことがあるので，あらかじめ目的容量の水をメジューム瓶に加えて，目盛りが正確かどうかを確認しておく．メジューム瓶の目盛りを利用して試薬の最終容量を合わせると，数パーセントの誤差を生じる恐れがあるが，問題にならないバイオ実験も多い．メジューム瓶は広口のモノを用いると試薬が投入しやすく，撹拌子をメジューム瓶内に入れて，スターラーで試薬を撹拌しながら溶解すると便利（図1-19）．

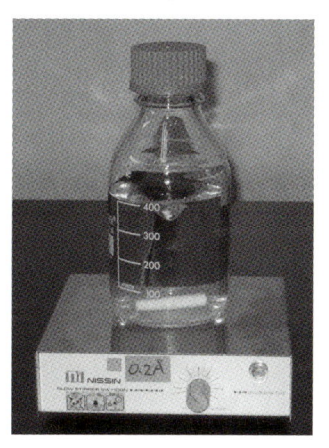

図1-19◆メジューム瓶内での撹拌

🔥 プロトコール

『メジューム瓶内での溶液調製法』

❶ 最終溶液容量のMilli-Q水をメジューム瓶に入れ，溶液の高さを瓶の外壁に記しておく

❷ 試薬の添加量を考慮に入れ，Milli-Q水を少し捨てる

❸ 試薬を少しずつ投入し，メジューム瓶内で溶解させる

❹ 最終溶液容量の高さまで，Milli-Q水をを加える

❺ フタを閉めてシェイクし，メジューム瓶の壁に付着した試薬を溶かす

第1章 実験の準備 編

第1章◆7　試薬調製を手軽に行う方法

オススメ技

044 高濃度溶液を用いて溶液を調製する

オススメ度 ★★

こんなときに有効 [短縮] [正確]

粉末試薬の計量や溶解の作業を行うことなく，任意の容量の試薬調製をできるだけ早く正確に行いたい場合に有効．

解説

バイオ実験で使用する一般的な溶液は，いくつかの基礎となる試薬（NaCl，KCl，$CaCl_2$，$MgCl_2$，Tris-Cl，HEPES，EDTA，SDS，TritonX-100，HCl，NaOHなど）を組み合わせて調製できるものが多い．これらの試薬の高濃度溶液を調製しておくと，混ぜ合わせるだけで目的の溶液を作製することができる（図1-20）．

高濃度溶液のモル数は試薬によって異なるが，計算しやすい1Mである場合が多い．析出しない程度に2M（Tris-Cl）や5M（NaCl）などの高濃度溶液にしておけば，高濃度溶液を再調製する回数を減らすことができ，また目的溶液調製時の容量オーバーも回避しやすくなる．それでも容量オーバーになる場合は，粉末試薬を入れる．

溶液調製時のpH調整を不要にしたければ，pH調整した高濃度緩衝液を加えればよい．いくつかの高濃度溶液を混ぜるのが手間なときは，すべての組成が5倍や10倍濃度になった高濃度試薬をつくっておけば，水で薄めるだけで使用できる．塩の析出が問題となる溶液は，2倍濃度の溶液を分けて調製しておき，必要時に1対1で混ぜればよい．

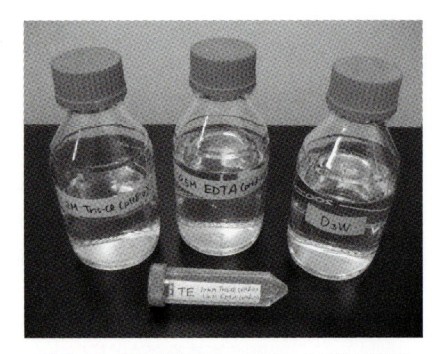

図1-20◆高濃度溶液の混合による溶液調製

> **注意点◆** 個人使用あるいは即時使用を行う場合，オートクレーブ済みの高濃度溶液とオートクレーブ済みの蒸留水で溶液調製を行えば，調製後のオートクレーブは必要ない．長期保存の共通試薬を調製する場合は，洗浄済みのメジューム瓶内で溶液を調製し，再度オートクレーブをかけたほうがよい．

📝 プロトコール

『高濃度溶液を用いた溶液調製法』

① 調製目的の溶液に含まれる各試薬の最終濃度を把握する
   [TEの場合：<u>10mM</u> Tris-Cl（pH8.0），<u>1mM</u> EDTA（pH8.0）]
▽
② 各試薬の高濃度溶液の濃度を把握する
   [<u>2M</u> Tris-Cl（pH8.0），<u>0.5M</u> EDTA（pH8.0）]
▽
③ 目的溶液内の濃度が，各高濃度溶液の濃度の"X分の1"になるかを，それぞれ計算する
   [Tris-Cl（pH8.0）は<u>1/200</u>，EDTA（pH8.0）は<u>1/500</u>]
▽
④ 目的溶液の最終溶液容量を把握する
   [<u>1,000 ml</u>]
▽
⑤ 目的溶液の最終溶液容量の"X分の1"が，"Yml"になるかを，それぞれ計算する
   [1,000 ml の 1/200 は <u>5 ml</u>，1,000 ml の 1/500 は <u>2 ml</u>]
▽
⑥ メジューム瓶に，各高濃度溶液ごとに計算した"Yml"を添加する
   [Tris-Cl（pH8.0）は<u>5ml</u>，EDTA（pH8.0）は<u>2ml</u>]
▽
⑦ 目的溶液の最終溶液容量から添加した溶液量を引いた分だけ，水を添加する
   [1,000 ml － 5 ml － 2 ml ＝ <u>993 ml</u>]

まだまだあるこんなチョイ技✌

オススメ技

045 高濃度溶液の分取用チューブの専用化

高濃度溶液を混ぜ合わせて溶液を調製する際には，溶液の計量が必要になる．メスシリンダーやピペットを用いての正確な計量までは必要としない場合，目盛りつきコニカルチューブを用いることが多い．各高濃度溶液を分取するための専用コニカルチューブを準備し，高濃度溶液の保管場所近くに並べておくと便利である．

オススメ技

046 溶液調製時の温度上昇を抑える

Tris 緩衝液のpH調整時やNaOHの溶解時のように，試薬を溶解させると温度上昇が起こる溶液調製がある．特に，Tris 緩衝液のpHは温度によって変わるので，温度を考慮に入れてpH計算を行うが，やはり一定温度に保ちながらpHを直接測定できると調整しやすい．この場合，恒温槽つきのスターラーが便利である．また，普通のスターラー上に氷水（あるいは保冷剤と水）入りのバットを置き，その上にビーカーをおいて冷却してもよい．完全防水型のスターラーを使えば，冷浴容器の中に沈めて使用することもできる．

オススメ技

047 溶液調製時の温度降下を抑える

尿素や炭酸水素ナトリウムなどは，試薬を水に溶解させると吸熱が起こり，溶液の温度は降下して試薬は溶けにくくなる．温浴による温度制御を行うのもよいが，ビーカー内の水をあらかじめ温めておいたり，電子レンジ対応カイロ（スーパー温太くん［ケンユー］，レンジでゆたぽん［白元］，魔法のカイロ・アラジン［センチュリー］など）で熱を加えたりすることもできる．もちろん，ホットプレートスターラーを用いて溶液を加熱・撹拌すると，よりスムーズに溶液調製が行える．ビーカーの外にシール式温度計（デジタルサーモテープ［日油技研工業］）を貼りつければ，温度計を溶液内に突っ込まなくても溶液温度が測れる．

第1章 実験の準備 編

Keyword 試薬品質

8 信頼ブランドの試薬を手に入れる方法

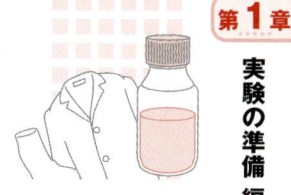

バイオ実験ではさまざまな試薬を使用するが，間違った組成の試薬を用いると，当然，実験はうまくいかなくなる．実験を始める前に，使用する試薬の性能を見極めておいたほうがよさそうだが，試薬の性能評価実験ばかりしているわけにもいかない．信頼できる試薬を見極め，信頼ブランドの試薬を使用して安心して実験を行いたいものだが…

標準的な手法

試薬の様相および試薬作製日を確認する

試薬は正しく調製されていることになっているが，気になる場合は確認してみる．

【試薬の状態の確認法】
① 光にかざしてみて，溶液の色・粘性・異物の状態を確認する
② 軽く撹拌して，沈殿物が舞い上がらないかを確認する
③ 界面活性剤入りの溶液は，軽くシェイクして泡立ち具合を確認する
④ 緩衝液の場合は，pH試験紙で確認する
⑤ 古そうな試薬は，試薬作製日をチェックする

Point わずかなホコリの混入程度であれば，無視して使用できる試薬もあるが，品質劣化の懸念があるときは，試薬をつくりなおす．試薬にSDSを含む場合，低温になる冬場は析出することがあるが，試薬を温めてSDSを再溶解させれば，問題なく使用できる．

オススメ技

048 試薬調製後，すぐに性能確認を行う　オススメ度 ★★

📖 **こんなときに有効** 🛡安全➕

共用で使用する試薬を調製したが，この試薬が実験トラブルを引き起こさないようにしたい場合に有効．

解 説

　個人用の試薬の場合，使えない試薬を間違ってつくってしまっても自分が痛い目をみるだけで終われる．しかし，ラボで共用する試薬を間違えて作製してしまった場合，ラボ全体が被害を被ることになる．使えない試薬による被害を出さないためには試薬の性能を確認し，信頼ブランド化しておく必要がある．性能が確認できたメジューム瓶には実験成功の記録を残しておくとよい（図1-21）．

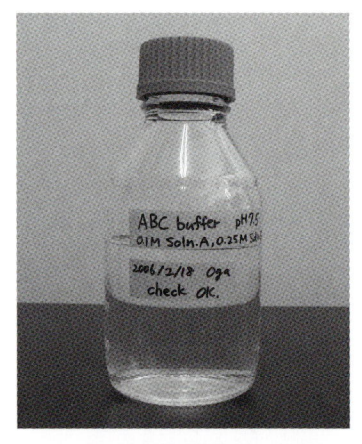

図1-21 ◆ 実験成功記録つき試薬

　たいていの場合，実験を行う前に試薬を準備したり，実験中に試薬がなくなって作製しなおしたりすることが多いので，その試薬を用いた実験が成功すれば，試薬の性能確認も同時に行ったことになる．すぐに試薬を使用しないので性能が確かめられないときは，とりあえずメジューム瓶に性能未確認であることを明記しておき，次の実験の機会に確かめるとよい．

> **注意点◆** 試薬のメーカー・型番・ロット，調製法の変更を行った場合は，特に慎重に性能評価を行う．試薬に関する問い合わせ先や鮮度を把握するため，メジューム瓶には試薬調製者の名前と調製日時を記載しておくとよい．

オススメ技

049 試薬の実験成功実績を把握する

オススメ度 ★★★

こんなときに有効

　試薬トラブルを避けるため，間違いなく実験が成功する信頼ブランドの試薬を使用したい場合に有効．

解 説

　共用の試薬を分取して使用する場合，調製日の情報や実際の溶液の状態（ゴミ・沈殿・色）から，この試薬を用いて実験がうまくいくのか心

配になることがある．その場合は，この試薬を使って実験した人の実験結果を調べてみるとよい．実験が成功している場合は特に問題なく使用できるが，誰も成功していない場合は試薬を調製しなおしたほうがよい．

　これを拡張して考えると，ある実験系がうまくいっているときは，実験に必要な試薬がすべて信頼できる状態にあるので，すぐに同じ系統の実験を行うとうまく結果が出る可能性が高い．反対に，実験がうまくいってない場合は，その原因が明らかにならない限りは，実験を行ってもうまくいかない可能性が高い．

まだまだあるこんなチョイ技

オススメ技
050 試薬の同時大量調製と小分け保存

保存がきく試薬の場合，同時に試薬を大量調製し，それを小分けにして保存しておくとよい．これらの小分け試薬のうち1つの性能をチェックし，問題のないことが確認できれば，他の小分け試薬はすべて信頼のブランドとなる．いわゆるロットチェックである．

オススメ技
051 正常溶液との混合動態のチェック

溶液の色や粘性の状態から，溶液組成がおかしいのではと感じることがある．その場合，1.5 mLチューブに正常な溶液を少し入れておき，それに調べたい溶液を穏やかに加えたときの混合動態を見てみる．混合動態は，チューブを光にかざしながら軽くピペッティングを行うと視認しやすい．モヤモヤとした光景が見えたり，2層にわかれるようであれば，溶液組成は同一ではない．

オススメ技
052 トラブル相談掲示板の設置

ある実験がうまくいかず，使用した試薬の性能が疑われる場合や解決法を知りたい場合，トラブル報告・質問・解決のためのラボ内掲示板を設置するとよい．関連実験を行っている人や原因と思われる人に直接聞くことができない場合でも，情報を共有し解決をはかることができる．

Column

ラボライフ

　バイオ実験の準備は研究室での生活，すなわちラボライフに慣れるところから始まる．ラボのシステムは，同じ分野に属するラボ間では似ているものの，細かな点では異なる部分が多い．初めて研究室に配属される学生の場合はラボのシステムに馴染みやすいが，他の研究室から移ってきた場合は過去の経験とのギャップにとまどうこともある．

　ラボライフのはじめの時期に気をつけることは"郷に入っては郷に従え"であり，ラボのシステムを謙虚に学ぶことが重要である．もちろんラボには意味不明な伝統や伝説，手抜き・横着・妥協が数多く存在し，理想とのギャップを感じることも多々あるが，まずは現行のシステムを経験してみる．そのうえで，悪しき伝統や無意味な流儀，より理想的なシステムがあれば，少しずつ改善案を提案していく．

　バイオ実験を円滑に進めるためには，ラボメンバーとのよい関係を築くことが重要である．バイオ実験は一見，個人プレーのように思えるが，実験環境の整備，試薬の準備，実験技術の継承などなど，よく考えてみると多くのラボメンバーの協力あってのチームプレーであることに気づく．実験や研究生活がうまくいっているときはもとより，うまくいっていないときこそ，ラボメンバーとのコミュニケーションが重要となる．ラボメンバーがお互いの研究や実験技術を理解しており，相互に協力できるようになると，作業を分担して実験を効率的に行ったり，緊急時に実験のサポートをお願いできるので助かる．

　コミュニケーションの基本は"あいさつ"と，"謝罪"．ラボに出てきたときと帰るときはあいさつを，迷惑をかけたときはすぐに謝罪を．ラボ行事には絶対参加．ノミニケーションにもできるだけ参加．情報の共有と蓄積がバイオ実験の糧であり，その心構えを自分のモノとしてもつことがバイオ実験の準備となる．

第2章

実験の基本操作 編

器具・試薬の準備ができたら，次は基本操作の習得．ディスポ器具を華麗に操り，溶液試薬を巧みに繰り出したら，きちんと馴染ませる．そのくり返し，くり返し，くり返しがバイオ実験だ．細心の注意を払いながら，ミスなく操作を真面目にくり返すのは疲れる．場合によっては，それなりに，お手軽に，たまには横着して，ちょっとドキドキしながら…

1	ディスポーザブル器具を賢く使う方法	58
2	ハンドリングをスムーズに行う方法	64
3	溶液分注をエレガントに行う方法	69
4	溶液を均一化できる風変わりな方法	75
5	遠心操作をクールに行う方法	79
6	冷却や冷凍が必要なときの対処法	84
7	加温や保温に役立つ庶民的方法	89
8	サンプルのなるほど保存法	94

第2章 実験の基本操作 編

Keyword ディスポ器具

1 ディスポーザブル器具を賢く使う方法

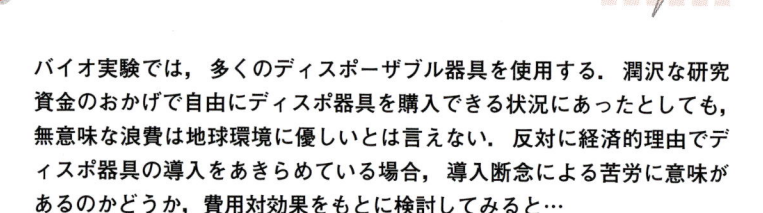

バイオ実験では，多くのディスポーザブル器具を使用する．潤沢な研究資金のおかげで自由にディスポ器具を購入できる状況にあったとしても，無意味な浪費は地球環境に優しいとは言えない．反対に経済的理由でディスポ器具の導入をあきらめている場合，導入断念による苦労に意味があるのかどうか，費用対効果をもとに検討してみると…

標準的な手法

ディスポ器具の利便性とコストを考慮して使用する

ディスポ器具は，つねに費用対効果を考えながら検討・導入・使用する．

【ディスポ器具の使用法】
❶ 検討時：経済的余裕，導入コスト，導入の効果，使い捨ての必然性，を検討する
❷ 導入時：規格，品質，価格（割引，キャンペーンなど），納入日数，滅菌/非滅菌，ラック入り/バルク，ユーザー状況，トラブル情報，をもとに導入品を決める
❸ 使用時：実験での必要性，再利用の是非，節約，を考慮して使用する

Point ディスポ器具の新規導入時には経済的・節約的な使用に気を配ることが多いが，導入してしばらくすると浪費されはじめることが多い．

オススメ技

053 トータルコストを考えて導入を検討する　　オススメ度 ★★

こんなときに有効　節約¥

ディスポ器具を使用したいが，それほど安いものではないので，本当にコストが合うかどうか悩んでいる場合に有効．

58　バイオ実験の知恵袋

解説

　同じディスポ器具であっても，導入することが経済的なのかどうかは，ラボの環境によって異なる．ディスポ器具使用の利点は，洗浄・無菌化処理の手間が減らせること，品質が安定しているので安定的な実験が行えることにある．洗浄が手間ではなく無菌化の必要がない場合や，コストの安い洗浄・無菌化システムをすでに利用している場合は，ディスポ器具を導入する必要性は低い．一方，新たな洗浄装置の導入コストや洗浄作業のランニングコスト（労力・人件費や消耗品）を考えている場合，ディスポ器具の利用もあわせて検討する．一般的に，特殊な器具や新規格の器具ではなく，値段がこなれたディスポ器具であれば，導入したほうが吉であることが多い．

　例えば10 mlのディスポピペットの場合，できるだけ安く購入すると1本30円程度で購入できる．もし，超音波ピペット洗浄機とガラス製ピペットを新規購入し，洗浄しながら使用する予定なら，コスト計算をしてみるとよい（図2-1）．ラボの人数およびピペットの使用量が少ない場合，洗浄機導入のコストで10年分以上のディスポピペットを購入できることもある．また，洗浄機は共通機器のものが使用でき，学生が無償で洗浄作業をするとしても，判断は微妙なところだ．ピペット洗浄作業に時間をとられずに実験したほうが，よい研究成果と研究費を生み出せるかもしれない．

超音波洗浄　再利用
30〜40万円/台

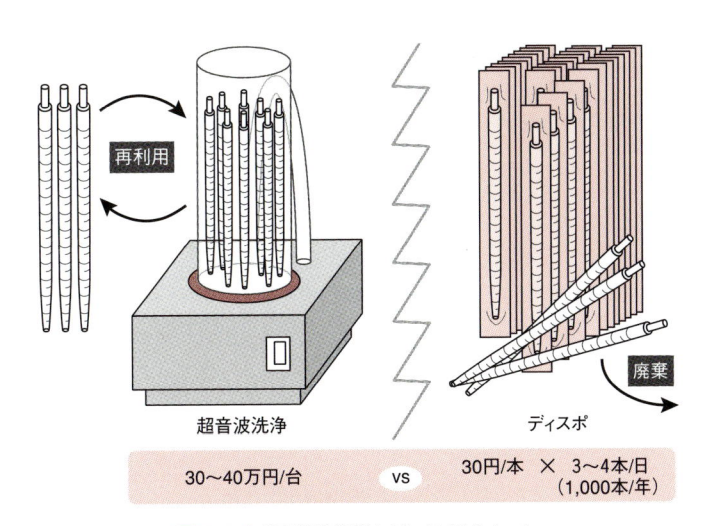

vs

ディスポ　廃棄
30円/本 × 3〜4本/日
（1,000本/年）

図2-1 ◆ 超音波洗浄機とディスポピペット

オススメ技

054 使用順や使用法を工夫して使う

オススメ度 ★★★

📎 こんなときに有効　節約¥

コストと利便性のバランスが合いにくいディスポ器具を，できるだけ有効に活用することによって，使用量を抑えたい場合に有効．

📝 解説

特殊な器具や新規格の器具の場合，価格が高めになるため，費用対効果に難が出る．それでも器具の形状や機能に意味があり，再利用可能な同型の器具が存在しない場合，必要最低限量のディスポ器具を導入し，無駄なく使っていく必要がある．単価が安いディスポ器具の節約も大切だが，実は，単価が高いディスポ器具の節約使用のほうが節約効果が大きい．実際の節約使用法は，器具の形や実験目的によって異なるが，基本的な考え方としては，「ディスポ器具でも何回か使い回せれば割に合う」という概念をもてばよい．

下記のプロトコールに節約使用法例『希釈系列溶液のブロッティング』を示したので，少し考えてみたい．これはプローブの濃度検定時に用いる方法であるが，合計30回の分注操作をチップ1本で行っている．チップの場合は1本あたり数円なので，節約金額は大したものにはならないが，30倍の節約を達成している．この節約例のポイントは，①類似組成の試薬調製を一斉に行うのであれば，同一器具を連続再使用できる，②滅菌水を使用した器具で他の水溶液を扱ってもよい，③他の溶液を扱った器具でも，現在の溶液によくなじませれば，新たな器具を使う必要はない，④薄い溶液を扱った器具で濃い溶液を扱っても，コンタミの影響は出にくい，といったところにある．

📋 プロトコール

『希釈系列溶液のブロッティング』（図2-2）

❶ 新しいチップで，チューブから滅菌水を9μlとり，パラフィルムの上に滴下する
▽
❷ チップを変えずに，この操作をくり返し，計10滴の滅菌水をパラフィルム上に並べる
▽
❸ チップを変えずに，核酸溶液を1μlとり，1番目の水滴とよく混合し，希釈液をつくる
▽

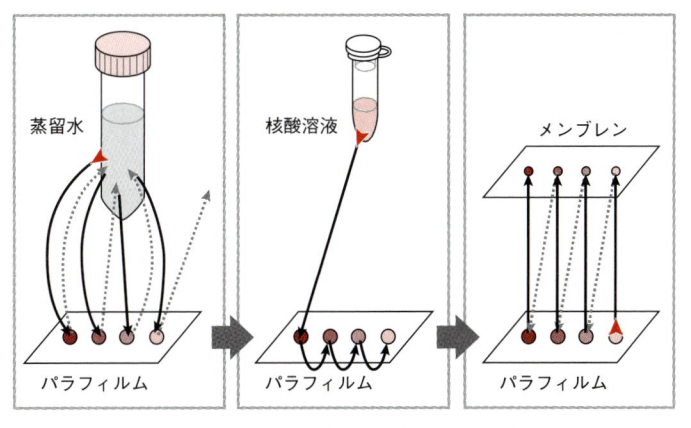

図 2-2 ◆ 希釈系列溶液のブロッティング

❹ チップを変えずに，この希釈液 1 μl をとり，2 番目の水滴とよく混合し，希釈液をつくる

❺ チップを変えずに，同様の操作をくり返し，10 番目までの希釈液をつくる

❻ チップを変えずに，10 番目の希釈液 1 μl をナイロンメンブレンにブロッティングする

❼ チップを変えずに，同様の操作を繰り返し，1 番目までの希釈液を 1 μl ずつブロッティングしていく

✜ その他の節約法例

- サイズによって大きく値段の異なるもの（例えば，5 ml 用チップと 10 ml 用チップ）は，安価なほうをくり返し使用する
- 同一試薬の計量予定がしばらく後にある場合は，使用済みのチップやピペットは捨てずにきれいに保管（ラップでくるんだり，コニカルチューブに立てる）し，再使用する
- 秤量皿やマルチチャンネルピペット用リザーバーなど，形状に意味をもつものは，容器上にラップをおいて使用し，ラップのみを使い捨てにする
- ガラス試験管やコニカルチューブは，よく洗浄してからオートクレーブすれば再利用可．ただし，再利用の再利用を行うとエンドレスになるので，品質劣化が気になる場合は，1 回だけ再利用する

オススメ技

055 単価を掲示し周知する

オススメ度 ★★

🔖 こんなときに有効　[節約] [正確]

ディスポ器具を浪費することのないように，費用対効果・器具選択・コストを意識しながら経済的に使用したい場合に有効．

📝 解説

ディスポ器具を導入する当初は費用対効果の検討を行い，無駄にしないことを確認しあったはずなのに，しばらくすると好き放題に使われだすことがある．これは，費用対効果やコストの概念が忘れ去られてしまったときに起こりやすい．特に，ディスポ導入時のコスト検討状況を知らないラボメンバーが増えたり，大量にストックがある場合に起こりやすい．

浪費を防ぐためには，ディスポ器具の単価をストックの外箱や保管庫の扉などに明示しておくことが有効である（図2-3）．これにより，新しく入ったラボメンバーにも自然に認識してもらえ，費用対効果の考え方も自然と芽生えてくる．また，研究室に出入りする業者も見ることができるようにしておけば，よりコストパフォーマンスの高い製品の紹介が期待できる．

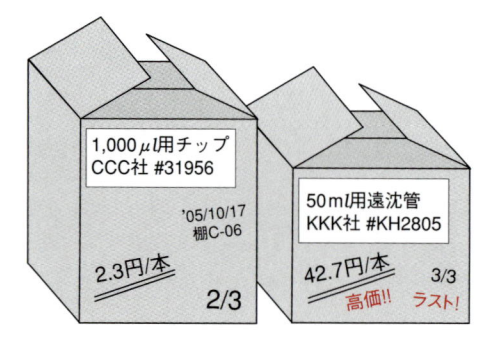

図2-3 ◆ ディスポ器具の単価の明示

（箱1：1,000 μl用チップ CCC社 #31956　'05/10/17　棚C-06　2.3円/本　2/3）
（箱2：50 ml用遠沈管 KKK社 #KH2805　42.7円/本　3/3　高価!!　ラスト!）

まだまだある こんな チョイ技

オススメ技

056 ディスポーザブル器具のサンプル品の入手

ディスポーザブル器具を使用したいが価格が折り合わず，少量梱包の購入もうまくいかない場合，サンプル品をいくつかメーカーから入手すると，実験に間に合わせることができる．本来，ディスポ器具のサンプル品は，

購入検討時に規格や品質を確認するために提供されるものである．無償だからといって過度なサンプル品請求は慎みたい．

オススメ技
057 用途に応じたディスポーザブル器具の導入

使用する目的別にディスポ器具を区別したい場合，形状や色が異なる複数のディスポ器具を利用するとわかりやすい．滅菌・非滅菌の違い，要求精度の違いによって，安価なディスポ器具と高価なディスポ器具を区別し，間違えずに使用できると，コスト減となる．

オススメ技
058 バルク品の直接使用

ディスポーザブル器具のバルク品は，滅菌や使いやすさの観点では個包装やラック入りの製品にかなわないが，価格は安い．衛生的な工場で自動生産されたチップやチューブなどのプラスチック製ディスポ器具は，基本的には DNase-free，RNase-free と考えてよい．ラックやケースに詰める手間を省きたければ，バルク袋からそのまま取り出して使用してもよい．

オススメ技
059 チップ詰めの労働コスト算出

ラック入りのチップを買わず，バルクで買ったチップをラックに詰めることで，コスト削減をはかっているラボは多い．チップ詰めを行うハメになった現場にとっては，バルクとラック入りの価格差，チップ詰めに必要な時間，バイトでの時給など，チップ詰めの労働コストが頭をよぎる．場合によっては友達にチップを詰めてもらい，お礼に飯でもおごったほうが，楽で経済的なことも．

オススメ技
060 プラスチックの素材特性の把握

ディスポ器具の素材として使われるプラスチックには，ポリプロピレン（PP），ポリエチレン（PE），ポリスチレン（PS），ポリカーボネート（PC）などがあるが，耐薬品性・耐熱性・耐衝撃性に違いがある．また，表面処理により，低吸着性・高吸着性をもたせたものもある．さまざまな用途で過酷に用いられることが多いチューブの素材は，PP あるいは PE であることが多い．樹脂の透明性が必要なときは，PS や PC が使われる．PE や PS は耐熱性が悪く過激に変形するので，オートクレーブできない．

第2章 実験の基本操作 編　　　　　　　　　　　　　　　　Keyword ハンドリング

2 ハンドリングをスムーズに行う方法

バイオ実験は，さまざまな器具，研究材料，試薬を駆使し，うまい結果をめざす作業である．実験を手際よく進められれば，良い材料を良い状態のままで処理でき，良い成果に結びつけることができる．実験の手際は，実験手順の効率化と各種器具のハンドリングによるところが大きい．料理がうまい人は実験もうまいのかも…

標準的な手法

実験経験を積みながら，手際やハンドリングを習得していく

実験の手際やハンドリングの上達の基本は，努力と経験の積み重ねである．

【実験の手際やハンドリングの上達法】
1. 経験者から手法を教わり，直接指導してもらう
2. プロトコールや，取り扱い説明書を読んで試してみる
3. 実験の成功・失敗経験をもとに上達していく

Point 実験者の個性，感性，考え方，身体的能力などの違いによって，操作の上達スピードは異なる．しかし，バイオ実験で用いられる実験法や器具の多くは，誰でも安定して取り扱いできるように工夫されているので，操作経験を積めばそれなりに使用することができる．

オススメ技
061　実験方法や実験器具の構造と原理を理解する　　オススメ度 ★★

こんなときに有効 短縮 正確

実験を消化しながらなんとなく慣れていくのではなく，内容をきちんと理解しながら，論理的に実験操作の技術を高めていきたい場合に有効．

解説

　実験方法や実験器具の原理や構造を理解できれば，どのようなハンドリングがスムーズな実験操作につながるのかを導くことができる．例えば，プラスミドDNAの濃度を何度も分光光度計で確認し，何度もシークエンス反応を行っても，反応が弱いことがある．タンパク質，RNA，フェノールなどの混入があると分光光度計の測定値が不正確になることを理解していれば，濃度測定とシークエンス反応をくり返すことはせず，DNAを精製しなおしたり電気泳動でDNA濃度を視認するなどの実験に手際よく移っていくハズである．

　一方，多数のサンプルを扱うときも，考え方の違いで，手間や作業時間が大きく違ってくる．例えば，1.5 mLチューブのサンプル96個を96ウェルのマルチウェルプレートに移す場合を考えてみる．シングルチャンネルピペットで処理すると，時間と労力がかかるうえに移転ミスを起こす可能性が高い．この場合，マルチウェルプレートが9 mmピッチであること，1.5 mLチューブは18 mmピッチなら並べられること，マルチチャンネルピペットは1チャンネルとばしで半数のチャンネルを使えばよい（歯抜けマルチチャンネル，図2-4上）ことを思いつけば，楽に正確に操作することができる．

　もちろん，ピペットにチップをセットする際も，ピペットに1本ずつセットするのはナンセンスであり，あらかじめチップラックのほうにセットしておく．当然，チップラックのほうも1本ずつセットするわけではなく，ラックを2個用意してマルチチャンネルピペットで1列とばしで移植する（図2-4下）．

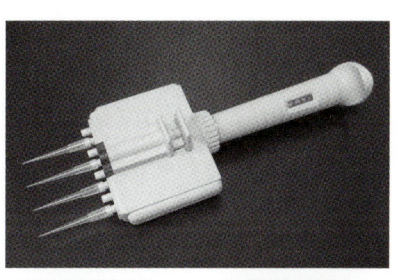

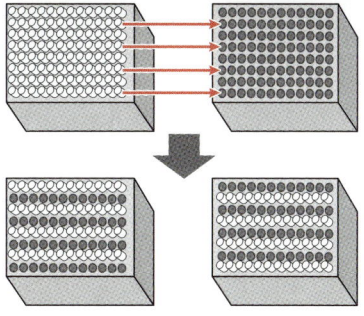

図2-4 ◆ 歯抜けマルチチャンネルと専用チップラックの準備

第2章　実験の基本操作 編

第2章◆2　ハンドリングをスムーズに行う方法　　65

オススメ技

062 実験の空き時間に予行練習をする

オススメ度 ★★★

📎 **こんなときに有効** 🕐短縮 👍正確

本番の実験時に操作をスムーズに行うため，あらかじめ実験の流れや器具のハンドリングに関する経験を積んでおきたい場合に有効．

📝 **解説**

実験に用いる器具が特殊なものや高価なものではない限り，練習用として使用することは可能である．たいていの場合は使用済みのもの，廃棄予定のもの，類似で廉価なものが利用でき，ハンドリングの練習や実験のシミュレーションができる．

バイオ実験でもっともよく行うのは，マイクロピペットを用いた分注操作である．実験の空き時間や待機時間を利用して，スムーズで正確なハンドリングをめざして練習するとよい．また，アガロースゲルへのサンプル添加操作に不安があれば，使用済みゲルを用いて練習すればよい（図2-5）．

特に，熟練操作と的確なトラブル処理が必要なラジオアイソトープ（RI）実験を始めるなら，ホット（RI使用）の操作をする前に，コールド（RI不使用）で操作法を習得・確認しておく．いったん習熟した操作であっても，久しぶりに行う実験の前には，ハンドリングにコツがいるポイントだけでも試行を行っておくと，勘を取り戻すことができる．

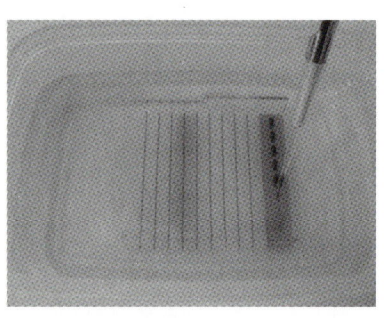

図2-5 ◆ 使用済みアガロースゲルで練習

オススメ技

063 他人との特性の差を検討する

オススメ度 ★

📎 **こんなときに有効** 👍正確

他の人は問題なく行っている実験操作なのに，自分が行うとなぜかうまくいかない理由を探り出したい場合に有効．

解説

　実験操作を何度行っても，なかなか操作に慣れない場合，その原因を探ることも重要だ．バイオ実験で用いられる器具で，特にバリエーションのない器具は，右利きの成人男性を基準につくられているものが多く，小柄な人には合わないことがある（図2-6）．

図2-6 ◆ 手の大きさ，身長，左右

　身体的特性でもっとも一般的な問題は，手の大きさである．手袋は自分にフィットするものを使わないと繊細な操作ができない．マイクロピペットがどうしても大きすぎるときは，小さな手の人に合うように設計されたマイクロピペットを検討する．背が低い場合は収納棚や実験台の高さが問題となるが，脚立や昇降装置つきのイスで解決できる．また，顕微鏡観察時には両目間の幅や視度が問題であり，人によって見ているものが違ってきてしまう．その場合は，顕微鏡用デジタルカメラでライブ画像を表示させれば，同じものを見ることができる．一番大きいが隠れた問題は，右利き左利きの問題．実験器具や機器は右利き用につくってあり，左利きの人にとって違和感を覚えるものも多い．

　一方，性格的な特性も実験操作や手際に大きな影響を与える．考え方が異なると選択する方法が異なり，導かれる結果も異なってくる．自分の考え方と合わなくても，うまく実験をこなしている人の考え方を参考にしてみることが，スムーズな実験操作への近道かもしれない．

まだまだある こんな チョイ技

オススメ技

064 想定の範囲内化とイメージトレーニング

　実際に実験や操作を行う前に，頭の中に自分を登場させ（メタ認知），その自分に実験をさせてシミュレーションする．実験はできるだけ具体的に，かつトラップを探し回るような形でシミュレーションし，苦労したり失敗したりする姿を認知できれば，トラブルとその対策を事前に把握・検討で

第2章 実験の基本操作 編

きる（想定の範囲内化）．何度もシミュレーションを行い，もっとも成功確率の高い方法をイメージできれば，そのイメージをくり返す（イメージトレーニング）．うまくいく感覚や経験を糧にしながら実験を行うと，スムーズに実験が行えることが多い．

オススメ技
065 手際のよい人のコツを参考にする

手際やハンドリングをよくするための方法はケースバイケースであり，かつ個人によっても異なるため，プロトコール化しにくい．手際のよい人や実験のうまい人が近くにいたら，そのコツを教えてもらったり，見て理解するとよい．自分に合うものを採用して使用すればよいが，技術的・表面的なコツよりも，考え方としての内因的なコツを学んだほうが応用が利く．

オススメ技
066 臨機応変に変更

どのようなハンドリングがスムーズなのか，行いやすいのかは，個人の特性や実験状況によって異なる．プロトコールや使用説明書で示されている方法は，一般的な例あるいは特定の条件下の例であって，実際には実験状況に合わせて臨機応変に変更可能なものが多い．やってはいけないことさえやらなければ，その他はやってもよいハズ．論理的な方法であれば，操作法の改良はどんどん行うべし．

オススメ技
067 体の微振動の制御

人間の体はつねに振動しており停止させることは難しいが，振動を一定の範囲内に制限したり，振動をうまく利用することができると，繊細な操作が行えるようになる．ものは3点で支持されると動かなくなる．2点できちんと支持すると，残りの振動方向は限定される（第5章3：図5-7参照）．振動方向を操作の邪魔にならない方向に限定できると，少々の振動は問題とはならない．また，振動がもつ周期を計算し，ジャストのタイミングで操作をするのもよい．

第2章 実験の基本操作 編　　Keyword 溶液分注操作

3 溶液分注をエレガントに行う方法

バイオ実験では溶液を各種の容器に分けて注入する操作，すなわち分注操作が行われる．多くの実験を組めば組むほど，多くのサンプルを扱えば扱うほど，分注操作の回数は増える．最適な分注操作法は，分注する溶液量やサンプル数によって異なるが，安定的かつ迅速に実験を進めるためには，できるだけエレガントに行いたいものだが…

標準的な手法

ピペット/マイクロピペット/マルチチャンネルピペット/連続分注器を用いて分注する

分注する溶液量や回数によって，分注器具やそのサイズを選択する．

【使用シーンに合わせた分注器の選択】
❶ ml単位の溶液　：ピペット（1, 5, 10, 20 ml），スポイト（1〜10 ml）
❷ μl単位の溶液　：マイクロピペット（2, 10, 100, 200, 1,000, 5,000, 10,000 μl）
❸ 多サンプル分注：マルチチャンネルピペット（8連，12連），リザーバーつき連続分注器

Point デジタル式の分注器は取得量や排出量のセットが簡単で，また電動式の分注器は取得/排出を電動で行えるので楽で便利．

オススメ技
068 容量を固定した分注器を使用する　オススメ度 ★★

こんなときに有効 短縮 簡単

分注操作ごとにマイクロピペットの目盛りを変更しているが，何度も目盛りを設定しなおすのが手間な場合に有効．

解説

マイクロピペットを用いた分注操作は，①取得する溶液量を分注器に設定するステップ，②溶液を取得するステップ，③容器へ溶液を排出するステップからなる．これらのうち，分取量に合わせて分注器の目盛りをセットする作業に手間がかかる．場合によっては，最小目盛り付近から最大目盛り付近までの間を，何度も往復する操作が必要になることもある．

このような場合，共用のマイクロピペットを一時的に借り，必要な分取量に目盛りを設定した専用のマイクロピペットを準備しておくと，分注時の目盛り合わせ作業が軽減できる．容量固定式のマイクロピペットも販売されているが，容量可変式のマイクロピペットのほうが応用が利く．

オススメ技

069 分注手順を最適化・簡便化する

オススメ度 ★★★

こんなときに有効 [短縮] [簡単]

PCR用の溶液試薬混合など，それぞれ分注溶液量が異なる多種類の溶液試薬を，できるだけスムーズに分注したい場合に有効．

解説

溶液の分注手順を最適化したり，分注溶液量の設定を工夫することによって，分注作業の効率化と労力削減をはかることができる．例えば $50\mu l$ スケールでPCRを行うことにした場合，

「①滅菌水：$19.75\mu l$，②PCRバッファー：$5\mu l$，③$MgCl_2$：$3\mu l$，④dNTPミックス：$2\mu l$，⑤プライマーA：$5\mu l$，⑥プライマーB：$5\mu l$，⑦鋳型のDNAサンプル：$10\mu l$，⑧DNAポリメラーゼ：$0.25\mu l$」

といった順にチューブに加えていくと，頻繁にマイクロピペットの目盛りを合わせなおさなければならない．しかし，溶液を分注する順番を，溶液量が多いものから少ないものになるようにしたり，溶液量が倍数関係のとき

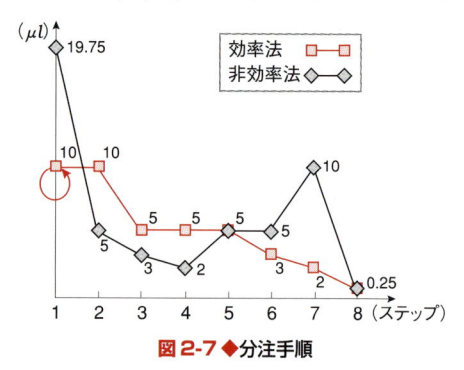

図2-7 ◆分注手順

は複数回の連続分注を行うことで対処すると，素早く楽に分注操作をすることができる（図2-7）．

📝 プロトコール

『PCR用反応液の分注手順』

① マイクロピペットの目盛りを10μlに合わせ，滅菌水19.75μlを2回の操作で分注する
▼
② 目盛りは変えず，チップも変えず，鋳型DNAサンプル10μlを分注する
▼
③ 目盛りを5μlに合わせ，PCRバッファー，プライマーA，プライマーBを順に分注する
▼
④ 目盛りを3μlに合わせ，MgCl$_2$を分注する
▼
⑤ 目盛りを2μlに合わせ，dNTPミックスを分注する
▼
⑥ 目盛りは変えず，DNAポリメラーゼを目測で0.25μl計量し分注する

オススメ技

070 大まかに分注した後で微調整する

オススメ度 ★

🔖 こんなときに有効 【簡単】

厳密な計量や分注操作が要求されず，容器内に入った溶液の高さでもって溶液量を制御すればよい場合に有効．

📝 解説

コニカルチューブやマイクロチューブのように容器に目盛りがついている場合，溶液の高さを目盛りに合わせることによって，溶液量をそれなりにコントロールできる．この場合，最初は適当な量だけ溶液量を注入し，後で溶液量の微調整を行う．

抗体の数千倍希釈をコニカルチューブで行う場合，抗体の添加量は厳密に計量しなくてはな

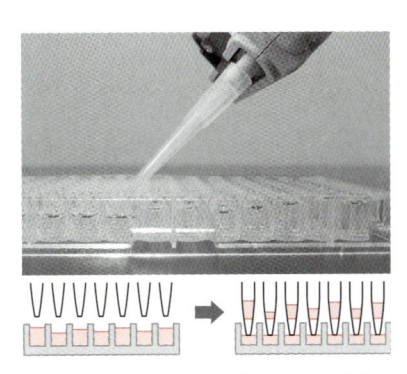

図 2-8 ◆ マルチウェルプレートへの分注

第2章 ◆ 3 溶液分注をエレガントに行う方法

らないが，希釈溶液のほうはそれほど厳密な計量は要求されない．希釈溶液をデカントでコニカルチューブに注入後，その目盛りを参考にして微調整する程度でよい．

また，マルチチャンネルピペットを用いてマルチウェルプレートに分注する場合，すべてのチップに同量の溶液が取得されているかどうかを確認しながら分注するのは気苦労が多い．この場合，まずは多めの溶液をマルチウェルプレートに適当に分注しておく．その後，チップの傾きを一定に保ちながらマルチウェルプレートに挿入し，余剰の溶液を除去していくと，ほぼ一定の溶液が分注できたことになる（図2-8）．

オススメ技
071 点滴瓶を利用する

オススメ度 ★★★

こんなときに有効　短縮　簡単

分注量の厳密性がほとんど要求されず，分注操作における手軽さとスピードが最大の目的である場合に有効．

解説

充分量の溶液が分注されていれば，分注量は問題ではないという実験系もある．このような場合，ポリエチレン製やポリプロピレン製の点滴瓶（滴下ノズルつきの容器，図2-9）を利用し，溶液を入れた容器部分を圧迫して溶液をノズルから滴下させれば，簡単にかつ連続的に溶液分注を行うことができる．

この容器の一般的な使用例としては，点眼薬・コンタクトレンズ洗浄保存液・ソース・ドレッシングなどの容器をあげることができる．バイオ実験では，1滴ずつの分注用としてのドロッパーボトルが使われることが多く，ミネラルオイル・油浸レンズ用オイル・ある種の免疫組織化学染色用キットで利用されている．

また，ノズルから出てきた溶液量をノズル内の目盛りで計量できる分注瓶，ノズル外に付属した容器で計量する計量分注瓶などもある．

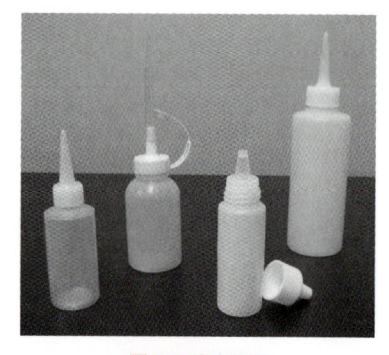

図2-9 ◆点滴瓶

まだまだある こんな チョイ技

オススメ技
072 プッシュポンプ式の分注器の利用

容器の上部についているポンプを押し下げることにより，溶液を分注できる分注器．ボディーソープやシャンプー用の容器として利用されている．プラスチック製のポンプ式分注瓶は，さまざまな形状や溶液量のものが100円均一ショップで手に入る．滴下式とスプレー式が選択できる．分注容量が可変できる実験用器具としては，試薬瓶やメジューム瓶に取りつけ可能なボトルトップ分注器があり，デジタル式・アナログ式・滅菌可能なタイプが存在する．

オススメ技
073 自動分注装置への一任

多検体処理時の分注操作は，自動分注装置に任せたほうがよい．分注量はμlからmlレベルまで，チャンネルはシングルからマルチまで，プレートも96/384/1,536ウェルプレートに対応しているものが普通になってきている．多検体処理の規模にもよるが，しっかり使えば人件費よりも安い．

オススメ技
074 Ready-to-Goキットの作製

同じ条件でPCRを行うことが多い場合，テンプレートDNAのみを除いたPCRミックスを作製し，PCRスケールに合わせて小分けにして凍結しておく．そうすれば，PCR時にはテンプレートDNAと耐熱性DNAポリメラーゼのみをPCRミックスに加えればよいだけとなり，PCR開始時の分注操作を最低限まで減らすことができる．

オススメ技
075 遠心操作による分注

彫り込み（ホール）をほどこしたプレート（マルチスクリーンカラムローダー［ミリポア］）上に溶液をたらして入れ，プレート上の余剰溶液を板ですり切ることによって一定の溶液を分取する．その後，プレートを分注目的の容器にドッキングさせて遠心すれば，一気に同じ容量の溶液を分注することができる．また，核酸抽出キットの中には，溶出した核酸溶液を1.5 mlチューブに移す際，チューブをドッキングさせて遠心する方法を用いるものもある．いずれの場合も，チップとマイクロピペットを用いた操作の必要はなく，多サンプル処理を行う際に有用．

オススメ技

076 視認ができる微量溶液分注

微量溶液を複数のチューブに連続して分注する際，どのチューブまで分注したのかをわかりやすくするため，チューブ内壁の上のほうに分注溶液を分注する．溶液は微量なため，壁から落下することなくとどまり，視認しながら分注作業を進めることができる．試薬を混合するときは，壁についた試薬をスピンダウンし，チューブの底に集めてから行う．

第2章 実験の基本操作 編

Keyword 溶液の均一化

4 溶液を均一化できる風変わりな方法

バイオ実験の基本である生化学反応を安定して行うためには，その反応系を構成する試薬が均一化されている必要がある．バイオ実験で扱う反応スケールは，μlからlのスケールまで大きく異なる．それぞれの溶液スケールに合わせ，さまざまな均一化方法がすでに利用されているが，他にも役に立ちそうな方法はないだろうか…

標準的な手法

反応スケールによって均一化法を選択する

溶液量や反応容器の形状に応じて，さまざまな均一化方法がとられる．

【溶液量が少ない場合（マイクロチューブやコニカルチューブ）】
① ピペッティング（物理的衝撃を避けたい場合）
② タッピング（チューブを指先で軽くはじく操作による穏やかな撹拌）
③ ボルテックス（物理的衝撃が問題ない場合）
④ ハンドシェイク（容器内における溶液量の割合が大きい場合）
⑤ 振とう（チューブを横にして長時間の均一化を行う場合）

【溶液量が多い場合（大型容器やバットを使用）】
① スターラー（粉末試薬の溶解など）
② 振とう（メンブレンの洗浄時など）

Point スターラーを用いる場合，撹拌の状況や効率を考慮に入れ，さまざまな形状の撹拌子が用いられる．振とうを用いる場合は，往復，旋回，シーソー，波動形揺動などの振とう法が用いられている．

オススメ技

077 体の揺れを利用して振とうする

オススメ度 ★★

📖 こんなときに有効 😊簡単

シェーカーが使用できる状態にはないので，できるだけ楽に行える手動振とう方法で均一化を行いたい場合に有効．

📝 解 説

反応スケールおよび反応容器が小さいので携帯でき，反応容器が密閉できる場合，体の揺れや振動を利用して振とうを行うことができる．マイクロチューブやコニカルチューブなどの場合，白衣のポケットやウエストポーチに入れておけば，体を動かしたり歩き回ったりすることで，自動的に振とうが行われる（図2-10）．両手をあけることができるので他の作業を平行して行える．

凍結溶液の解凍や保温も行いたければ，体温が伝わる場所を選ぶとよい．また，腕や足に容器を固定すれば，より繊細な振とう処理が可能であり，リストバンドやサポーターなどを利用すると，容器を固定しやすい．音楽に合わせてリズムをとったり貧乏ゆすりをすれば効果的な振とうが行えるが，他のメンバーへの迷惑に注意する．

図2-10 ◆ボディーシェイキング

オススメ技

078 電動ドリルを工夫して振とうする

オススメ度 ★

📖 こんなときに有効 😊簡単

大容量の溶液，スターラー上にのらない容器に入った溶液，粘性の高い溶液などを，上部から撹拌したい場合に有効．

解 説

　撹拌・均一化するべき溶液量が多くてスターラー上にのらなかったり，粘性が高くてスターラーが使用できない溶液を均一化する場合，撹拌棒で混ぜてもよいが，長時間混ぜ続けるのは骨が折れる．そんなときは，電動ドリル式の撹拌機を用いると，溶液の上からパワフルにかつ楽に撹拌できる（図2-11）．

　実験用の電動撹拌機もカタログに載っているが，一般工作用の電動ドリルにお好み形の羽根をもったスクリューをつければよい．通常，電動ドリルは速度や連続回転数が設定でき，ドリルチャックにさまざまなものが取りつけられるようになっている．ガラス製のホモジナイザーを取りつければ，電動でホモジネートできる．また，洗浄用のタワシを取りつけると，電動タワシになる．

　電動ドリルを手で持ち続けずに固定して使いたければ，固定用のフレームを工夫してもよいが，卓上ボール盤を用いるとよい．いずれも一般工作用・日曜大工用クラスのものは安価で手に入れることができる．

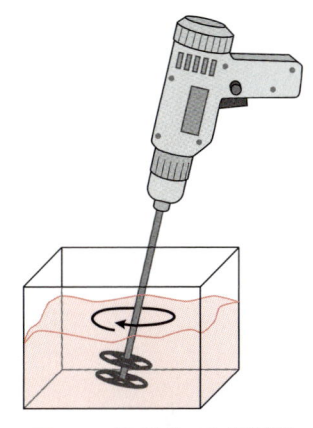

図2-11 ◆電動ドリル式撹拌機

まだまだある こんな チョイ技

オススメ技
079　試験管立てを用いたボルテックス

　マイクロチューブの底を試験管立ての網目上で往復させて軽くこすると，タッピング効果が得られる．ボルテックスレベルの強力な撹拌が必要であれば，往復スピードを早くする．大人数が参加する学生実習など，ボルテックスミキサーが不足するときに役に立つ．バーベキュー用の網も使用可．

オススメ技
080　温度上昇を抑えた穏やかなタッピング

　酵素入りの溶液を均一化するとき，タッピングによる穏やかな撹拌を行う必要がある．また，低温状態を保ちたい溶液の場合は，ボルテックスよりも素早く行えるタッピングが便利である．タッピングはチューブの底を指

で軽くはじく操作として教えられるが，チューブの側面を指の腹でなでるようにこすると，より穏やかな撹拌ができる．この方法を用いると，チューブ内の溶液は飛び跳ねにくくなり，溶液部を体温で温めることもない．熟練すると，氷水の上で冷却しながら操作することができる．

オススメ技
081 近似濃度溶液による均一化促進

溶液の均一化は溶液組成が異なる溶液を加えた後で行うものだが，あまりにも溶液組成が異なりすぎると均一化に時間がかかることがある．迅速に均一化するためには，近似的な溶液や段階的に濃度を変えた溶液で処理する．生体サンプルのホールマウント処理，メンブレンの洗浄，透析，鮭の塩抜きなどがその例．

オススメ技
082 漂流振動による撹拌

恒温振とう水槽を用いた撹拌の代用法として，恒温水槽内の水流による容器の漂流振動が利用できる．容器が水槽内を漂いながら，あちこちにぶつかるように工夫する．電気バケツ［松下電器］の水流を使うのも手．凍結サンプルを水道水で温めて溶かすときは，容器などに浮かべた凍結サンプルが，蛇口からの流水で回転・振動するように浮遊させるとよい．

オススメ技
083 バブリングによる撹拌

水生動物飼育用のエアーポンプにシリコンチューブとエアーストーンをつなぎ，溶液をバブリングすることによって溶液の撹拌を行う．エアーバブルによって洗浄効果を高めたい場合や，沈殿しやすい微粒子を均一化する際に用いることができる．沈澱しやすい微粒子を均一化するには，エアストーンが容器の最下部になるように容器形状を工夫するとよい．

オススメ技
084 遊星式撹拌装置の使用

容器を公転および自転させることにより撹拌する装置がある．撹拌子や撹拌棒を使わずに撹拌できるので，コンタミネーションの心配がない．さらに遠心しながら公転/自転を行える装置を用いると，撹拌と同時に脱泡ができる．

第2章 実験の基本操作 編

Keyword 遠心操作

5 遠心操作をクールに行う方法

バイオ実験では，さまざまな物質の混合物の中から必要なものを分離するため，遠心力が利用される．遠心操作は，遠心沈殿（遠沈），分離，密度勾配形成などを目的として行われ，また，ローター形状，回転半径，加速度，回転数，減速度，時間，温度などなど，考慮することが…

標準的な手法

遠心機にrpm（回転数）を設定して遠心する

遠心用容器の容量（0.2〜500 ml），遠心スピード（数百〜150,000 rpm），ローター（アングルorスイング）をもとに遠心機を選択し，実験サンプルの性質によって遠心条件を決定する．

【遠心機の使用法】
1. 遠心する試料の重量を合わせ，遠心機のローターに対角になるようにセットする
2. 遠心機のフタをしっかりと閉め，遠心条件をセットする
3. 遠心を開始し，トップスピードになっても異音がないことを確認する
4. 遠心時間経過後は，ローターが完全に停止してからフタをあける
5. 遠心済みの試料をそっと取り出す

Point ローターには，チューブあるいはマルチウェルプレートが取りつけられるタイプがある．遠心による温度上昇を避けるため，高速遠心用の遠心機には冷却装置がついていることが多い．

オススメ技

085 G（遠心加速度）を計算のうえで遠心操作を行う

オススメ度 ★★★

こんなときに有効 正確

回転半径が異なるローターがセットされた遠心機を使用する場合でも，再現性よく遠心分離を行いたい場合に有効．

🖉 解説

バイオ実験のプロトコールでは，遠心時の条件として，回転数，時間，温度は記載されているものの，遠心加速度は記載されていないことが多い．また，遠心機の設定パネル・つまみも，回転数の設定がメインとなっている．しかし，回転半径が異なるローターを使用した場合，同じ遠心加速度を得るための回転数は異なってくる（図2-12）．

遠心力の大きさは加速度で表され，一般的には地球の重力加速度との比である相対遠心加速度（RCF：Relative Centrifugal Force）が用いられる．いわゆるGとか×gで表すもので，この値は回転半径R（cm）と回転数N（rpm）によって決まり，

$$G = 1.118 \times 10^{-5} \times R\ (cm) \times N^2\ (rpm)$$

の計算式で表される．この計算を電卓で行うのは大変なので，計算用のwebサイトを利用するか，自動計算機能つきの遠心機を利用する．厳密な計算が必要ない場合は，プロトコール集の巻末などに収録されている計算尺に定規をあてると概算値が得られる．

同一規格の遠心機を使用している場合，ローターの回転半径は同じなので，遠心力を上げたければ回転数を上げることだけ考えればよい．しかし，回転半径が異なるローターを用いる場合は，G計算したうえで，回転数を合わせるのが望ましい．単純な遠沈や分離操作であれば充分な遠心力さえ得られれば問題ないことが多いが，スピンカラム系の操作では遠心加速度が重要なことも多い．

> **注意点◆** マイクロチューブを用いたバイオ実験プロトコールでは，1.5 mlチューブ用の高速小型遠心機（回転半径が7 cm前後）を使用することが，暗黙のうちに想定されている．プロトコールによって遠沈用の回転数が12,000 rpmであったり15,000 rpmであったりするのは，遠心機の性能アップによって新旧の最高回転数が混在しているものであり，きわめて微量のDNAを扱うエタノール沈殿操作でなければ12,000 rpmで問題はない．遠心機は最高回転数で使用するよりも，1〜2割ほど回転数を落として使用したほうが，耐用年数が長くなる．

図2-12◆ローターによる半径の違い

オススメ技

086 加速・減速スピードをコントロールする

オススメ度 ★

🔖 こんなときに有効　正確

標準の遠心モードによって得られる遠沈や分離の状態が好ましくなく，よりよい効果を期待したい場合に有効．

📝 解説

遠心操作にかかる時間は，目的スピードでの遠心時間だけでなく，加速と減速を行うための時間が加わる．これらの時間のうち，目的スピードでの遠心時間は変更できないので，迅速な遠心操作を行うためには加速と減速時間を短くすることになる．特に，遠心終了後の減速に時間がかかるとイライラするので，すみやかな加速と減速をデフォルトにする遠心機が多い．しかし，遠心機の機種によっては，加速と減速のスピードをコントロールできるものもある．

アングルローターを用いた遠沈の場合，沈殿は遠沈管の底から背側にかけて貼りつくが，できるだけ遠沈管の底だけに遠沈させたいときは，ゆっくりと加速を行う．また，スピーディーに減速すると分離した溶液間の界面が乱れる場合は，ゆっくりと減速を行う．

> **注意点◆** 遠心中は電源を切らないように注意する．電源を切るとローターのブレーキがかからない自然回転になってしまうので，ローターが停止するまでかなり長い時間がかかる．特に，大型遠心機用の重いローターの場合は，何十分も回り続けることがある．

第2章 実験の基本操作 編

まだまだある こんな チョイ技

オススメ技

087 冷却ローターの使用

高速で遠心を行うと，ローターと空気との摩擦で熱が発生し，サンプルの温度が上昇する．冷却機能つきの遠心機でなくても，ローターが外せる場合，あらかじめローターを冷蔵庫で冷やしておくとローターの発熱を抑えることができる．また，大型遠心機のローターもなかなか冷えないので，あらかじめ冷蔵庫あるいは氷水で冷やしておくのもよい．

第2章◆5　遠心操作をクールに行う方法

オススメ技

088 各種バランサーセットの作製

遠心機を使用する際は，対角のバランスをとる必要がある．サンプル数が奇数である場合，また，それぞれのサンプル重量が異なる場合，バランサーを使用する必要がある．遠心直前にバランサーを作製するのは手際が悪いので，あらかじめ 100 μl 間隔の各種バランサーセットを作製しておく．重さが把握しにくいスピンカラムは，使用済みのスピンカラムをバランサーとして利用する．ちなみに，0.2 ml チューブは 0.5 ml チューブに，0.5 ml チューブは 1.5 ml チューブに入れて遠心できる（第8章1：12 参照）．

オススメ技

089 遠心時間設定の延長

タイマーが鳴った後に遠心機の前に行くと，すでにローターの回転が止まっていることがある．遠心終了後にしばらく時間が経過すると沈殿や界面がゆるむ場合があるので，いつから止まっているのかわからないと気持ちが悪い．遠沈や液層の分離操作の場合，遠心時間が必要以上に長くなっても問題はない，それどころか，より効果的であることが多いので，遠心時間を少し長めに設定しておくとよい．また，サンプルが多数あり，遠心機から取り出した後の処理に時間がかかる場合，処理待ちのサンプルは遠心を継続させておき，処理する分だけ取り出して処理を行うとよい．

オススメ技

090 ローターの底にティッシュペーパーを詰める

遠沈管の形状によっては遠心後，ローターに入り込んで抜けなくなることがある．遠心後にあたふたしないよう，あらかじめ問題が起こらないかテスト遠心をして確かめておく．問題があるときは，ティッシュを小さく切ってローターの底に詰め，遠沈管が無事に取り出せるようにしておく．丸底の遠沈管用ローターに，先端がとがったコニカルチューブを入れる際に先端がつぶれるのを防止する効果もある．

オススメ技

091 手回し遠心機の利用

生体試料やデリケートなサンプルの場合，低速回転用の手回し遠心機が用いられる．回転スピードは感覚で覚えなくてはならないが，回転音で判断する．慣れてくると，遠心機を使うよりも迅速・手軽に使用できるので重宝する．回転中に遠沈管が手に当たるとものすごく痛いので，力強く高速回転させているときは，接触に注意する．

オススメ技

092 卓上ミニ遠心機の利用

ローター半径が4.5 cm程度で，6,000 rpm，2,000 × g程度しか出せないミニ遠心機．超小型なのでそれほど場所をとらず，自分の実験台の上に置いて使用する．基本的にはスピンダウンを目的として使用するが，10,000 rpmで5,000 × g出せる高速回転のものも存在する．1.5，0.5，0.2 mL用のチューブが使えるようにローターが工夫されていたり，8連チューブ用のバケットと交換可能になっていたりと，小さいながらも多用途に使用できる．

オススメ技

093 遠心力による溶液置換

遠心力によって溶液置換を行う方法が，さまざまなスピン〇〇キットとして採用されている．担体間に浸潤する溶液を除去したり，限外ろ過フィルターを通過させたりする際に遠心力が利用される．遠心の回転数ではなく遠心加速度が重要なことが多く，遠心の条件設定さえ間違わなければ，容易に実験条件を一致させることができるので，初心者でも安定して結果を出すことができる．

第2章 実験の基本操作 編

第2章 実験の基本操作 編

Keyword 冷却・冷凍

6 冷却や冷凍が必要なときの対処法

バイオ実験では，不要な反応（過反応，失活，腐敗など）が進行しないように，サンプルや試薬を保冷する．サンプルに合わせた保冷システムは，実験開始前に準備しておくべきだが，急に必要になるときもあるだろう．冷却や凍結が必要なものは，冷蔵庫や冷凍庫に入れればそのうちに目的が達せられるが，ひと工夫すればクールに実験することも…

標準的な手法

砕氷/保冷剤/冷蔵庫/冷凍庫/液体窒素などを用いる

冷却温度と冷却時間によって，方法を選択する．

【冷却・冷凍および冷蔵・凍結保存の方法】
- ❶ 冷却：保冷箱に砕氷，保冷箱に氷水，冷蔵庫，流水，自然放熱などを利用する
- ❷ 冷凍：冷凍庫，液体窒素などを利用する
- ❸ 冷蔵：保冷箱に保冷剤，冷蔵庫，低温室などを利用する
- ❹ 凍結保存：冷凍庫，液体窒素などを利用する

Point バイオ実験は，発泡スチロール製の保冷箱に砕氷を確保することから始めることが多い．通常のプロトコールでon iceあるいは4℃と指示されていれば，砕氷上にチューブをさす．急冷と指示されているときは，氷水上にさす．サンプルの保存は，4℃の冷蔵庫，－20℃のメディカルフリーザー，－80℃のディープフリーザーを適宜利用する．

オススメ技

094 ペットボトルに冷水を用意しておく　　オススメ度 ★

📝 **こんなときに有効**　短縮　簡単

砕氷が保冷箱に準備できていないとき，砕氷を準備する間だけでも，あるいは準備せずに保冷したい場合に有効．

解説

　砕氷を使う実験を予定していなかったのに急に必要となった場合，急きょ，砕氷を準備することになる．しかし，製氷器がラボから離れたところにある場合，砕氷を取りに行くのは面倒である．そのような場合は，冷蔵庫で冷やしておいた冷水を使用するとよい．長時間の保冷を目的としないのであれば，冷水のみで実験は充分に可能である．また，ボイルして変成させた核酸を急冷するのであれば，砕氷よりも冷水のほうが冷却スピードは速い．
　冷水は，水道水をペットボトルに入れて冷やしておくだけでよい（図2-13）．また，タッパー内に水を入れフロートを浮かせてフタをしたものを冷やしておけば，必要時にすぐに使用でき，使用後もすぐに片づけられる．生花をさすときに使用するスタイルフォーム（オアシス®［スミザーズオアシス］，アクアフォーム®［松村工芸］）に吸水させれば，フォームが低反発性吸水スポンジなので好きな場所にチューブがさせ，水がこぼれる心配も少なくなる（第8章2：24 参照）．

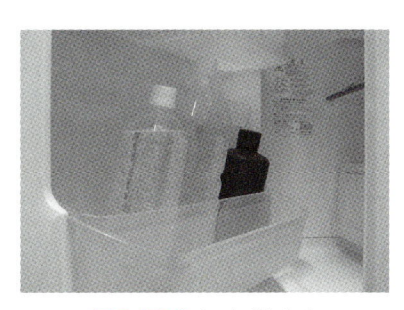

図2-13◆ペットボトル水

オススメ技

095 フリーザーの霜を利用する

オススメ度 ★★★

こんなときに有効　短縮　簡単

　砕氷が保冷箱に準備できていないとき，製氷器に砕氷を取りに行かずに砕氷を準備したい場合に有効．

解説

　砕氷上での操作が必要だが量がそれほど必要ではない場合，製氷器の場所が離れていると砕氷を取りに行くのが面倒になる．そのような場合は，メディカルフリーザーについた霜をかきとって使用する．砕氷が容易に得られるうえにフリーザーの霜取りもできるので，一挙両得である．霜は空気中の水蒸気によってできるので，湿度が高い夏場，ドアを開けている時間が長いとできやすい．しかし，フリーザー内で保管している試

薬への影響を考え，開閉はできるだけ短時間で行う．

　霜は，小さなタッパーを用意し，容器のエッジを使ってかきとると，細かな砕氷がとれる（図2-14）．また，ペットボトルの底のほうを切りとってコップ状にしたものをつくれば，ペットボトル用の保冷バッグで保冷できる．メディカルフリーザーからかきとったばかりの霜は－20℃なので，すぐに溶液を入れたチューブをさすと，凍結する可能性がある．凍結を避けたいときは，水を入れて氷水にしてから使用するとよい．

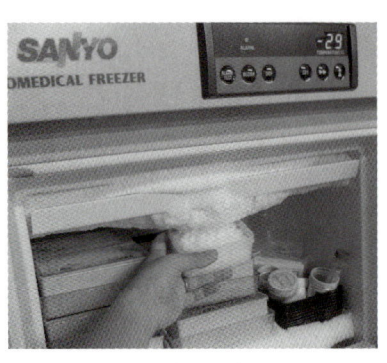

図2-14◆タッパーに霜

オススメ技

096　エタノールを－80℃で冷やしておく
オススメ度 ★★

📖 こんなときに有効　[簡単]

　ディープフリーザーでサンプルを凍結保存したいが，液体窒素が手に入らないので，他の方法で－80℃に急速冷凍したい場合に有効．

📝 解説

　サンプルを急冷する場合，熱伝導効率が重要である．空気は熱伝導効率が悪く，水は熱伝導効率がよいので，急冷時には水冷が用いられる．しかし，サンプルを－80℃まで急冷したい場合，水は凍るので使用でき

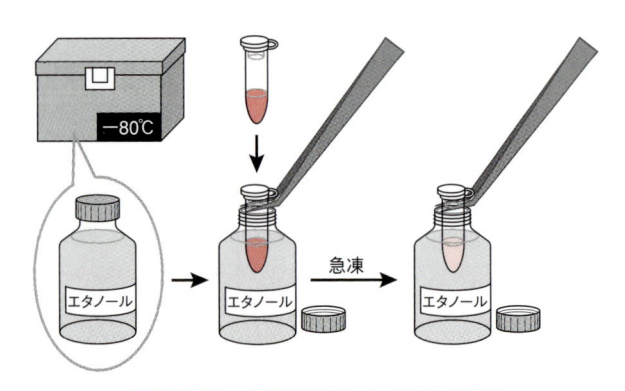

図2-15◆－80℃のエタノールによる急凍

ない．そこで，－80℃でも液体状態であるものに浸け，効率的に冷却することを考える．

　エタノールの凝固点は－114.5℃であり，－80℃のディープフリーザー内では液体の状態で存在する．したがって，あらかじめエタノールを入れたボトルを－80℃に入れて冷やしておき，これにサンプルを浸ければ－80℃まで急冷できる（図2-15）．また，エタノールを冷やしておく時間がなかったときは，ドライアイスにエタノールを加えると－70℃近くまで温度を下げることができる．

まだまだある こんな チョイ技

オススメ技
097　家庭用冷蔵庫と電動かき氷機の導入

ラボ内に製氷機能つきの家庭用冷蔵庫があれば，角氷は自動でつくってくれるので，後は角氷を削る電動かき氷機を導入すればよい．砕氷が少量でよければ，小さなタッパーにかき氷をとって使う．ある程度の量が必要な場合は，角氷を保冷箱の底に敷きつめた上に，かき氷を重層する（第8章4：43 参照）．

オススメ技
098　冷蔵・冷凍コンテナの使用

4℃保冷，あるいは－20℃保冷用の，1.5 mlや0.5 mlチューブが立てられる保冷コンテナがある．輸送用としても使用できるように，フタにも保冷構造をもつものもある．また，保冷剤の色が変わることで，温度が把握できるもの（アイソフリーズラック［イナ・オプティカ］）もある．低温恒温機器用のアルミ冷却ブロックを冷蔵・冷凍しておけば，簡易的な保冷コンテナとして使用できる．

オススメ技
099　低温恒温機器の利用

ペルチェ式の低温恒温機器を利用すれば，4℃保冷ができる．アルミの冷却ブロックをもつタイプが一般的だが，ビーズを敷きつめるタイプもある（ミラクルビーズバス［タイテック］）．ビーズのほうは，好きな形状の器具を好きな場所に差し込め，また水を入れて水冷式にもできるので便利．ただし，いずれのタイプの場合も，使用前に機器の温度を低下させるための時間が必要．

オススメ技

100 ドライアイスの入手

凍結サンプルを送付することになった場合，ドライアイスが必要になる．しかし，発注手続き上の問題や時間的な問題から，通常のドライアイス業者から手に入れられない場合もある．そのような場合はまず，出入りの試薬納品業者に凍結試薬納品用のドライアイスを分けてもらえないか聞いてみる．すぐには手に入らない場合，ケーキ屋に行けば少量なら分けてもらえる．交渉次第で，まとまった量も手に入れられることも．

オススメ技

101 凝固点降下の利用

氷に塩や砂糖を寒剤としてかけてやれば，凝固点降下を利用して0℃よりも温度を下げることができる．いわゆるアイスクリームをつくる際に用いる方法であり，氷点下以下になった水に水溶液入りチューブを浸ければ，凍らせることができる．ちなみに，氷と塩の場合は－20℃，氷と塩化カルシウムの場合は－50℃近くまで，温度を下げることができる．

オススメ技

102 低温室の使用

実験目的によって温度設定はさまざまであるが，タンパク質実験用の低温室は，4℃に設定されていることが多い．また，大量あるいは大型の凍結サンプルがある場合は，－18℃に設定された冷凍室を使用することもある．利用するときは，室内外の気温差が大きいので体調を崩さないよう注意する．また，窒息の恐れがあるので，液体窒素をまいて冷却しようとしたり，液体窒素入り容器を放置することは厳禁．低温室内に閉じこめられないよう，低温室は施錠せず，また扉の前にはものを置かないように注意する．

第2章 実験の基本操作 編

Keyword 加温・保温

7 加温や保温に役立つ庶民的方法

バイオ実験では，凍結保存していた試薬を融解し，適切な温度まで加温し，その温度を保持することによって，各種反応を行う．実験に用いる温度はさまざまであり，また加温・保温法もさまざまであるが，一般的な酵素反応は37℃のインキュベーターで行われることが多い．37℃といえば人の体温であり，ならばインキュベーター代わりに…

標準的な手法

液相/気相/ブロックタイプの恒温インキュベーターを使用する

熱伝導効率，温度制御の精度，利便性などを考慮し，機器を選択する．

【加温・保温用器具の選択のポイント】

❶ 液相インキュベーター：熱伝導効率がよく，温度を正確に制御したい場合に有効．水濡れによるコンタミ，温度差による結露，インキュベーターの水位に注意が必要．

❷ 気相インキュベーター：さまざまな形の器具が入れられ，長時間保温時の結露を抑えたい場合に有効．熱伝導効率が悪く，扉の開閉時に温度が変動しやすい．

❸ ヒートブロック：手軽でコンパクト．熱伝導効率はそこそこで，ドライでもウェットでも使用できる．ブロックの穴の大きさや数に合わせて使用しなければならない．

Point 酵素反応時のインキュベーションやメンブレン洗浄時など，素早い温度上昇と反応温度の保持が求められる場合は，液相の機器が用いられることが多い．一方，大腸菌培養やハイブリダイゼーションなど，温度差による結露を避けながら長時間インキュベーションする場合は，気相の機器が用いられる．ヒートブロックは，特殊な温度設定，個人的使用，インキュベーター混雑時の代替として使用できる．

オススメ技

103 温水入りの発泡スチロール箱で保温する

オススメ度 ★★★

🔖 こんなときに有効　簡単

液相のインキュベーターが使用できる状態にはないので，それに類するようなもので，比較的短時間の保温を行いたい場合に有効．

📝 解説

瞬間湯沸かし器のお湯を発泡スチロール製の箱に入れると，即席の恒温液相インキュベーターができる．温度調整を手早く行いたい場合は，まずは少し熱めのお湯をしっかり入れておき，その後，適温まで冷却していく．冷却は，水よりも氷を加えたほうがお湯の体積変化が少ないので扱いやすい．また，溶け残っている氷を取り除けば，温度低下をすぐに止めることができるので，温度が下がりすぎなくてよい．

インキュベーション時間が長くなるときは，できるだけ大きな箱にたっぷりとお湯を入れ，きちんとフタをする．温度計はフタの上から貫通させるようにセットし，フタを開けることなく温度を確認できるようにしておく（図2-16）．最低15分おきには温度を確認し，1℃以上低下したら温度調整を行う．温度調整は，フタを開けて熱いお湯を加え，すばやく温度計でかき混ぜて適温にする．熱帯魚用のヒーターとエアレーションを組み合わせると，フタを開けることなく加温・撹拌することが可能．

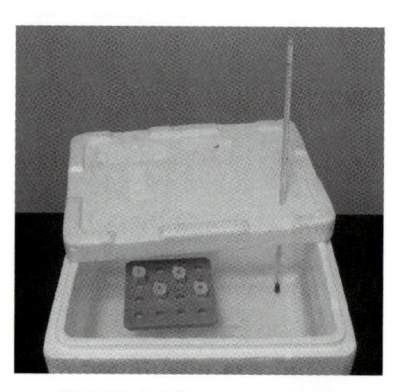

図2-16 ◆発泡スチロール保温箱

オススメ技

104 体温で加温・保温する

オススメ度 ★★

🔖 こんなときに有効　短縮　簡単

小さなチューブに入った溶液の温度を，インキュベーターを用いずに，迅速に37℃付近まで上げたい場合に有効．

解説

　1.5 mLチューブ内で凍結している程度の少量の溶液であれば，自然解凍や恒温槽を利用するのもよいが，手で握って加温してやれば素早く融解することができる．融解を早めるためには，チューブをシェイクしたり，手の温かい部分を選びながら握りなおすとよい（図2-17）．氷が存在している状態の溶液は0℃近辺なので，氷の存在を確認しながら融解操作をすれば，温めるとまずい試薬の融解も行える．一方，37℃まで温度が上昇しても問題ない試薬は，ズボンのポケットに入れておけば，体温で融解させられる．

　実際の使用シーンとしては，制限酵素や修飾酵素用の凍結バッファーを溶かしたり，気相でのインキュベーションを行う前にサンプルをプレヒートする場面があげられる．また，エタノール沈殿操作のリンス後にチューブを握って加温すれば，エタノールを蒸発させることができる．チューブ以外では，大腸菌やファージのプレートを温めると，クローンの生育をコントロールすることができる．

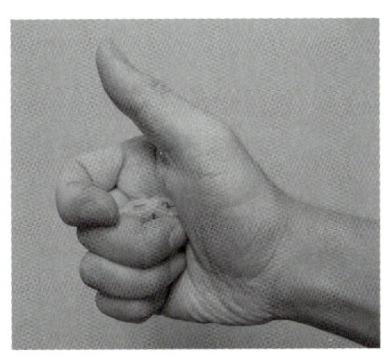

図2-17◆手で握ってシェイク

プロトコール

『チューブ内の凍結溶液を素早く溶かす方法』

❶ チューブを手で握りしめて加温し，穏やかにシェイクする
❷ 手のひらが冷たくなったら，もう片方の手で握りしめて加温する
❸ 冷たくなった手のひらは，太股などに押し当てて温める
❹ 加温する手を交互に変え，溶解操作を続ける
❺ 溶液の融解状態をみながら，操作終了のタイミングをはかる

まだまだあるこんなチョイ技

オススメ技
105 恒温室の使用

気相インキュベーターに入りきらないほどの量や大きさのサンプルをインキュベーションする場合，恒温室を利用すると便利である．部屋ごと恒温インキュベーターになっているので，さまざまな形状の機器を自由に設置することができる．また，恒温室内に実験者が入り，さまざまな操作を行うことができるので，大腸菌，細胞，胚などの培養を本格的に行う場合に有用．

オススメ技
106 白熱灯照射による保温

白熱灯の発光・発熱を利用し，加温・保温することができる．植物性プランクトンを三角フラスコなどで培養する場合，発泡スチロールの箱の内側にアルミホイルを張り，その中に培養用の三角フラスコを入れ，白熱灯で照射すると便利．一般では，フードショーケース（温蔵ショーケース）などで利用されている．温度制御は少々難しい．

オススメ技
107 電子レンジ対応カイロの利用

カイロは持続的な熱の供給源であり，火を使わない，また携帯できることから工夫次第で便利に使用できる．白金を触媒にしてベンジンを酸化させるハクキンカイロ（約60℃）［ハクキンカイロ］，鉄粉を酸化させる使い捨てカイロ（約50～60℃），電子レンジで加熱して使用するカイロ（スーパー温太くん［ケンユー］，レンジでゆたぽん［白元］），酢酸ナトリウムの化学反応を利用したカイロ（50℃）（魔法のカイロ・アラジン［センチュリー］）が流通している．酢酸ナトリウムカイロは固化後，電子レンジなどの再加熱で液体化すればくり返し使用でき，防水性もあるので便利．

オススメ技
108 モイストチャンバーとしての利用

非密閉系の反応容器を用いた場合，気相のインキュベーター内に長時間保温すると，反応容器内の水分が蒸発してしまう．その場合は，水を張ったトレイを入れておくと，インキュベーター全体の湿度が保てる．蒸発用の溶液としては，水の他に乾燥を避けたい溶液と同じ組成，あるいは類似組成の溶液を使用することもある．

オススメ技

109 ホットボンネットの使用

ヒートブロックにチューブをさして加熱・保温を長時間行うと，加熱部分（チューブ先端）から蒸発が起こり，非加熱部分（チューブのフタ）で結露する．これはチューブ先端とフタの温度差によって起こるので，フタを温めれば結露を抑えることができる．普通のヒートブロックの場合は，ヒートブロック上をアルミホイルで覆ったり，カバーをかけたりして温度が下がらないようにしてやればよい．サーマルサイクラーも原理的にはヒートブロックと同じであり，チューブの上部を加熱するためのヒートリッドが蒸発・結露を防いでくれている．

オススメ技

110 電子レンジによる加熱

電子レンジは，マイクロ波が水分子を激しく振動させる際に生じる摩擦熱を利用しており，手軽に加熱が行えるので何かと便利である．アガロースゲル電気泳動用のゲルの作製や，培地の殺菌などで使用されている（→第3章1：オススメ技118）．コニカルチューブ内の凍結サンプルの融解や加熱も可能だが，非常に危険．加熱は局所的で温度分布にムラができやすので，一定温度を維持するための保温には使用できない．

第2章 実験の基本操作 編

第2章◆7 加温や保温に役立つ庶民的方法

第2章 実験の基本操作 編　　　　　　　　　　　　　　　Keyword サンプル保存

8 サンプルのなるほど保存法

バイオ実験では，実験を行えば行うほどサンプルが増えていく．サンプルのほとんどは，一連の実験が終われば使う予定のないものが多いが，なかには他の実験でも使えそうなものがある．いつか役に立つのではと保存するサンプルが多くなれば，保管場所は混雑し，管理もしにくくなる．保存サンプルの管理法を工夫し，絶対に捨ててはいけないもの以外は…

標準的な手法

サンプルを入れた容器にラベルをつけて適所で保存・管理する

サンプルの特性とサンプルの保存目的を考慮のうえ，保存法を選択する．

【サンプル保存を行う際の検討事項】
1. 保存対象：核酸/タンパク質/形態/生死 など
2. 保存形態：乾燥/湿潤/溶液中/包埋 など
3. 保存容器：チューブ/プレート/整理ケース/密封シート など
4. サンプル情報：遺伝子名/クローン番号/管理番号/日付/作製者 など
5. 保存温度：常温/ 4 ℃/－20 ℃/－80 ℃/ドライアイス/液体窒素 など

Point 同じサンプルでも，保存対象によって適した保存方法は異なり，互換性がないことが多い．保存サンプルの量は，使用時に必要な量を確保する一方で，保存スペースの肥やしにならないように注意する．

オススメ技

111 チャックつきの透明袋に入れて保存する　　オススメ度 ★★★

こんなときに有効　省スペース

サンプル容器の量や大きさに合わせて管理用ケースを工夫し，保存スペースをできるだけ有効的に使いたい場合に必要．

📝 解 説

　フリージングコンテナやチューブラックなど，保存サンプル用の管理用ケースを利用すると，サンプルを整然と管理することができる．その反面，サンプルがチューブ1本しかなくてもチューブラック1つ分のスペースをとってしまう．このように，サンプル容器に適した管理用ケースではなく，大は小を兼ねる的なケースを流用した場合，空間使用は非経済的なものとなる．

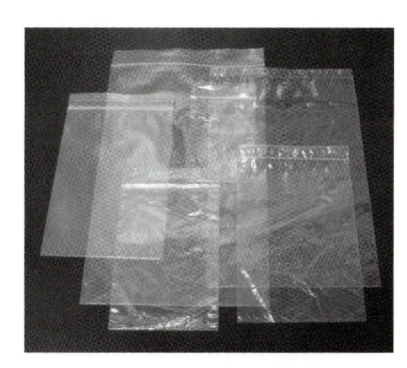

図2-18◆チャックつき透明袋

　非経済的な空間使用を避けるためには，サンプルをチャックつき透明袋に入れて管理すればよい（図2-18）．透明袋であればさまざまな大きさのものが出回っているので，サンプル量や大きさに合わせて袋のサイズを柔軟に選択でき，空間的にも必要最小限のスペースしかとらなくて済む．凍結保存を行うときは袋の素材に注意し，耐低温性のある袋（ジップロック® フリーザーパック［旭化成］）を使用するとよい．

　袋であれば，大袋の中に小袋を入れて管理したり，不定形のものを入れたりすることができる．透明袋だとサンプルの状態が一目で把握でき，サンプル情報を書いたメモ用紙も外から見えるので，サンプルの情報を得やすい．特に，袋にメモ用紙を入れる方法を用いると，袋の表面に書いたラベルが消えた場合でもサンプルの情報が得られるし，また多くの情報を記載することができる．

オススメ技

112 複数の方法でサンプルを保存する

オススメ度 ★★

📎 こんなときに有効　[安全]

　サンプリングやサンプルの管理法を工夫することで，サンプル保存時あるいは使用時のトラブルを避けたい場合に有効．

📝 解 説

　保存サンプルは，実験時に必要な特性を使用時まで保持していないと意味をもたなくなる．保存サンプルにおけるトラブルは，サンプリング時，

あるいは保存時に起こっていることが多いので，それぞれのステップにおける対策を講じておく必要がある．もっともシンプルな対策法は，サンプルは複数の方法でサンプリングし，複数の方法で保存することである．

ただし，あまりサンプリングおよび保存の条件を変えすぎると，同一条件の保存サンプルと見なせなくなるので，別の日に同一条件で調製したサンプルを，別の場所で同一条件下で保存・管理するといった程度がよい．

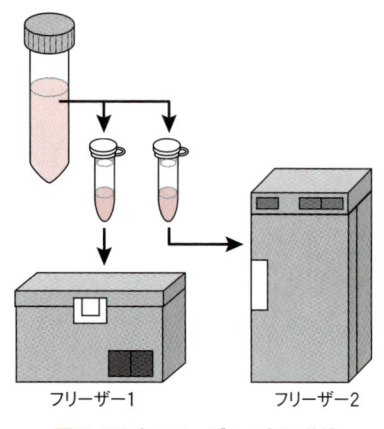

図2-19 ◆フリーザー2個に分納

特に，重要な冷凍保存サンプルの場合，突然の停電や機械の故障による被害を避けるため，サンプルはいくつかのフリーザーに分散させて保存することをお勧めする（図2-19）．

プロトコール

『保存サンプルのトラブル回避法』

❶ 日時，作業者，手法などを変えてサンプリングを行う
❷ 場所，器具，方法などを変えて保存する
❸ サンプリングや保存法が異なるものの中から，使用可能なサンプルを選択する

113 サンプルを保存しなくてもよい方法を考える

オススメ度 ★

こんなときに有効

サンプルの保存・管理には時間的・空間的・経済的コストがかかるので，できるだけ保存用のサンプルを減らしたい場合に有効．

解説

サンプルをうまく管理する方法は，管理するサンプル数を減らすことである．実験上で生み出された一時的な産物の中で重要性の低いもの，データさえあれば現物サンプルはいらないもの，容易に作製・再入手でき

るため保存しておく必要のないものなどは，不用意に保存して保存スペースを圧迫しないようにする．

例えば，cDNAをシークエンスするために作製したさまざまなコンストラクトは，シークエンス解析終了後は保存しておく必要はない．全長cDNAクローンさえ保存してあれば，シークエンスコンストラクトの再構築はいつでも可能だ．もっとも，一部のシークエンスを再解析するだけなら，プライマーを発注してシークエンスしたほうが速い．さらに，塩基配列データがわかっているのであれば，全長cDNAクローンがなくてもRT-PCRでcDNAを手に入れることができる．また，他の人が保存サンプルをもっており，その提供を受けられる場合は，自分で保存し続ける必要はない．

まだまだある こんな チョイ技

オススメ技

114 保存容器の特徴による分類

保存容器の特徴（形状/大きさ/色など）によって，保存サンプルの種類を分類する．容器の素材に色がついているものや，色つきの部品によって分類するのが便利．カラーシールを貼ったり色マジックで塗ったりするのもよいが，剥離に注意．

オススメ技

115 バーコードやICチップの利用

サンプルの情報は，小さな文字で直接保存容器に書いたり，小さな文字で情報を書き込んだテープやシールを貼ったりして管理することが多い．このようなラベルでは，記載できる情報量が限られるので，一次元あるいは二次元バーコードを検体チューブに貼り，管理用コンピュータ内に情報を蓄積するシステムが利用されている．また，小型ICチップが先端に埋め込まれた検体チューブ［マクセル精器，他］も，情報を直接読み書きできる保存容器として登場している．

オススメ技

116 ヒートシーラーの利用

ヒートシーラーで保存用の袋の端を熱融解圧着すると，湿潤したメンブレン，電気泳動後のゲル，溶液などを密閉状態で長期保存することができる．短期保存の場合や頻繁に取り出す場合は透明袋が便利だが，長期保存

時には乾燥するので注意する．少量の溶液を用いたメンブレンのハイブリダイゼーション時に用いられる方法でもある．

オススメ技

117 バイオリソースの活用

生物種や研究領域に即し，研究用の各種サンプルを体系的に保存・管理・活用するしくみをバイオリソースという．リソースとしては，生体サンプルから分子的サンプルまで，また研究情報から実験技術まで多岐にわたる．バイオリソースから提供されることになれば，ラボ内ですべての試料を管理する必要はなくなる．ろ紙を書籍型にしてcDNAを吸着させ，核酸と印刷情報を同時に管理できる製品（DNAブック®［ダナフォーム/理化学研究所］）も提供されている．

Column

実験と料理

　実験と料理はよく似ている．実験サンプルを食材，試薬を調味料，実験器具を調理器具，プロトコールをレシピに置き換えてみると，実験結果はできあがった料理といえる．おいしい料理をつくるためには，レシピ・食材・調理器具を準備万端にしておくことも重要だが，食材や調理器具の性質や使い方の基本を熟知し，手際よく活用できることのほうが重要である．実験の場合もしかり．試薬や実験器具の性質・原理を理解し，取り扱えることが実験成功のカギとなる．

　実際の料理においては，レシピどおりの食材と調理器具をそろえた場合でない限り，何かしらレシピどおりにいかないことが出てくる．そんなとき，うまい料理人は表面的なレシピではなくそのコンセプトを理解し，理論をもとにさじ加減で料理し，味見と修正を行いながら味をまとめあげる．実験の場合もこれまたしかり．理論がわかっていれば，少々実験サンプルが異なっていたとしても，実験サンプルの状態や動態をリアルタイムに把握し，プロトコールを微調整し，それなりの結果を出すことができる．

　食材の多様な組み合わせと加工といった世界観をもつ"料理"は，食材の加工行為そのものである"調理"ではないように，組み合わせにより多様な結果が期待できる"実験"は機械的な作業である"処理"ではない．お腹がすいているときは，ていねいに時間をかけてつくったため冷めてしまった正統派料理より，短時間で適当につくった温かい臨機応変料理のほうがありがたい．実験においても，正攻法で時間をかけて結果を得るよりも，臨機応変な手法で手際よく結果をつかむほうが，実験の方向性を決める際には効率的である．

　バイオ実験と料理は共通部分が多い．バイオ実験の上達のために，料理を趣味にしてみるのもよいかと．調味料に凝りだし，新しい料理の創作が楽しめるようになると本格的．想定どおりの結果に満足し，想定外の結果を楽しむ余裕ができればさらによい．

第3章

大腸菌・ファージの培養 編

さて，本格的なバイオ実験の開始だ．大腸菌やファージを手なずけて，うまく育てられるようになると，ちょっぴりバイオな人になった気がもてる．すさまじい数の大腸菌とファージの増殖競争がイメージでき，それが目の前の現状と合致するようになれば，初級者レベルは卒業だ．自分の都合にあわせて増殖をコントロールできれば，マイスターを称しても…

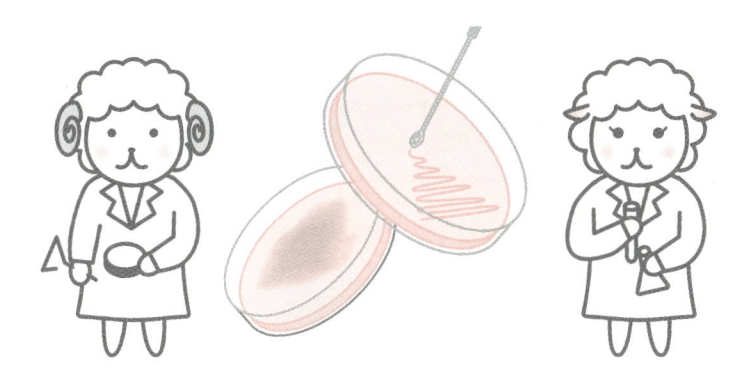

1	大腸菌用培地を手早く準備する方法	100
2	スケールに合わせた大腸菌の液体培養法	104
3	大腸菌増殖をコントロールするための液体培養法	110
4	大腸菌のコロニー形成をあやつるプレート培養法	115
5	大腸菌のなるほど管理・保存法	120
6	ファージをささっとまく方法	125
7	ファージプラークをうまく出す方法	130

第3章　大腸菌・ファージの培養 編　　　　　　　Keyword　大腸菌培地

1 大腸菌用培地を手早く準備する方法

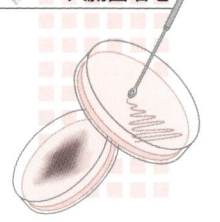

バイオ実験では，大腸菌を培養するため，液体培地あるいは寒天培地が用いられる．これらの培地に雑菌が混入していると大腸菌の増殖効率が悪くなるので，培地は時間をかけてオートクレーブし，無菌化したものが使われる．しかし，培養開始直前に培地が足りなくなってしまった場合，培地はすぐに調製できてもオートクレーブをしている時間が…

標準的な手法

培地を調製後，オートクレーブ滅菌を行う

大腸菌用の培地は，オートクレーブ（高温高圧蒸気滅菌器）で滅菌する．

【大腸菌用の培地の作製】
① メジューム瓶に培地用の試薬を入れ，フタをゆるめてからオートクレーブに入れる
② 120 ℃で15～20分の滅菌処理を行う
③ 培地が充分に冷えたら，必要に応じて抗生物質を加える
④ 寒天培地の場合は，プレートにまいて固める

Point 試薬調合は短時間で行えるが，オートクレーブ時の温度・圧力の上昇と降下，および培地が冷えるのに時間がかかり，実際に使用できる状態になるまでには1時間半以上かかる．抗生物質は，液体培地は常温，寒天培地は50℃程度まで温度が低下してから加える．

オススメ技

118 培地を調製後，電子レンジで加熱・殺菌を行う　　オススメ度 ★★★

📝 こんなときに有効　【短縮】

不足する培地の量が少量であり，電子レンジ内に小型のメジューム瓶を入れて培地を作製できる場合に有効．

解説

寒天培地を作製する場合，オートクレーブ済みの液体培地があれば寒天を加えるのみでよい．これを電子レンジで何回も加熱・沸騰させて融解させれば，素早く殺菌を行うことができる（図3-1）．さらに抗生物質を培地に加える場合は，雑菌によるトラブルはほとんど生じない．そうはいうものの，電子レンジで完全に滅菌できるわけではないので，培地は必要な量だけ作製し，長期保存は避けたほうがよい．

培地作製時は，小型の三角フラスコを用いてもよいが，冷却時にフタが閉められるメジューム瓶のほうが使いやすい．メジューム瓶を用いて電子レンジ加熱を行うときは，爆発事故を避けるため，必ず瓶のフタをゆるめておく．沸点近くで撹拌すると突沸することがあるので，沸騰がおさまってしばらくしてから撹拌する．ビンが熱いうちに冷水をかけると瓶が割れるので，自然放熱させて少し冷えてから，徐々に水冷を行う．

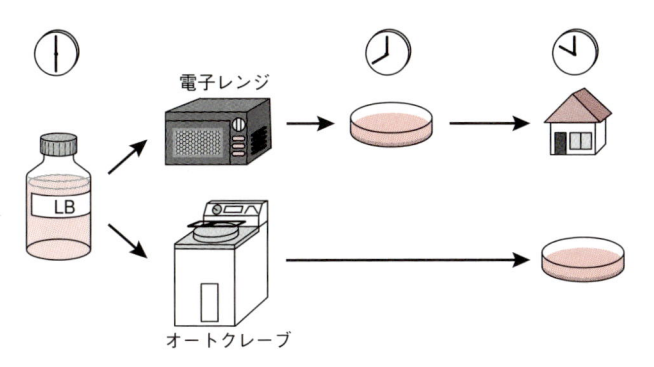

図3-1 ◆オートクレーブよりは電子レンジ

プロトコール

『電子レンジ殺菌を用いた培地作製法』

① 小型のメジューム瓶に培地用の試薬を入れ，よく混合する

② メジューム瓶のフタをゆるめ，電子レンジで加熱する

③ 沸騰・撹拌を5回以上くり返して殺菌する

④ フタをしめて密閉し，しばらく自然放熱させる

⑤ フタの上部から少しずつ水道水をかけ，撹拌しながら水冷する

⑥ 充分に温度が下がったら，必要に応じて抗生物質を加える

⑦ 寒天培地をまいた後は，プレートは積み重ねずに固化させる

オススメ技

119 代用となる培地をさがす

オススメ度 ★★

📝 こんなときに有効　短縮

培地を作製しなおすための時間がなく，ある程度の大腸菌の増殖が見込めればよい場合に有効．

📝 解 説

培地を作製しなおさずに代用となる培地を使う方法はいくつかあるが，実験を進めるうえで一番安全なのは，同一組成の培地を他のラボから分けてもらうことである．同一組成の培地が手に入らない場合は，大腸菌用の培地（LB培地，2×TY培地，SOC培地，Super broth培地，NZY培地など）の中から，使用可能なものを代用品として用いる．ただし，大腸菌に適した培地と培養方法を使用しない場合，大腸菌の増殖だけではなく，大腸菌内のプラスミドの含有率に影響を与えることがあるので注意が必要である．

液体培地の場合は，異なる組成の培地を混合したり，1/3程度であれば滅菌水を加えて薄めても培養できる．また，大腸菌を寒天培地上に塗り広げれば，液体培養予定の大腸菌をプレート上で培養することができる（図3-2）．

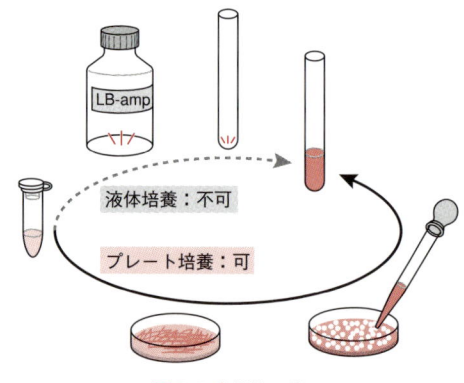

図3-2 ◆ 培地の代用

📋 プロトコール

『液体培養の代用としてのプレート培養法』

❶ コロニーを滅菌水100 μlでけん濁し，プレート上に塗り広げる
▼
❷ 培養後，コロニーが形成されたプレート上に3 mlの滅菌水を加える
▼
❸ プレート上のコロニーを滅菌水にけん濁する
▼
❹ 大腸菌けん濁液をチューブに回収し，遠心・濃縮する
▼
❺ プレートを1.5 mlの滅菌水でリンスし，これもチューブに回収する

まだまだある こんな チョイ技

オススメ技
120 高温培地分注による冷却

メジューム瓶の中で培地を冷却するよりも，分注したほうが早く冷却できる．数 ml 程度の液体培地であれば，高温の状態で試験管に分注してボルテックスすれば，試験管内壁に接触させることで放熱できる．寒天培地の場合は，冷えた机（場合によっては氷/保冷剤などで冷やす）の上に1枚ずつ置き，机が温まったらプレートを冷たい位置に移動させると，速く固めることができる．抗生物質は，固化した寒天培地上に塗布することもできるので，溶けたゲルに加えなくてもよい．高温培地の分注はコンタミ防止の効果があるが，容器の変形や結露が起こりやすいので注意．

オススメ技
121 培地の節約使用

培地が全くないわけではない場合，節約して使用すれば何とかなる場合がある．液体培地の場合は，とりあえず培養液量を減らして培養を開始し，培地を作製後に液量を増やしてやれば，実験の遅れは生じない．また，寒天培地の場合は1つのプレートをまるまる使わず，複数の領域に分けて使用すると，多サンプル処理時の省スペース化が行える．

オススメ技
122 小包装のプレミックス培地

培地作製時には，試薬計量の時間や手間がそれなりにかかる．この手間を省くため，あらかじめ培地用の試薬をミックスし，小袋やスティックとして包装した培地が販売されている．試薬の計量やpH調整をしなくてもよいので，急いでいるときや小容量の培地作製を手軽に行いたいときに便利．

オススメ技
123 フィルム状の乾燥培地

大腸菌の生育に必要な栄養素を含むシート状の乾燥培地（BDシートメディア［ベクトン・ディッキンソン］，ペトリフィルム［住友スリーエム］，コンパクトドライ［ニッスイ］など）がある．いずれも寒天培地よりも長期保存が可能であり，シャーレを必要としないため保管スペースや廃棄物が少なくてすむといった利点をもつ．カラーセレクション用の試薬があらかじめ添加されているものもある．

第3章 大腸菌・ファージの培養 編

第3章　大腸菌・ファージの培養 編　　　　　　　　　　　　Keyword　大腸菌培養

2　スケールに合わせた大腸菌の液体培養法

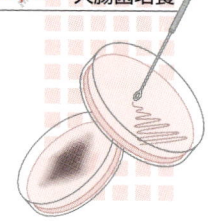

　大腸菌の液体培養を行う際には，培養スケール（サンプル数あるいは培養液量）を考慮に入れて培養方法を選択する．多くのサンプルを短時間で処理することが要求されるようになった現在，培養法を工夫することによって，コスト・時間・手間を減らしながら，スマートに培養を行いたい．従来の標準的な方法を踏襲しつつも，他の方法も知っていれば…

標準的な手法

試験管や三角フラスコを用いて振とう培養する

培養スケールにより，培養器具，振とう方法，大腸菌の接種量を変える．

【小スケールでの大腸菌の液体培養（ミニプレップ用）】
 ❶ 試験管に1.5〜3.0 mlの液体培地を入れ，大腸菌コロニーを接種する
 ❷ 37℃で8〜12時間，往復振とう培養を行う

【大スケールでの大腸菌の液体培養（マキシプレップ用）】
 ❶ 三角フラスコに100〜500 mlの液体培地を入れ，あらかじめ増殖させておいた大腸菌増殖液を接種する
 ❷ 37℃で8〜12時間，旋回振とう培養を行う

Point　容器から培養液がこぼれないように振とうするため，液体培地は容器の1/3以下にする．旋回培養時は，バッフルつき三角フラスコを用いると，エアレーション効率および大腸菌の増殖効率が増加する．

オススメ技

124　小スケール培養を多連チューブで行う　　　オススメ度 ★★

こんなときに有効　[簡単]

　2 ml程度の小スケールで振とう液体培養を行いたいが，試験管を多量に使わず，多数の大腸菌サンプルを培養したい場合に有効．

解説

多検体の大腸菌サンプルを自動でミニプレップしてくれる装置（核酸自動分離装置シリーズ［クラボウ］）があり，この装置用に開発された専用チューブ（5～8連）が存在する（図3-3左手前）．この多連チューブを用いると，多数の試験管を用いなくても，大腸菌の液体培養が行える．大腸菌培養後は培養液を取り出し，マニュアルでミニプレップを行ってもよい．各サンプルごとに名前を書く必要がない，チューブがコンパクトであるため洗浄しやすいといった利点がある．

ただし，チューブの背丈が通常の試験管に比べて半分程度しかなく，チューブ同士が隣接している，個別のフタがないといった点に注意する．チューブから培養液がこぼれないように，チューブ間でのコンタミネーションが起こらないように，振とうスピードを調節するとよい．

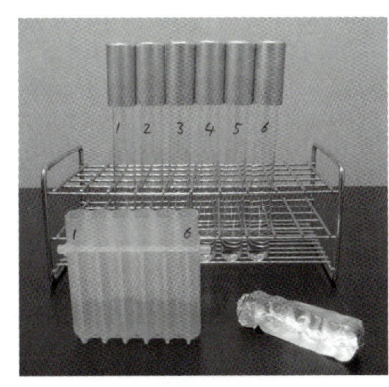

図3-3 ◆ 試験管と多連チューブ

プロトコール

『多連チューブを用いた液体培養法』

1. 多連チューブを用意し，2 ml程度の液体培地を分注する
2. 大腸菌を，爪楊枝などで接種する
3. チューブの上部全体を，アルミホイルで覆ってフタをする
4. 培養液がこぼれないスピードで，振とう培養を行う

オススメ技

125 中スケール培養をコニカルチューブで行う

オススメ度 ★

こんなときに有効　省スペース

振とう液体培養のスケールが25 ml程度の中スケールであり，三角フラスコでの振とう培養が行えない場合に有効．

📝 解 説

　三角フラスコの数が足りなかったり，振とう機が小さくて三角フラスコがのりきらない場合，50 mL容量のコニカルチューブで液体培養ができないか考える．50 mL容量のコニカルチューブを，試験管の場合と同じように単に振とう方向に傾けても，あまり培養液量を増やすことはできない．

　そこでコニカルチューブのフタは完全に閉め，通気孔としてフタ上部の側端に孔を開けたものを用いる（図3-4）．この孔が最上部になるように振とう機にセットし，孔から培養液が飛び出さない程度のスピードで振とう培養を行う．培養液が孔から飛び出すのが心配なときは，曲がるストローを孔にさし込んでおくとよい．

　旋回型の振とう機を用いるのが望ましいが，往復振とう機の場合はコニカルチューブを振とう方向に対して45度傾けて設置する．培養後はそのまま遠心機にセットし，菌体を沈殿させてプラスミド抽出作業を行うことができる．

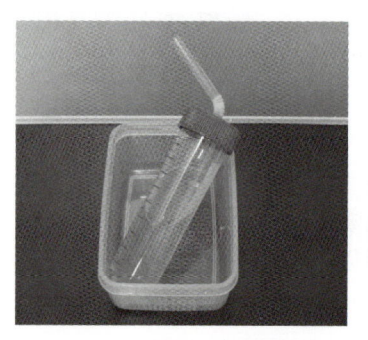

図3-4 ◆ 通気孔つきコニカルチューブによる培養

🔬 プロトコール

『50 mLコニカルチューブを用いた液体培養法』

❶ フタ上部の側端に直径5 mm程度の孔を開けた，50 mLのコニカルチューブを用意する

❷ コニカルチューブに液体培地を25 mL入れ，大腸菌を接種したらフタを閉める

❸ フタの孔が上部になるようにコニカルチューブを斜めに傾け，旋回型の振とう機にセットする

❹ フタの孔から培養液が飛び出さないスピードで，振とう培養を行う

オススメ技

126 微小スケール培養をマイクロチューブで行う

オススメ度 ★★★

🖋 こんなときに有効　簡単

　ミニプレップ用の菌体培養は目的とせず，十数個程度の大腸菌クローンを少しだけ培養して増やしておきたい場合に有効．

📝 解説

　ミニプレップに使用できる菌体量が必要でないときは，0.2 mLチューブ内での微小スケール培養が便利である．0.2 mLチューブは 1.5 mLチューブよりも単価は高いが省スペースであり，マルチチャンネルピペットのピッチに対応しているため多検体処理が行いやすい．コロニーダイレクトPCR後の解析のために大腸菌クローンを確保しておきたいとき，複数の実験用に菌体量を少しだけ増やしたいとき，中スケール培養前のプレカルチャーをするときなどに用いると便利．

　振とう培養は行いにくいので，基本的にはサーマルサイクラーなどで静置培養を行う（図3-5）．接種したコロニー量にもよるが，数時間も培養すれば菌体の沈殿や培養液のけん濁が認められる．チューブ内の大腸菌は，常温あるいは冷蔵庫で1週間程度は保存可能である．

図3-5 ◆ 0.2 mLチューブによる培養

📋 プロトコール

『0.2 mLチューブを用いた液体培養法』

❶ 0.2 mLチューブに100 μLの液体培地を分注し，大腸菌を接種する
▼
❷ 37℃あるいは常温で，静置培養を行う
▼
❸ 気が向いたときに，軽くボルテックスする
▼
❹ 菌体量は，チューブの底の沈殿物あるいは濁度で把握する

第3章 ◆ 2　スケールに合わせた大腸菌の液体培養法

オススメ技

127 微小スケール培養をマルチウェルプレートで行う

オススメ度 ★★

📗 こんなときに有効　簡単

　ミニプレップ用の菌体培養は目的とせず，数十個以上の大腸菌クローンの確保・保存を目的とした培養を行いたい場合に有効．

📝 解説

　数十種類以上の大腸菌コロニーを処理したいときは，0.2 mLチューブを並べ，フタを開け閉めして作業するのは手間なので，マルチウェルプレート（通常は96ウェルタイプ）を用いる（図3-6）．各ウェル間でのコンタミネーションを避けるため，培地はウェルの容量の1/2以下にし，基本的には静置培養を行う．振とう培養を行って菌体を増やしたい場合は，マルチウェルプレート用の振とう培養機を用いてもよいが，孔が深いディープウェルプレート（96ウェルアッセイブロック［コーニングインターナショナル］）や対応した恒温振とう培養機（ディープウェルマキシマイザー［タイテック］）を用いると効果的である．

　静置培養や一般的な往復振とう機を用いた場合の培養効率はよくないため，LB培地のかわりに2×TY培地などの栄養価の高い培地を用いることも検討する．また，マルチウェルプレート内に菌体移植用のレプリケーターを挿入しながら穏やかに振とう培養を行うと，レプリケーターで撹拌することができる．

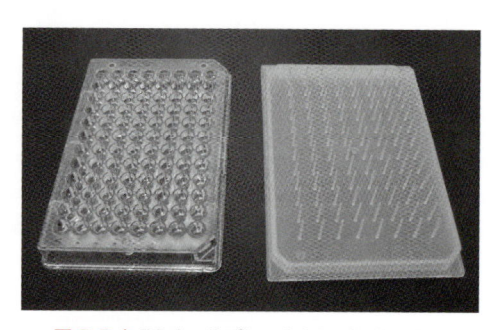

図3-6 ◆ 96ウェルプレートとレプリケーター

🧪 プロトコール

『マルチウェルプレートを用いた液体培養法』

❶ マルチウェルプレートに液体培地を分注し，大腸菌を接種する
❷ 37℃で，静置あるいは振とう培養を行う
❸ 菌体の増殖量は，培養液の濁度で把握する

まだまだあるこんなチョイ技

オススメ技

128　2.0 mlチューブでの小スケール培養

2.0 mlチューブ内に1.0～1.5 mlの液体培地を入れて植菌し，フタを閉めて振とう培養を行うこともできる．チューブ内に液体培地を入れすぎて，うまく振とうできないときは，ローテーターを用いる．溶液量を増やしたければ，複数本のチューブで培養する．試験管を洗わなくてすみ，培養したチューブのままミニプレップが始められるので便利．

オススメ技

129　坂口フラスコでの中スケール培養

振とうフラスコともよばれ，上部の首は細長く，中部は肩があり，下部はお椀型の形状（シャンパンのコルク栓を逆さにした感じ）をしている．この特殊な形状のおかげで，往復振とうと組み合わせて用いると高いエアレーション効果が得られ，中スケール以上の培養で効果が期待できる．高価なのと洗浄しにくいのが難点．

オススメ技

130　小動物用の給水ボトルでの中スケール培養

マウスやラットに水を与える給水ボトルは，容器とそのフタから金属管が上部に突き出したような構造をしている．培養液はフタを外せば簡単に注入することができる．容器部分がガラス製やポリカーボネート製のものは，オートクレーブが可能である．

オススメ技

131　スターラーによる撹拌培養

振とう培養が行えない場合，スターラーによる撹拌培養を考える．スターラーは，気相インキュベーター内に設置するか，恒温槽つきのスターラーを使用する．撹拌培養は，バッフルつき三角フラスコ内に撹拌子を入れるか，円筒形の容器に浮揚式の撹拌棒（自立撹拌棒）を入れて行うとよい．充電式のスターラーを用いれば，コードを入れることができないインキュベーター内でも使用可．

第3章　大腸菌・ファージの培養 編　　Keyword 大腸菌増殖

3 大腸菌増殖をコントロールするための液体培養法

大腸菌を液体培地に接種したら，大腸菌の増殖が始まる．適した条件下で培養すると大腸菌は20分ごとに分裂し，液体培地中の大腸菌濃度は倍化していく．バイオ実験は大腸菌の増殖に合わせて実験を組むことが基本であるが，増殖が実験者に合わせてくれればありがたい．大腸菌の菌体数や質を落とすことなく，大腸菌の増殖をコントロールできれば…

標準的な手法

大腸菌の培養条件を調節する

大腸菌の増殖制御は，エアレーション効率および培養時間の調節で行う．

【試験管を用いた液体培養の場合】
❶ 試験管の傾きや，培養液の量を調整する
❷ 振とうスピードや，振とう時間を調整する

【三角フラスコを用いた場合】
❶ フラスコの大きさや，培養液の量を調整する
❷ 振とうスピードや，振とう時間を調整する

Point　大腸菌培養においては，菌体数と濃度の制御が重要である．増殖可能な菌体数は培養液量に依存するので，実験目的によって培養液量を決める．大腸菌の濃度は培養とともに増加するが，エアレーションの状態によって増殖スピードは異なる．

オススメ技

132 複数本の試験管に分けて培養を行う

オススメ度 ★★

こんなときに有効 〔簡単〕
充分な菌体数を得るために培養液量は減らせないが，エアレーション効率を上げるために振とうスピードを早くしたい場合に有効．

110　バイオ実験の知恵袋

解説

　一定量の培養液内で増殖できる菌体数の上限（$1 \sim 2 \times 10^9$ cells/ml）は決まっているため，実験に必要な菌体数を増殖させるための培養液量は，計算で割り出すことができる．通常のプラスミド調製（ミニプレップ）用であれば，1.5～3 mlの培養液を試験管に入れて培養することが多い．しかし，保存や移譲のために少し多めにプラスミドを調製したい場合，培養液量を5～10 mlに増やしたいこともある．そんなときは，2.5 mlずつ複数本の試験管に分けて培養し，あとで1本にまとめるとよい．

　通常，培養液量を試験管の高さの1/5を越えて入れると，試験管を傾けにくくなり，振とうスピードが遅くなり，エアレーション効率が落ち，増殖が遅くなる，といった問題が生じる．2.5 mlの培養液であれば，通常の条件とほぼ変わらずに大腸菌を振とう培養することができる．もちろん，三角フラスコで培養を行ってもよいが，準備・片づけの手間，培養器内のスペース占有を考えると，使い慣れた試験管を複数本使用するのみで培養できれば楽である（図3-7）．

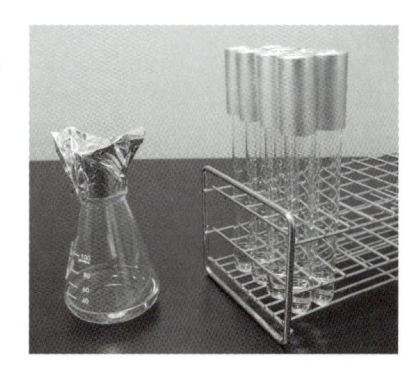

図3-7 ◆ 三角フラスコよりは複数試験管

プロトコール

『複数本の試験管を用いた大腸菌の液体培養法』

❶ 試験管1本に必要量の液体培地を入れ，大腸菌を接種する
❷ 1.5～3.0 ml程度になるように，複数本の試験管に分注する
❸ 培養後，培養液を1本にまとめて実験に用いる

オススメ技

133 接種量を変えて対数増殖期を長くとる

オススメ度 ★★★

こんなときに有効　[簡単] [安全]

　大腸菌の増殖スピードの推定は難しいが，一定の培養時間後に対数増殖期内にいる生きのよい大腸菌を確実に得たい場合に有効．

🖊 解説

　バイオ実験における大腸菌培養では，菌体数が目的の数に達しているというだけではなく，コンディションがよく指数関数的に増殖している対数増殖期の大腸菌，いわば生きのよい大腸菌を必要とすることが多い．大腸菌の培養時間が長くなると大腸菌の濃度が高くなり，培養条件が悪化（栄養素の消耗や有毒代謝産物の蓄積）するので増殖は制限されて停止し，定常期に入る．さらに培養し続けるとますます培養条件が悪化し，生きた菌の数が減少しはじめ，死滅期に入る．一方，培養時間は通常どおりであっても，培養開始時に多量の大腸菌を接種してしまうと，通常よりも早く対数増殖期を脱して定常期・死滅期に入ってしまう．

　大腸菌の培養開始時に接種量を把握しきれなかったり，振とうスピード設定の関係で培養時間が推定しきれない場合，通常の時間で培養を行うと対数増殖期を逸してしまわないか不安になる．そのような場合は，大腸菌の接種量を変えたものを複数用意し，それらを同時に培養すれば，通常の時間で培養を行っても，いずれかの培養液が対数増殖期内にある（図3-8）．この方法は，ファージ感染用の大腸菌を培養する際に重宝する．また，ある濃度（$OD_{600} = 0.5$）の増殖液が必要なとき，近似状態の複数の増殖液（$OD_{600} = 0.4$と0.6）を混合して作製することもできる．

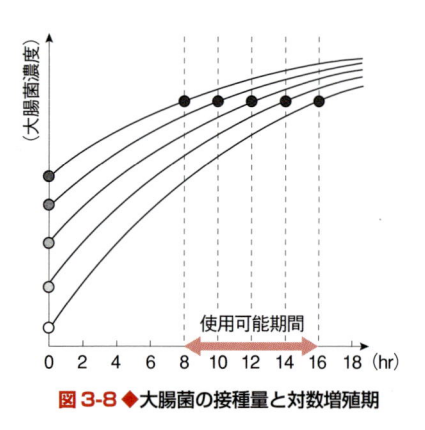

図3-8 ◆ 大腸菌の接種量と対数増殖期

🔧 プロトコル

『大腸菌の接種量を変えた液体培養法』

❶ 接種用大腸菌けん濁液を希釈し，2倍希釈系列のけん濁液を作製する
❷ 試験管4本に，それぞれ同量の液体培地を分注する
❸ 各試験管に，希釈系列の大腸菌けん濁液をそれぞれ接種する
❹ 培養時間経過後，使用可能なものを選択する

オススメ技

134 植え継いで培養する

オススメ度 ★★

📖 こんなときに有効　[短縮] [簡単]

大腸菌培養をやりなおしたい場合，大量の大腸菌培養液が必要な場合，数時間でまとまった量の大腸菌を得たい場合などに有効．

✏ 解説

いったん増殖させた大腸菌増殖液は，その後のさまざまな大腸菌培養に利用することができる．プラスミド調製のためのミニプレップを行うときは，実験に使う分の増殖液を試験管からとり出したら，試験管は洗わずにしばらくとっておくとよい．不測の事態でミニプレップをやりなおすことになった場合，また，うまくいったのでより大きなスケールで培養を行いたい場合，種菌が多量にあると役に立つ（図3-9）．

> **注意点◆** あらかじめ再培養を想定している場合は，ミニプレップ用に増殖液を取り去った試験管に，すぐに培養液を添加して培養を継続させておけばよい．種菌がフレッシュな場合は問題ないが，種菌を数日間放置した後に使用する場合は死菌を考慮し，種菌の添加量は培養液量の1/50以下にしたほうがよい．特に，ファージのタイターチェック用の大腸菌を培養する場合は，死菌がタイターに影響を与えかねないので注意が必要だ．

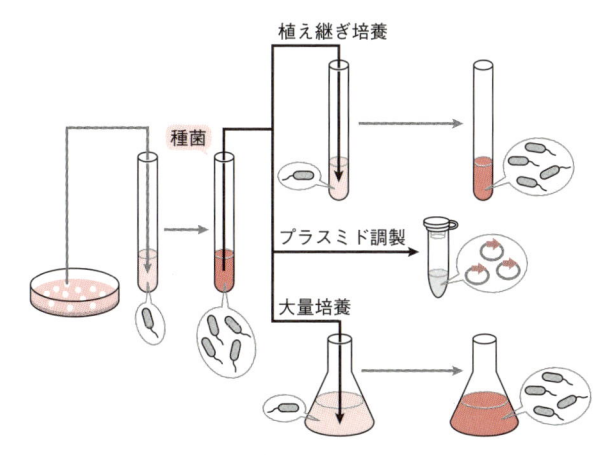

図3-9 ◆種菌があると便利

第3章◆3　大腸菌増殖をコントロールするための液体培養法

まだまだある こんなチョイ技

オススメ技
135 大腸菌濃度の視認と濁度見本の用意

大腸菌の濃度は濁度をもとに判断し，通常は分光光度計で OD_{600} を測定する．濃度判定に若干の誤差が許される場合，試験管内の培養液を蛍光灯にかざし，振ったときの光の散乱具合を見て濁度を推定する．慣れてくると10％以内の誤差で OD_{600} 値が推定できる．正確に測定した培養液の写真を撮っておき，濁度見本にすればわかりやすい．

オススメ技
136 遠沈濃縮による濃度調整

大腸菌が目的濃度に達していなくても，必要な菌体数が増殖しているのであれば，遠心後の上清を少し捨てて再けん濁することにより，目的の濃度の培養液が得られる．ファージ感染用の指示菌を準備する際に有用．計画的に行うときは，菌体数を確保するため，あらかじめ多めの液体培地量で培養を行っておく．

オススメ技
137 培養温度による増殖制御

大腸菌内でタンパク質の発現を行う場合や，コンピテントセルを調製する場合には，大腸菌を37℃よりも低温（15～25℃）で培養することがある．プラスミド調製のための大腸菌培養を低温で行うことはほとんどないが，低温でスピードを落としながら培養することは可能である．反対に，42℃の高温でも大腸菌は増殖するが，プラスミドが落ちることがある．気相インキュベーターで大腸菌培養を行う場合，液体培地を液相の恒温槽で温めてから振とう培養を始めたほうが速く増殖する．

オススメ技
138 培地組成による増殖制御

大腸菌用培地は，大腸菌株の性質や増殖目的に合わせたさまざまなものが存在する．通常使用されることの多いLB培地よりも大腸菌の増殖をよくするため，栄養が豊富あるいは栄養素が工夫された培地が開発されている．また，LB培地と比べて数倍の菌密度まで培養でき，また対数増殖期後もゆっくり増殖を続けるため長時間培養が可能な培地（CIRCLEGROW® [Qbiogene]）もある．菌体数よりは，プラスミドやタンパク質の産生量およびその質のほうが重要なこともあるので，培地の選択は慎重に．

第3章 大腸菌・ファージの培養 編

Keyword 大腸菌コロニー

4 大腸菌のコロニー形成をあやつるプレート培養法

大腸菌の培養法は液体培養法だけではない．寒天培地をまいたプレートの上に，コロニーを形成させる方法もある．プレート上のコロニーは，単一の大腸菌から増殖したクローンであり，近隣のコロニーと区別して扱われなければならない．そのためには，コロニーをちょうどよい感じでプレート上に形成させたいものだが…

標準的な手法

塗布量を変えた均一塗布培養/画線培養を行う

複数種のクローンを含む大腸菌けん濁液は塗布で，単一クローンの大腸菌コロニー・培養液は画線で，プレート（寒天培地）上に接種する．

【大腸菌の塗布培養】
❶ 大腸菌のけん濁液を，プレート上に滴下する
❷ 滅菌したコンラージ棒を用い，プレート上に均一に塗布する

【大腸菌の画線培養】
❶ 大腸菌を，滅菌した白金耳の先端にとる
❷ プレート上にジグザグ線を描くように画線し，コロニー密度を薄めていきながら接種する

Point 塗布培養の場合は，大腸菌けん濁液の濃度あるいは溶液量を変えることにより，コロニー形成数や密度を調整する．できるだけ多くのコロニーが均一間隔で形成できているプレートが，スクリーニング用のプレートとしては適している．一方，画線培養はコロニーの確保やシングルコロニーアイソレーションなど，大腸菌クローンの管理時に用いられる．

オススメ技

139 不均一にコロニーを形成させる

オススメ度 ★★★

🖋 こんなときに有効　簡単 😊　安全 ⊕

複数種のクローンを含む大腸菌けん濁液をプレートに塗布したいが，希釈プレートを用いなくても確実にシングルコロニーを得たい場合に有効．

📝 解説

大腸菌の均一塗布培養法には，大腸菌のクローン数が多すぎるとシングルコロニーアイソレーションができないという問題点がある．一方，画線培養法には，必ずシングルコロニーアイソレーションはできるが，その数が少ないという問題点がある．しかし，これらの手法を組み合わせると，お互いを補完しあうことができる．

1枚のプレート内で不均一培養を行えば，形成される大腸菌コロニーの多少にかかわらず，確実にシングルコロニーが得られる（図3-10）．希釈プレートのことを考える必要がなく，また毎回同じ操作を行えばよいので，労力・時間・コストすべてにおいて経済的である．プラスミドライブラリーのスクリーニングプレート作製時には適さないが，数十個のシングルコロニーが単離できさえすればよいサブクローニング時には重宝する．

コロニーの成長は，密な部分よりも疎の部分のほうが速い．よって，均一に塗布する場合よりも早い時間帯で，適した大きさのコロニーが得られることが多い．大腸菌コロニーの数が多い場合は疎となる画線部分から，少ない場合は主に塗布部分からシングルコロニーが得られる．

大腸菌塗布 → コロニー形成

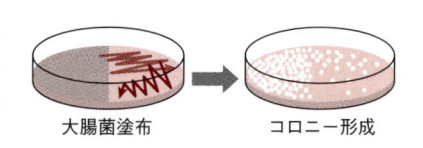

図3-10 ◆ コロニーの不均一形成法

🔬 プロトコール

『塗布＆画線を用いたプレート培養』

❶ 大腸菌けん濁液を，コンラージ棒でプレートの左半分に塗り広げる
▼
❷ コンラージ棒の角をそのまま利用し，プレートの右半分に画線する
▼
❸ 37℃で培養し，適した領域からシングルコロニーを単離する

140 傾斜プレートでコロニー形成速度を制御する

オススメ度 ★★

こんなときに有効　簡単　安全

コロニーの成長速度を変えることによって，シングルコロニーアイソレーションが可能な時間帯を長くとりたい場合に有効．

解説

大腸菌は，作製して間もないフレッシュな培地では速く増殖するが，長期保存中に乾燥気味になった培地では増殖が遅れる．また，充分な寒天培地の厚みがあるところでは速く増殖するが，寒天培地が薄いところでは栄養分が少ないため，増殖が遅れる．これを利用すると，1枚のプレート内での大腸菌増殖スピードをコントロールできる．

寒天培地を作製するときに，シャーレを若干（2度ほど）傾けて作製すると，寒天培地厚が異なる傾斜プレートができる（図3-11）．培地が薄いところは栄養分も水分も不足しがちな状態になり，培地が厚い部分よりも環境が悪くなる．この傾斜プレート上に大腸菌を塗布すると，同一プレート上での大腸菌の成育速度を変えることができ，培地が薄い部分でのコロニー増殖には時間がかかる．これを利用すると，培養時間が多少長くなってしまっても，シングルコロニーアイソレーションに適した領域を確保できる．もちろん，通常と同じ培地厚の部分も存在するので，通常どおりの使用もできる．

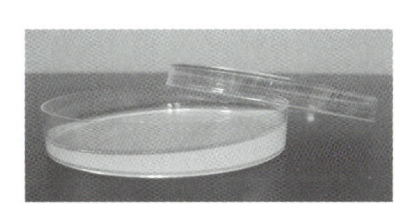

図3-11 ◆傾斜プレート

プロトコール

『傾斜プレートを用いた塗布＆画線培養』

❶ 傾斜地で寒天培地を固め，傾斜プレートを作製する
❷ 奥から手前に傾斜するように，プレートの向きをセットする
❸ 大腸菌けん濁液を，コンラージ棒でプレートの左半分に均一塗布する
❹ コンラージ棒の角を用いて，プレートの右半分に画線する
❺ 37℃で培養し，適した領域からシングルコロニーを単離する

第3章 大腸菌・ファージの培養 編

オススメ技

141　ガラスビーズを用いて塗布する

オススメ度 ★

🔍 こんなときに有効　[簡単]

コンラージ棒では均一に塗布しにくい大きなプレートや，数多くのプレートに，均一に塗布したい場合に有効．

📝 解説

通常のサブクローニング時は，形成させるコロニー数が数十から数百程度でよいため，直径 9 cm の円形シャーレが用いられることが多い．一方，プラスミドライブラリーのスクリーニング時は，数千から数万のコロニーを扱うため，より大きな表面積をもつトレイを大量に用いることとなり，コンラージ棒を用いた大腸菌の塗布は困難である．

そこで，滅菌したガラスビーズ（直径数ミリ）をプレート上でジャラジャラ転がすことにより塗布する方法が用いられることがある（**図3-12**）．塗布に用いるガラスビーズの数はプレートの大きさによって異なるが，9 cm の円形シャーレの場合に 10 粒という割合で計算するとよい．同一ライブラリーを複数のシャーレに塗布するときは，前のプレートで使用したガラスビーズをそのまま次のプレートに移して使用することもできる．それぞれのプレートにガラスビーズを入れ，複数プレートを積み重ねて同時にジャラジャラやると，一気に塗布作業を行うことができる．

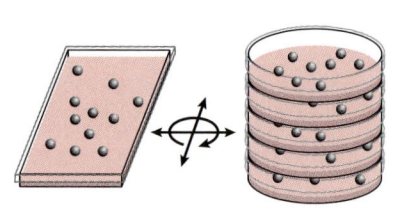

図3-12◆ガラスビーズ塗布

🧪 プロトコール

『ガラスビーズを用いた大腸菌の塗布法』

❶ よく洗浄したガラスビーズをオートクレーブ滅菌し，乾燥させる
❷ 寒天表面を適度に乾燥させたプレートを準備する
❸ プレート上に，大腸菌けん濁液を滴下する
❹ 滅菌したビーズを入れ，15〜30秒間おだやかに転がす
❺ 使用後のビーズを他の容器に回収し，再滅菌・再利用する

まだまだあるこんなチョイ技

オススメ技

142 プログラムインキュベーションの利用

プログラム機能つきの気相の低温恒温インキュベーターを利用すると，プレート培養終了時間を制御できる．一定の培養時間後に冷蔵モードに入るようにセットしておくと，コロニーの成長を自動的に停止させることができる．培養後のプレートを冷蔵庫に片づけるためだけに，休日にラボに出てくる必要はなくなる．

オススメ技

143 ヒートブロック上での温度制御

ヒートブロック上に水を含ませたペーパータオルを置き，その上にプレートを置くと，プレートに効率よく熱を伝えられる．冷蔵保存していたプレートを適温まで素早く加温したり，コロニーの大きさを視認しながら生育させたりする際に便利．反対に，冷却可能なブロックを用いると，プレート温度を素早く下げてコロニーの生育をすばやく停止させることができる．

オススメ技

144 角シャーレの利用

角形のシャーレは，コンラージ棒での大腸菌塗布は行いにくいが，縦横の専有幅に対するプレート面積が丸シャーレに比べて大きくなるため，多くの大腸菌をまくことができる．また，インキュベーターや冷蔵庫に収納しやすく，丸に比べて角のほうが収納効率がよい．コロニーをメンブレンにトランスファーする実験系でも，丸よりは角のほうが使いやすい．

オススメ技

145 ターンテーブルを用いたらくらく塗布

プレートに大腸菌を均一に塗布したいとき，左手で少しずつプレートを回転させながら右手でコンラージ棒で塗り広げる操作を行うが，プレートの枚数が多くなると手が疲れる．プレートをターンテーブル上にのせて回転させ，回転中にコンラージ棒を軽くプレート上に接触させてやれば，均一塗布が簡単にできる．手動式・電動式のターンテーブルがあるが，工夫すれば回転イスでも可能．

第3章 大腸菌・ファージの培養 編　　　Keyword 大腸菌管理

5 大腸菌のなるほど管理・保存法

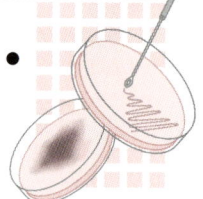

お目当ての大腸菌を首尾よく手に入れることができたら，これをもとに実験が次々と展開する．実験を精力的に行えば行うほど，またプラスミドの種類が増えるほど，管理・保存すべき大腸菌の数は増えていく．時間・コスト・空間をくう大腸菌の管理・保存は面倒だが，後の実験に支障をきたさないように，ある程度きちんとしておかなければ…

標準的な手法

プレート/スタブアガー/グリセロールストックで管理する

目的とする保存期間によって，大腸菌の管理・保存方法を選択する．

【数週間から1カ月程度の保存】
❶ コロニー形成後のプレートを、ビニールテープやラップで密封する
❷ プレートを上下逆さにし，冷蔵庫で保管する

【数カ月から2年程度の保存をする場合】
❶ スタブアガーを作製し，接種したら室温・暗所で保管する

【数年以上の保存をする場合】
❶ 大腸菌培養液に，滅菌50％グリセロールを最終濃度が15％になるように加える
❷ 徐々に温度を低くし，－80℃で保存する

Point 実験中の大腸菌宿主やプラスミドクローンを含む大腸菌などは，使用する頻度が多く，すぐに使用できたほうが便利なので，冷蔵庫で保管する．冷蔵保存の場合，大腸菌はどんどん死滅していくので定期的に新しいプレートに移植・培養しなおして管理する必要がある．しばらく使用しない大腸菌や常温輸送用の大腸菌は，スタブアガーで保存する．オリジナルの大腸菌宿主やプラスミドクローンなど，長期保存を目的にする場合は，継代中の変異や管理の手間が避けられるグリセロールストックを行う．

オススメ技

146 大腸菌の培養液をそのまま凍結保存する

オススメ度 ★★★

📖 こんなときに有効 短縮 簡単

手間をかけてグリセロールストックするほどの大腸菌クローンではなく，必要になってから手間をかければよい場合に有効．

📝 解説

大腸菌の凍結保存法はグリセロールストックが一般的であり，滅菌50%グリセロールを混合して−80℃に入れるだけなので，それほど手間ではない．しかし，グリセロールが準備できていない，保存サンプルが多くて混合作業が面倒，ディープフリーザーに余裕がない，グリセロールストックが必須のクローンでもない，といった場合もある．そのような場合，大腸菌の復活に少々手間がかかってもよければ，大腸菌培養液を−20℃で凍らせておけばよい（図3-13）．

大腸菌が生きていなくても，プラスミド増幅のためのPCR用テンプレートとして使えるし，プラスミドを含む生きた大腸菌として復活させたければ，凍結培養液から抽出したプラスミドをトランスフォーメーションすればよい．再度使用するかどうかわからないクローンの保存に多くの手間をかけるより，復活させたい少数のクローンに手間をかけたほうが，効率的である．

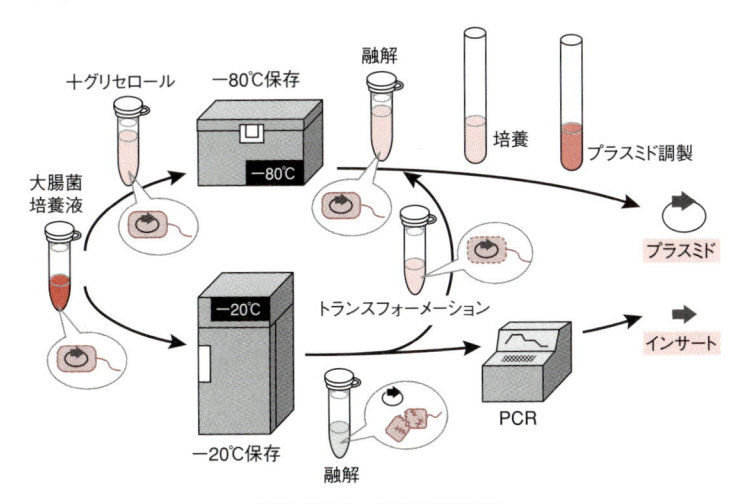

図3-13 ◆ 大腸菌の凍結保存

📋 プロトコール

『大腸菌の凍結保存と復活法』

① 大腸菌のけん濁液をチューブに入れ，遠心・沈殿させ，上清を捨てる
② －20℃で凍結保存する
③ 使用時は，適当量の蒸留水を加え，けん濁する
④ 30秒間ボイルし，遠心後の上澄みをトランスフォーメーションする
⑤ プレートにまくか，そのまま液体培養を行う

オススメ技

147 大腸菌を乾燥させて保存する

オススメ度 ★★

📝 こんなときに有効　[省スペース] [簡単]

　　大腸菌クローンを冷凍保存するためのスペースが少ないので，クローンを常温で保存したい場合に有効．

📝 解 説

　　大腸菌を常温で保存できれば冷蔵・冷凍機器内のスペースは必要なくなり，ラボ内の好きな場所で管理することができる．大腸菌の常温保存はスタブアガーの方法があるが，スタブを準備する手間やスタブを並べるスペースを考えると，それなりに大変である．

　　そのような場合，大腸菌を生かしておく必要がなければ，単にろ紙にしみこませて乾燥させておけばよい（図3-14）．輸送用など，短期間の保存であれば普通のろ紙で問題ない．長期保存時のDNAの安定性や，DNA抽出時の効率を気にするのであれば，保存用の専用ろ紙（FTA®カード［ワットマン］，IsoCode［S&S］）を利用するとよい．ろ紙は，シート状のものをお好みで裁断して使用してもよいが，カセット型（プリザベーションプレート［深江化成］）を用いると楽でよい．いずれも大腸菌は死んでいるので，PCRのテンプレート用にするか，トランスフォーメーションして復活させて用いる．

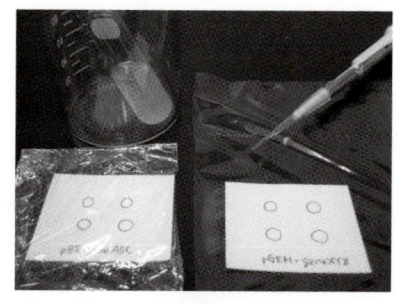

図3-14 ◆ ろ紙上での乾燥保存

📝 プロトコール

『大腸菌の乾燥保存と復活法』

1. 大腸菌の増殖液を，ろ紙上に少量塗布する
2. 液が広がった範囲をペンで丸く囲み，乾燥させる
3. 塗布面がこすれないように，常温・暗所で保存する
4. 使用時は，塗布領域のろ紙をくりぬいてチューブに入れる
5. チューブに蒸留水を加え，チップの先でろ紙をつついて柔らかくする
6. 30秒間ボイル後，遠心上清をトランスフォーメーションする

まだまだある こんな チョイ技

オススメ技
148 大腸菌クローンの継代法

プレート上の大腸菌クローンを何回も植え継いでいくと，異常なクローンが発生することがある．異常なクローンが出ても，正常なクローンを破棄してしまわないようにするためには，シングルコロニーではなくマスで複数のコロニーをピックアップして植え継ぐ．異常なクローンと正常なクローンを選別するときは，シングルコロニーアイソレーションを行う．

オススメ技
149 裏文字プレートによるらくらく植菌

1枚の寒天培地上に，異なる大腸菌コロニーを接種・培養して管理する場合，プレート上の異なる位置に大腸菌を塗りつける作業が必要になる．この際，プレートの裏側にマス目と識別文字が書かれていると植菌しやすい．寒天培地ごしに見た文字はプレートに書いた文字の裏になるので，あらかじめ裏文字で書いておくとわかりやすい．裏文字を書くのが苦手な人は，OHPフィルムに文字をプリントアウトしたものを裏返しにし，その上にプレートを重ねて文字をなぞるとよい．

オススメ技
150 レプリカプレート法による複製

コロニーが形成された大腸菌プレートを複製する際に使用される方法．滅菌したビロード布をコロニーに押し当てて大腸菌を付着させ，それを新しいプレートに押しつけることによって植菌する．複数枚のレプリカプレートが同時に作製できる．

オススメ技

151 マルチウェルプレートでの保存

プラスミドライブラリーの場合など，管理する大腸菌が多い場合，マルチウェルプレート（96ウェル，256ウェル）内で大腸菌を液体培養し，グリセロールストックする．多くのクローンを小さなスペース内で効率よく管理できるが，使用しないクローンも同時に凍結融解されること，近隣のウェル間でクローンのコンタミが起こりやすいので注意が必要．プレートにコンタミ・雑菌増殖などの問題が生じる前に，剣山のような形をしたレプリケーターを用いてレプリカプレートを作製したり，寒天培地に植菌しておくとよい．

オススメ技

152 大腸菌の凍結真空乾燥保存

適当な分散媒の存在下で，大腸菌から水分を除去して代謝反応を停止させると，大腸菌は休眠状態となり，長期保存が可能となる．ガラスアンプルに入れた菌液を凍結真空乾燥させればつくれるが，特殊な機械が必要なので普通のラボでは作製できない．大腸菌を分けてもらう際に，アンプル保存されたものが送られてくることもあるので，アンプルの折り方程度は知っておいたほうがよい．

オススメ技

153 大腸菌の常温輸送法

大腸菌を他のラボに送る場合，冷蔵・冷凍ではく，常温でも送ることができる．常温輸送中の大腸菌の増殖を考慮に入れ，プレートの場合はコロニーが小さいものがよい．けん濁液の場合は$OD_{600} = 0.5$以下のものを送れば，2〜3日の輸送は問題ない．輸送中の破損事故が起こらないようにしっかりと梱包し，受け取りはきちんとしてもらう．

オススメ技

154 プラスミドでの保存

大腸菌を単にプラスミド増幅用の容器として使用している場合，プラスミドさえ保存してあればよいので，大腸菌を保存する必要はない．プラスミドであれば，乾燥〜溶液や常温〜凍結のさまざまな状態で管理・保存できるので便利．cDNAをろ紙に吸着させて書籍型にした製品（DNAブック®［ダナフォーム/理化学研究所］）もある．

第3章 大腸菌・ファージの培養 編　　　　　Keyword ファージ培養

6 ファージをささっとまく方法

ファージの培養は，まず指示菌を準備し，その後にファージを感染させてプラーク形成を行うため，大腸菌の培養に比べて多くの手間と時間がかかる．また，うまくプラークを形成させるためには，指示菌とファージをトップアガーに混ぜた後，手際よくプレートにまき広げるテクニックも必要となる．慣れてしまえば難しくはないが，室温が低い冬場は…

標準的な手法

保温しているトップアガーにファージと指示菌を混ぜてまく

ファージをプレート上にうまくまくため，トップアガーが冷めないように手際よく作業する．

【プレート上へのファージのまき方】
1. トップアガーを電子レンジで融解し，試験管に入れて48℃で保温する
2. ファージを指示菌に混ぜ，感染させる
3. 感染済みの指示菌をトップアガーと混ぜ，素早く，均一に，泡が入らないように寒天培地上にまき広げる
4. トップアガーが固まったら，プレートを上下逆さにして培養する

Point トップアガーを入れた試験管の保温ができないときは，トップアガー入りの瓶のほうを保温し，適宜ピペットで試験管に分注して使用する．トップアガーが熱すぎると，ファージと指示菌が死ぬ．冬場はトップアガーが固まりやすいので，夏場よりも手早く操作する．

155 トップアガーを試験管内壁で冷却する

オススメ度 ★★★

■ こんなときに有効　正確　安全

試験管内のトップアガーの温度をつねに把握し，冬場でも適温時を逃さずにトップアガーをまきたい場合に有効．

■ 解説

トップアガーの温度は保温器具で制御することが多いが，保温器具そのものを温めるのに時間がかかる．指示菌が適した状態になったとき，また指示菌にファージを感染させてしまったとき，保温器具が温まるのを待てないことがある．トップアガーは，ファージと指示菌を混合する瞬間に適温になっていればよく，熱いトップアガーを試験管内で適温まで冷却してもよい．

通常，試験管内に入れるトップアガーは少量なので，ボルテックスで旋回撹拌すると，試験管内壁との接触を利用して冷却することができる（図3-15）．トップアガーの温度は，試験管を握ったときの手のひらの感覚で判断する．試験管は熱を伝えやすい薄手のガラス製がよく，熱を伝えにくいプラスチック製のコニカルチューブでは温度把握が難しい．

冬場で試験管が冷えている場合，いったん旋回撹拌を行って試験管上部の内壁を温めてからファージと指示菌を混合すると，その後の旋回撹拌時の温度低下が起こりにくい．処理するファージサンプル数が多いときは，トップアガーを入れた試験管を保温したほうが安全．その場合は，52℃ぐらいの高めの温度で保温し，旋回撹拌による冷却で適温にしてから，ファージ・指示菌を混ぜる．

図3-15 ◆ 試験管内壁によるトップアガーの冷却

🔖 プロトコール

『トップアガーの試験管内温度調整』

❶ 電子レンジでトップアガーを溶解させ，熱いうちに試験管に分注する
▼
❷ 試験管内壁に旋回接触させるようにボルテックスし，手で握って温度を把握する
▼
❸ ボルテックスと温度把握をくり返し，適温にする
▼
❹ ファージと指示菌を混合し，プレートにまく

<オススメ技>

156 プレートを保温しておく

オススメ度 ★★

📌 こんなときに有効 [簡単] [安全]

室温が低くなる冬場，トップアガーをプレートにまき広げ終わる前に固まってしまう失敗を避けたい場合に有効．

📝 解説

トップアガーがプレート上にまき広げ終わる前に固まりだすと，プレート上でモロモロと波打って固まったり，均一にプラークが形成されなかったりする．そこで，ファージ培養用のプレートは，プレート上面の乾燥作業もかねて，ファージ培養用のインキュベーター内で30分〜1時間ほど保温しておく．特に冬場は，トップアガーをまくぎりぎり直前まで保温しておいたほうがよい．ファージ培養用のインキュベーターが近くにあり，トップアガーをまくごとにプレートを取りに行ける場合はよいが，そうでなければ他の保温器具を考える．最近は小型の家庭用冷温庫が安く手に入るので，プレート保温専用にすればよい．あるいは，電子レンジ対応カイロ（スーパー温太くん［ケンユー］，魔法のカイロ・アラジン［センチュリー］など）やお湯入りペットボトルを発砲スチロールの中に入れ，即席の保温庫を作製してもよい．

ファージの培養温度は37℃になっているプロトコルが多いが，42℃で培養しても問題ない．したがって，保温温度も培養温度も42℃にすれば，より手軽に安定してトップアガーをまくことができる．

第3章 大腸菌・ファージの培養 編

オススメ技

157 試験管の口の縁で塗り広げる

オススメ度 ★★

こんなときに有効　簡単

トップアガーをうまくまき広げられなかったり，泡ができてしまったなどのトラブルをすばやく回避したい場合に有効．

解説

トップアガーをまき広げるときは，小刻みにプレートを揺り動かして小波をつくって広げようとしてもうまくいかない．ゆったり大きな動きで大波をつくり，トップアガーを誘導するとうまくまくことができる．トップアガーで塗れていない場所ができそうなときは，プレートを大きく傾けてその周辺にトップアガーだまりをつくり，その後急激にプレートを揺り動かして津波を起こすと，塗れていない部分にトップアガーを誘導することができる．

トップアガーをまき広げるのに時間がかかると，トップアガーの温度が下がって粘性が高くなり，波を用いてまき広げることができなくなる．懲りずにプレートを揺り動かして何とかしようとすると，トップアガー全体がモロモロになって固まり，一部どころか全領域が使い物にならなくなる．

そこで，まき広げられない場所ができてしまったときは，試験管の口の縁の部分でこすって塗り広げる（図3-16）．また，プレート上に泡ができたときも，同様に試験管の口の縁でこすり，泡をプレートの隅に追いやる．

図3-16◆試験管の口で塗り広げる

> **注意点◆** ガラス製で口の部分が丸みをおびた試験管を用いれば寒天培地をこすった際に傷つけることはないが，プラスチック製のチューブで口の部分が角張っている場合は寒天を掘ることのないように注意が必要．

まだまだあるこんなチョイ技

オススメ技
158 指示菌の迅速な準備

ファージをささっとまくためには，ファージを感染させる指示菌を素早く準備することが必要．通常，トップアガーをまいてからプラークが出現するまで6時間以上はかかるので，指示菌が夕方までに準備できていないと，その日のうちにプラークを拝めない．指示菌はコロニーから培養するのではなく，プレカルチャーした培養液を種菌として用いて培養すれば，数時間で指示菌を準備することができる．

オススメ技
159 高温培地によるプレート作製

ファージ用の寒天培地には抗生物質を入れる必要がないので，培地が高温の状態でも，プレートが変形しない程度であればプレートにまくことができる．高温状態の培地をまけば，プレート上に上昇気流が起こり，また混入した雑菌が熱にやられることも期待できる．ただし，蒸気でフタが結露しやすいので，プレート作製後のコンタミに注意する．

オススメ技
160 トップアガーとトップアガロースの使い分け

スクリーニング用のファージプレートを作製するときは，メンブレントランスファー時に培地が破損しないよう，アガーよりも強度のあるアガロースを使用する．単なるタイターチェックのときは安価なアガーを使用するが，アガーが足りないときはアガロースで代用できる．

オススメ技
161 ヒートブロックでのトップアガーの保温

トップアガーの入った試験管の温度管理は，熱伝導効率のよい液相の恒温槽が適しているが，試験管を立てられるヒートブロックはドライな環境で使用できるので便利．液相恒温槽を使用する場合は，試験管についた水がプレート上に滴り落ちないように拭いとる必要があるが，ドライなヒートブロックを用いればその手間はいらない．

第3章 大腸菌・ファージの培養 編

第3章 大腸菌・ファージの培養 編

Keyword プラーク形成

7 ファージプラークをうまく出す方法

ファージプラークの形成は，指示菌とファージの量のバランスが重要である．指示菌の菌体数は培養液の量と濁度で把握できるが，ファージの数は目で見てもよくわからない．そこで，希釈系列のファージ液を用いてタイターチェックを行うが，手間と時間がかかる．経験則をもとにタイターが想定でき，タイターチェックプレートを他の実験に流用できれば…

標準的な手法

本番の実験を行う直前にタイターチェックを行う

適した数のプラークを形成させるため，予備の実験でプラーク形成数を調べる．

【ファージのタイターチェック法】
❶ プラークを，10個，100個，1,000個形成すると思われるファージ液を，それぞれ作製する
❷ それぞれのファージ液を指示菌に感染させ，プレートにまいて培養する
❸ 形成されたプラーク数をカウントし，タイターを計算する

Point 時間経過とともにタイターは下がるので，実験直前のタイターをチェックすることが正確なファージ数を評価するうえで重要である．チェック用プレートの使用量を減らしたい場合は，あらかじめ指示菌をまいて培養したプレート上に，希釈系列のファージ液を少量滴下してチェックする方法もある．

オススメ技

162 傾斜プレートでプラーク形成を制御する

オススメ度 ★★

🔖 こんなときに有効　簡単　安全＋

タイターの推定値に若干の幅があっても，プラーク数や密度が適した領域をもつファージプレートを作製したい場合に有効．

✏️ 解説

タイターチェックも本番の実験も，ファージプラークの形成法は基本的には同じである．通常，指示菌の培養からプラーク形成まで行うと半日以上はかかり，さらに続けて本実験を行うとなると，朝早くから夜遅くまでかかることになる．ただし，タイターチェック用のプレートが本番の実験にちょうどよいプラーク数/密度であり，そのまま本番の実験に流用できれば労力と時間を軽減することができる．

これを計画的に行うのが，傾斜したプレートでプラーク形成を行う方法である．トップアガーが厚くなる部分は大きなプラークが密に，薄くなる部分では小さなプラークが疎に形成される（図3-17）．1枚のプレート内に疎から密までの領域が存在することになるので，うまく領域を選べば，スクリーニング用として充分に使用できる．より大きなシャーレで傾斜プレート法を行えば，スクリーニングに適した領域が得やすくなる．プラークをメンブレンにトランスファーすることを予定している場合は，トップアガーよりも高価だが強度があるトップアガロースを使用する．

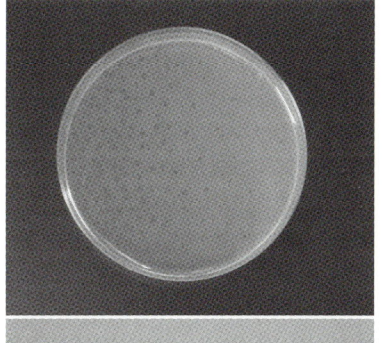

図3-17 ◆ ファージ用傾斜プレート

📋 プロトコール

『傾斜プレートでのプラーク形成』

❶ 傾斜地で寒天培地を固め，傾斜プレートを準備する
▼

第3章 ◆ 7　ファージプラークをうまく出す方法　**131**

❷ 水平な実験台上で，傾斜プレートにファージをまく
❸ プラーク形成状態を早めにチェックし，使用する領域を決める
❹ 使用予定領域上のプラークが，最適なサイズになるまで培養する

> オススメ技

163 温度でプラーク形成を制御する

オススメ度 ★★★

こんなときに有効 簡単 正確

プラーク形成速度をコントロールし，思いどおりのサイズのファージプラークを形成させたい場合に有効．

解説

スクリーニング用のファージプレートやファージ増幅用のプレートは，プラークの数や密度も重要であるが，プラークのサイズが重要である．プラークが小さすぎると，DNAの増幅量が足りずにシグナルが出にくくなる．プラークが大きくなりすぎると，隣接するクローンと接したり，組換えの問題が発生する．プラークのサイズは培養とともに大きくなり，その調節は培養時間の制御で行うことが基本だが，温度の制御を行う手もある．

ファージの培養は，37℃で6〜7時間となっているプロトコルが多い．しかし，経験則的には，42℃で培養すると5〜6時間でプラークが形成され，37℃のときに比べてきれいでクリアなプラークが形成されることが多い．プラークが現れはじめると，思いのほか短時間でプラークサイズが大きくなることがある．このような場合は，プラークが少し小さめの段階でプレートを常温に出すと，プラークの成長スピードを鈍化させることができる．大量のスクリーニングプレートを処理しなければならない場合，時間的余裕をもってプラークのサイズ調整を行えるようになる．

プラークをスクリーニング用メンブレンにトランスファーする前には，冷蔵庫でプレートを冷却し，プレート上面を軽く

図 3-18 ◆ プレート急冷

結露させる必要がある．プレートがまだ温かいうちに積み重ねて冷蔵庫に入れてしまうとなかなか冷えず，その間にプラークが大きくなってしまう．冷蔵庫に入れるときは積み重ねず，冷えた後に積み重ねるとよい．プラークの成長を緊急停止させたい場合は，プレートを裏にしてラップをかけ，その上に砕氷をかけて急冷するとよい（図3-18）．

プロトコール

『プラーク形成時の温度設定』

① 寒天培地のプレヒートを42℃で行う
② 指示菌へのファージの感染を37℃で行う
③ トップアガーが48℃になったら，指示菌とファージを混合する
④ ファージの培養を42℃で行う
⑤ プラークサイズが目的の8割程度になったら，プレートを常温に出す
⑥ プラークの成長が遅いプレートは，再度42℃に戻す
⑦ 4℃でプラークの成長を停止させ，保管する

まだまだあるこんなチョイ技

オススメ技

164 ファージ溶出条件の同一化

プラークのサイズ，プラークからファージを溶出するための液量，ファージの溶出時間，ファージ溶出後の保存状態・経過時間などを同じ条件にすることにより，ファージ溶出液中のファージ量のばらつきを抑えることができる．特に溶出時間が短いと，ファージの溶出効率に差が出やすいので，溶出時間は数時間以上とり，充分に撹拌して溶出を行う．

オススメ技

165 指示菌の連続使用

クリアなプラークを形成するためには，指示菌の状態が重要である．指示菌の濃度が適した領域でなかったり，死菌や雑菌が多いとぼやけたプラークになる．タイターチェックで指示菌の状態のよさが確認できたら，すぐにその指示菌を種菌にして本番の実験を行うとよい．実験がうまくいっているときに同様の実験を行うと，再現性よくうまくいく．

オススメ技
166 ファージ培養中のプレート乾燥

シャーレのフタで結露した水滴がプレート上に落ちないように，ファージ培養中はプレートを上下逆さまにする．しかし，しばらく培養しているとトップアガー上に水滴ができることがある．この水滴がプレート上を流れると，プラークも流れたように形成されるので，水滴がつきはじめたらプレートは逆さまのまま，フタをそっと外して乾燥させる．乾燥させすぎるとプラーク形成が遅くなるので，水滴がなくなればまたフタを閉める．

オススメ技
167 局所的加温によるプラークサイズ調整

プラークのサイズは，ファージ量やスクリーニング時のシグナル強度に影響を与える．プラークサイズが小さい領域のみをもう少し培養したければ，まずプレートを常温に出し，培養したい部分だけを加温してプラークを大きくしてやればよい．ヒートブロックの上に加温したい領域だけのるようにしたり，手のひらで温めたりする．

Column

バイオリズム

物理的な音・光・電波などをはじめ，生物的な細胞分裂・生物時計，社会的な景気・流行など，多くのものは波やリズムといった周期的性質をもつ．高次の概念はいくつかの要素で成り立っているが，各要素も波の性質をもつため，概念が高次になればなるほど各要素の波が複雑に影響しあい，独特のうねりをもつことになる．バイオ実験もさまざまな要素によるうねりをもっているが，ごく単純化して考えると好調と不調のリズムが存在しているといえる．

新たなバイオ実験を開始した場合，しばらくは実験材料や試薬の調製，実験条件の設定，実験操作などの要素の状態が不安定であり，なかなか結果に結びつきにくい不調期が続く．この不調期を乗りきると，各要素の状態が安定しはじめ，スムーズに結果が出る好調期が始まる．この好調期がずっと続けばよいのだが，時間経過とととともに実験材料・試薬・器具・操作法の劣化や変化が起こるため，各要素の状態が至適レベルからずれはじめ，不調期に突入してしまうことが多い．

バイオ実験にもリズムがあることを考慮に入れると，バイオ実験を効率的に進めるためには，実験システムが好調期にあるうちがチャンスであり，調子にのってどんどん実験を行ってデータを稼ぐとよいことがわかる．特に状態の変動が起こりやすい生体試料を用いる場合，実験のタイミングを間違わないことが重要となる．もちろん大腸菌やファージを使用する場合も，対数増殖期にある生きのよいモノを使用するのが実験成功への近道である．さらに，実験者のバイオリズムの観点からも，気力体力ともに充実しているときは，手を緩めずに実験に没するべきである．実験データの備蓄があれば，いずれ来るであろう不調期のデータ飢餓を，やりすごすことも可能となる．

第4章

核酸の抽出と
クローニング 編

手に入れたい遺伝子が決まったら，まずは核酸を生体から抽出することになる．さまざまな特性をもつ生サンプルと向かい合い，それなりの核酸が手に入れば，倍々ゲームに賭けてみる．思いどおりに増えればリッチな気分で実験ができる．思いどおりにいかないときは，いったんブレイクすることも必要．アガリがでたときは，偽物をつかまないように，忘れ物をしないように…

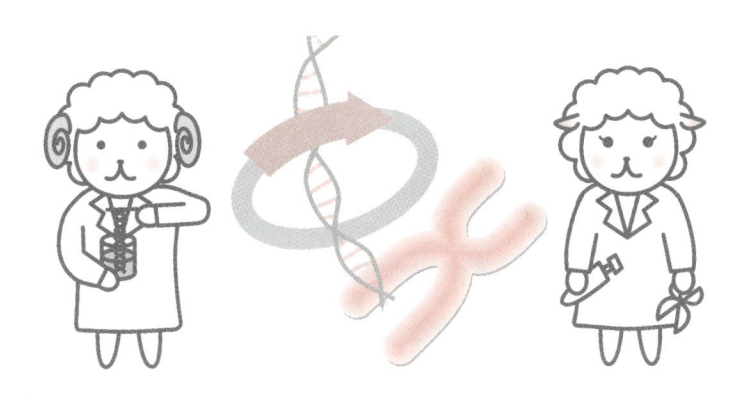

1	DNAをちゃっかりと抽出する方法	136
2	RNAを気楽に抽出する方法	141
3	フェノール処理を問題なく行う方法	146
4	核酸溶液を安全に濃縮する方法	150
5	PCRで遺伝子を巧みに釣り上げる方法	154
6	制限酵素をうまく使いこなす方法	160
7	サブクローニング効率をアップする方法	166
8	カラーセレクションのど忘れ挽回法	173
9	失いかけたクローンを取り戻す方法	177

第4章 核酸の抽出とクローニング 編

Keyword　DNA抽出

1　DNAをちゃっかりと抽出する方法

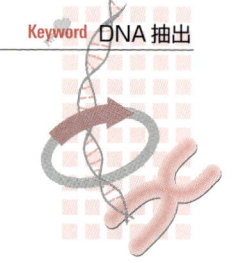

バイオ実験とDNA抽出とは切れない縁．DNA抽出の基本としてプラスミド抽出法を教わったら，DNAとの長いつきあいが始まる．最初はワクワクしながらていねいに行うDNA抽出操作．しばらくしてルーチン作業になると，簡便・迅速・手抜き法に磨きがかかる．高品質のプラスミドDNAやゲノムDNAを抽出する際は，やはり切れてないものが必要で…

標準的な手法

アルカリ-SDS法やプロテナーゼK-SDS法で抽出する

DNAの特性，精製度合い，抽出量，使用目的に応じて，抽出法を選ぶ．

【プラスミドDNAの抽出法】
❶ ミニプレップ（〜数十μg）：アルカリSDS法，ボイリング法
❷ ミディプレップ（〜数百μg）：担体を用いた吸着・溶出法
❸ マキシプレップ（〜数mg）：塩化セシウムを用いた超遠心法

【ゲノムDNAの抽出法】
❶ ライブラリー/ゲノムサザン用：プロテナーゼK-フェノール-透析法
❷ PCR用：アルカリボイリング法，プロテナーゼK-フェノールクロロホルム-エタノール沈殿法

Point　プラスミドDNAの抽出においては，大腸菌のゲノムやタンパク質を変性させて不溶化し，プラスミドを含む抽出液を得る．プラスミド抽出液に含まれるRNAはRNase Aで分解し，タンパク質の混入はフェノール抽出によって除去する．PEG沈，超遠心，陰イオン系担体，シリカ系担体などで精製すると，きれいなプラスミドが得られる．

ゲノムDNAはプロテナーゼK，EDTA，SDSを含む溶液で抽出し，RNAはRNase Aで分解する．混入したタンパク質は，穏やかなフェノール処理によって除去する．ゲノムDNAは切断されないように先を太く切ったチップで操作し，透析で穏やかに溶液置換を行ったり，エタノールで塩析する繊維状のDNAをガラスで巻き取ったりする．PCR用であれば，普通のエタノール沈殿でDNAを回収してもよい．

オススメ技

168 担体の複数回使用でDNAの抽出量を増やす

オススメ度 ★★

こんなときに有効　節約¥

培養した大腸菌を経済的に使用し，プラスミドDNAの抽出量を増やしたい場合に有効．

解説

プラスミドの抽出においては，操作が簡便で迅速な方法が好まれるが，抽出したプラスミドの精製度や品質が悪い場合，使用用途が制限されてしまう．夾雑物を多分に含むプラスミドは，シークエンス，インジェクション，トランスフェクションなどの実験に用いることはできず，高純度・高品質のプラスミドを再抽出するとなると，二度手間になる．

プラスミド抽出法の中でも，超遠心法やフェノールを用いる方法は労力と時間がかかり，処理する人によってプラスミドの品質や抽出量にばらつきが出やすい．プラスミド品質，作業時間，成功確率を考えると，担体へのプラスミドの吸着および溶出を原理としたキットを用いるのがよい．

陰イオン交換樹脂（正に荷電）を用いたシステム（HiSpeed Plasmid Midi Kit ［QIAGEN］）では，DNA（負に荷電）が低塩濃度溶液中で結合し，高塩濃度溶液中で解離する原理を用いている．シリカ系担体を用いたシステム（SpinClean™ Plasmid Miniprep Kit ［Mbiotech］）では，カオトロピックイオンの存在下でDNAが吸着する原理（Boom Technology）を用いており，DNAは高塩濃度溶液中で結合し低塩濃度溶液中で解離する．

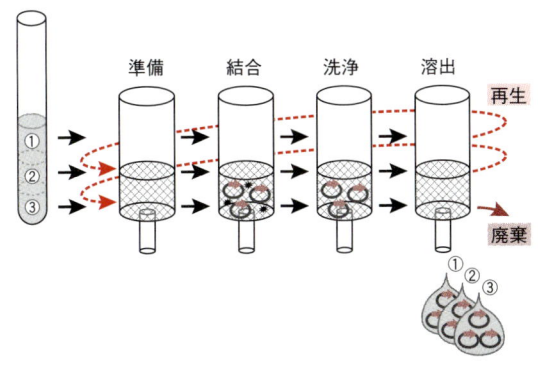

図4-1 ◆担体の複数回使用

担体の量によって吸着できるDNA量は限られており，吸着性能以上のDNA溶液を添加しても無駄になるので，大腸菌溶解液中のDNA量を考えて添加量を調整する．DNAの収量を増やしたいときは，1回目の吸着・溶出作業を行った後，担体を捨てずに再生させ，吸着・溶解作業をくり返す（図4-1）．小さな担体容量のキットで複数回の吸着・溶出を行えば，経済的である．ただし，コンタミネーションの原因になるので，異なるプラスミドを再生カラムで抽出するのはやめたほうがよい．

オススメ技

169 核の容積比が大きい試料からゲノムDNAを抽出する

オススメ度 ★★

こんなときに有効 簡単

DNA以外の夾雑物が少ない細胞・組織を用いることによって，できるだけスムーズにかつ高効率でゲノムDNAを抽出したい場合に有効．

解説

ゲノムDNAの抽出は，核をもつ細胞であればどの細胞から抽出してもかまわないが，扱う組織によって抽出法や抽出効率が異なる．一般的には，細胞容積が小さく，核の容積比が大きく，RNAやタンパク質の含有量が少ない細胞がゲノムDNAの抽出材料として好まれる（図4-2）．

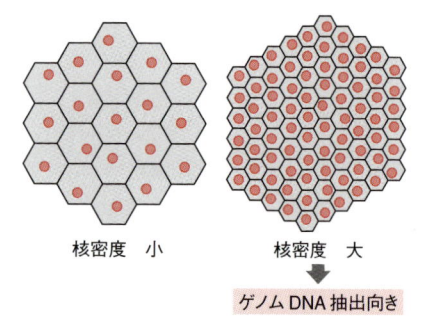

核密度 小　　核密度 大
↓
ゲノムDNA抽出向き

図4-2◆細胞と核密度

特に，精巣や精子は核の容積比が大きいので，魚の白子を用いた場合，重量の5％程度のゲノムDNAを抽出することができる．反対に卵巣や卵は細胞質に富み，核の容積比が小さく，卵黄や母性タンパク質・母性RNAを多量に含むことが多いので，ゲノムDNAの抽出には適さない．

精巣以外の組織を使用する場合，組織をホモジナイズして遠心し，核だけを沈殿させて集めることでDNAの容積比をアップすることができる．核の遠沈操作により，細胞質やミクロソーム分画だけではなく，ミトコンドリア分画も取り除けるので，ミトコンドリアDNAの混入を減らすことができる．

まだまだある こんな チョイ技

オススメ技

170 PCRによる増幅

サーマルサイクラーが珍しくなくなり，安価な耐熱性DNAポリメラーゼやプライマーが提供されるようになった現在，PCRは気軽に行える実験になってきた．従来は充分量の制限酵素断片を得るために，ゲノム，ファージ，プラスミドなどのDNAを大量に抽出しなければならなかった実験も，PCRを用いて好きな領域を好きなだけ合成できるようになってきた．つまりDNAは，抽出する時代から合成する時代になってきたと言える．

オススメ技

171 ライブラリーを鋳型に利用

生体からcDNAやゲノムDNAを調製しなくても，cDNAライブラリーやゲノムDNAライブラリーを鋳型にすれば手軽にPCRが行える．PCR産物の増幅効率が悪い場合や，ベクター部分が原因となる非特異的な増幅が多い場合は，インサートのみを増幅したものを鋳型として用いるとよい．また，ライブラリー作製時のインサートの残りを鋳型にすれば，ベクターの配列を含まないので，非特異的な増幅産物によるトラブルは起こりにくい．

オススメ技

172 ろ紙吸着試料からのDNA抽出

生体試料を細胞溶解用の試薬を含んだろ紙上に添加し，細胞の溶解および核酸の固定化を行うシステム（FTA® カード［ワットマン］，IsoCode［S&S］）がある．常温で核酸を安定的に長期保存するための技術であるが，DNAの簡易抽出用として用いることができる．抽出液はPCR用の鋳型として用いることが多いが，プラスミドの場合はトランスフォーメーションもできる．

オススメ技

173 ピペッティング操作によるDNA抽出

シリカ系担体を用いたDNA抽出には，遠心機あるいはバキュームが必要である．しかし，低圧で処理が行えるモノリスタイプのシリカゲル（シリカモノリス［京都モノテック］）が開発されており，これをピペットの中に詰め込めば，ピペッティングのみで抽出操作が行えることになる．このDNAの吸着には，ファン・デル・ワールス力を利用した吸着溶媒が開発されており，酵素反応を阻害するカオトロピック塩の残存が避けられる．

オススメ技

174 DNA 溶液からの多糖の除去

DNA は糖 - リン酸の骨格をもち，抽出処理中は多糖と挙動をともにしやすい．陽イオン性の界面活性剤である臭化セチルトリメチルアンモニウム（CTAB：Cetyltrimethylammonium Bromide）を用いると，低塩濃度下では CTAB-DNA と CTAB- 酸性多糖が沈殿し（CTAB 沈殿），高塩濃度下では DNA が CTAB から解離する．この原理を用いると，DNA を多糖と分離して抽出することができ，菌体や植物からの DNA 抽出が効果的に行える．

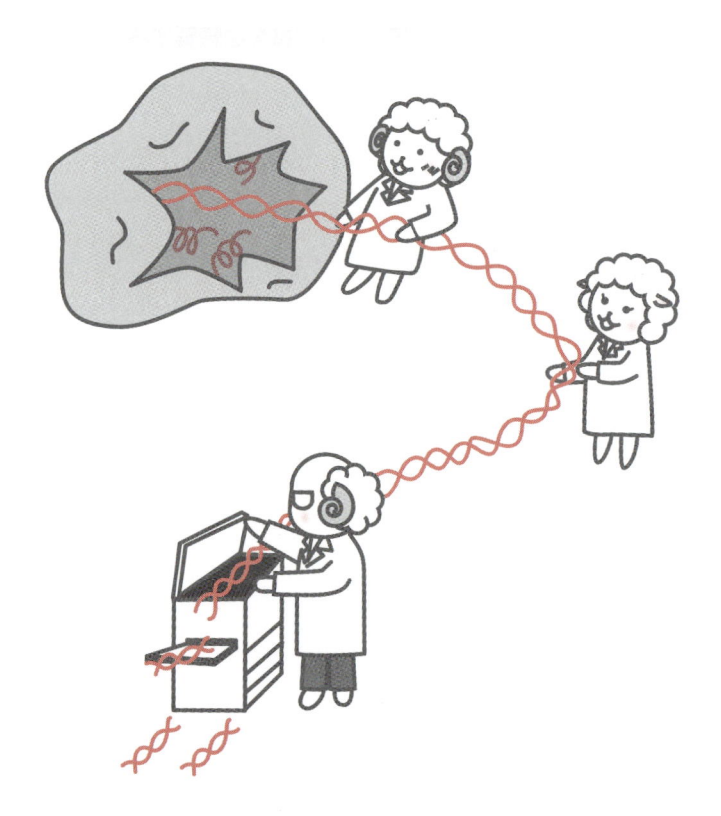

第4章 核酸の抽出とクローニング 編

Keyword: RNA抽出

2 RNAを気楽に抽出する方法

組織や細胞内で発現する遺伝子をとらえるためには，転写産物であるRNAの抽出が必要となる．完全長のmRNAを必要とするライブラリー作製や発現クローニングの場合は，RNaseが混入しないように細心の注意を払わなければならないが，RT-PCR用程度であれば気楽に取り組める．微量しかないRNAであっても，ちょっとばかり工夫すれば…

標準的な手法

GTC溶液を用いてトータルRNAを抽出後，オリゴdT結合担体でmRNAを精製する

生体試料をGTC（グアニジンチオシアネート）含有溶液で溶解・変性させることによって，RNA抽出を開始する．

【GTC溶解液からのトータルRNAの抽出法】
① AGPC法：RNAを酸性フェノール・クロロホルムで分離
② シリカ法：RNAをシリカ系担体に吸着・溶出させて抽出
③ 超遠心法：RNAを塩化セシウムの密度勾配遠心で分離・抽出

【トータルRNAからのmRNAの精製法】
① オリゴ（dT）結合ビーズへの結合・解離により精製
② オリゴ（dT）セルロースカラムへの結合・解離により精製

Point GTCは強力なタンパク質変性剤であり，AGPC法を用いるとDNAは酸性フェノール側に，RNAは水層側に分離でき，キット（TRIzol®［インビトロジェン］，Isogen［ニッポンジーン］）も利用されている．一方，GTCによる試料の溶解後，核酸結合能をもつシリカ系担体（シリカメンブレンや磁性シリカビーズ）に吸着・溶出させるキット（DNeasy®［QIAGEN］）も用いられている．DNAはDNaseで分解，あるいはシリカ系担体への吸着性の違いにより除去する．

mRNAの精製は，オリゴ（dT）を結合したビーズ（Oligotex-dT30™＜Super＞［タカラバイオ］）やセルロースカラム（MessageMaker mRNA Isolation System［インビトロジェン］）を用いて行う．

オススメ技

175 固定した試料から RNA を抽出する

オススメ度 ★★★

こんなときに有効 【安全】

目的の遺伝子が高発現している微小な組織から，存在比率の高いRNAをRT-PCR用に抽出したい場合に有効．

解説

RNAを抽出したい組織が小さくて解剖が難しい場合，時間をかけてサンプリングを行うのは避けたほうがよい．長時間にわたる解剖中に，細胞内のRNAが分解しはじめることがある．このような場合は，とにかく素早く固定し，RNaseの活性を停止させるとよい．

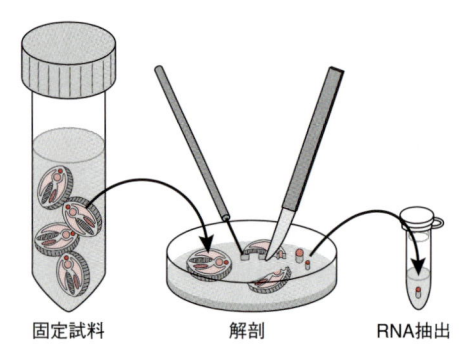

固定試料　　解剖　　RNA抽出

図4-3 ◆固定試料からのRNA抽出

生体試料は固定されやすいように厚さ5 mm程度に切り，ホルマリンやパラホルムアルデヒドなどに漬ける．固定さえしてしまえば，必要なときに必要な部分を実体顕微鏡下でゆっくりと解剖し，RNA抽出用の試料を得ることができる（図4-3）．実体顕微鏡下での解剖は，RNAの分解を避ける観点から固定液中で行うのがよいが，体に悪いので濃度を薄めて行う．

解剖した組織片はチューブに入れ，GTCを含む溶液中でホモジナイズして溶解・変性させ，AGPC法あるいはシリカ法を用いてRNA抽出を行う．また，SDS，EDTA，プロテナーゼKを含む溶液中でホモジナイズし，フェノール抽出することによってRNA抽出を行ってもよい．

RT-PCRによって目的遺伝子の増幅を試みる場合，転写産物が少量でも高比率で含まれていると，非特異的な増幅は起こりにくく，目的の増幅産物を得やすくなる．レーザーマイクロダイセクション法でも同様の概念のもと，切片からのRNA抽出およびRT-PCRを行っている．

📋 プロトコール

『固定した試料からのRNA調製法』

❶ 生体試料を，厚さ5mm程度に切り分けて固定する

❷ 生体試料を薄めた固定液に入れて，実体顕微鏡下で解剖し，必要な部分を採取する

❸ 採取した試料にRNA抽出用溶液を加えてホモジナイズする

❹ RNAを抽出・精製し，各種実験に用いる

オススメ技

176 ダミーのRNAと一緒に抽出する

オススメ度 ★★

📖 こんなときに有効 【安全】

RNA抽出用の試料が微量であり，RNAの抽出中に器具などに吸着して失われるのを避けたい場合に有効．

✏️ 解説

RNAが微量であるため，器具などに吸着すると失ってしまう恐れがある場合，yeast tRNAをダミーとして使用する．

容器や器具にRNAの吸着の恐れがある場合，あらかじめyeast tRNAを含む溶液で馴染ませてyeast tRNAを吸着させてから使用する．RNA溶液の中にyeast tRNAが多量に混在しても問題ない場合は，RNA溶液の中に添加して使用する（図4-4）．添加したダミーの残存状態をチェックすることにより，RNAの残存を推定することができる．

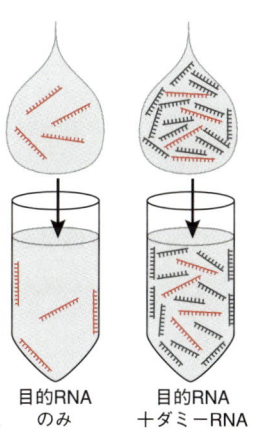

目的RNAのみ／目的RNA＋ダミーRNA

図4-4 ◆ yeast tRNAによるブロッキング

注意点◆ 使用する器具へのRNAの吸着を低減するため，器具のシリコナイズ処理を行うことがある．器具がガラス製の場合はシリコナイズ処理を行ったほうがよいが，ポリプロピレン製の場合は低吸着なのでシリコナイズ処理を行わないことも多い．いずれにしてもチューブやチップでRNA溶液を使うときは，不必要な領域にRNA溶液を触れさせないようにする．

まだまだある こんな チョイ技

オススメ技
177 GTC溶解サンプルの凍結保存

サンプリングと同時にRNA抽出を行うわけではない場合，試料は液体窒素で凍らせて－80℃で保存しておく．RNA抽出時は，凍結試料を凍結破砕用のミルや乳鉢・乳棒ですりつぶすところから始めるが，微量な試料の場合はサンプルのロスが懸念される．サンプリング時に試料をGTC溶液で溶解して凍結（－20℃，－80℃）しておけば，RNA抽出時は溶解するだけなので，ロスなしに気軽に実験が始められる．

オススメ技
178 ろ紙に吸着させたサンプルからのRNA抽出

生体試料を特殊な試薬を含んだろ紙上に添加するだけで，常温で核酸を長期保存できるカード（FTA®カード［ワットマン］，IsoCode［S&S］）がある．このろ紙には細胞溶解用の試薬が含まれており，試料の添加と同時に細胞の溶解および核酸の固定化が行われる．基本的にはゲノムやプラスミドなどのDNAの保存がメインであるが，ろ紙からトータルRNAを溶出させ，RT-PCRやノーザンブロッティングに用いることも可能．

オススメ技
179 磁性ビーズによるmRNAの直接抽出

細胞溶解液にオリゴ（dT）を結合させた磁性ビーズ（PolyATract® System［Promega］，QuickPick™ mRNA［Bio-Nobile］）を混合すると，ビーズをmRNAに結合させることができる．この方法を用いると，トータルRNAを抽出することなく直接mRNAの抽出が行え，操作ステップおよび時間を短縮することができる．マニュアルによる処理だけではなく，核酸自動抽出機で使用できるものもある．

オススメ技

180 RNAを抽出しない方法

シングルセルRT-PCRを行う場合，RNAをDNAやタンパク質と分離して抽出することはあきらめる．シングルセルRT-PCR用の前処理キットでは，RNaseインヒビター存在下，熱処理で細胞を破壊し，DNase Ⅰでゲノム DNAを切断し，DNase Ⅰを熱で失活させたらそのまま逆転写を行うものがある（SuperScript Ⅲ™ CellsDirect cDNA Synthesis Kit［インビトロジェン］）．キットを使わない簡便法としては，細胞を逆転写用の反応液に入れて凍結し，熱処理で破壊させて逆転写を行う方法がある．

オススメ技

181 RNaseの不活化

RNAを用いた実験で器具を再利用する場合，RNaseの不活化が必要となる．ガラスや金属の器具は，DEPC処理後にオートクレーブ，乾熱，火炎滅菌などで不活化する．熱に弱いプラスチック器具の場合は，NaOH，EDTA，SDS，過酸化水素水などに浸し，最後にDEPC水ですすぐ．あるいはRNase除去用のスプレー（RNase Remover［タカラバイオ］，RNase AWAY［MBP］）を使用する．RNA確認のための短時間（20〜30分程度）の電気泳動であれば，泳動装置やゲル作製器具を洗剤できれいに洗っておけば，それほど神経質になる必要はない．溶液内のRNaseは，タンパク質変性剤，EDTA，SDS，ホルムアミド，プロテナーゼK，RNaseインヒビターなどで不活化される．

第4章 核酸の抽出とクローニング 編

第4章 核酸の抽出とクローニング 編　　　Keyword フェノール処理

3 フェノール処理を問題なく行う方法

抽出過程の核酸溶液には多くのタンパク質が混入しており，タンパク質変性剤であるフェノールを混合し，その後遠心分離することによって除タンパクを行う．フェノールの種類や量，核酸溶液の分離・回収操作をいい加減に行うと，核酸の回収効率や精製度が悪くなる．臭うし，皮膚につくと痛いし，劇物指定だし，何かとフェノールは扱いづらいが…

標準的な手法

核酸溶液に等量のフェノールを添加・混合後，遠心分離で上清を得る

処理する核酸の種類や状態に応じ，フェノールのタイプを選択する．クロロホルムを加えると，除タンパクの効率が低下するが，水層へのフェノール混入を少なくできる．

【核酸溶液のフェノール処理法】
① フェノールの種類（水飽和，Tris飽和，TE飽和）を選択する
② 核酸溶液にフェノールを等量加え，よく混合する
③ 遠心分離し，水層（上清）を新しいチューブに回収する
④ 必要ならば，続けてフェノール/クロロホルム（1：1）処理を行う
⑤ 必要ならば，さらに続けてクロロホルム処理を行う

Point RNAを精製する場合は水飽和（酸性）フェノール，DNAを精製する場合はTris飽和やTE飽和フェノール（pH7.8～8.0）を用いる．核酸溶液にSDSやEDTAを加えると，除タンパクの効率がよくなる．核酸にタンパク質が強固に結合しておらず，混在している程度であれば，フェノール/クロロホルム（1：1）処理のみでもよい．上清は，タンパク質を含む中間層を取らないように穏やかに回収する．フェノールはエタノールに溶けるので，水層に混入したフェノールはエタノール沈殿時に取り除ける．フェノールは有害なので，手袋をして操作する．フェノールが皮膚についた場合は，すぐに多量の水で洗い流す（エタノールを使用してはいけない）．

オススメ技

182 フェノール層をチューブの先端部分から除去する

オススメ度 ★★

🔖 こんなときに有効　【簡単】

チューブの先端が円錐形をしていることを利用して，上清の回収量をできるだけ増やしたい場合に有効．

📝 解説

核酸溶液（低塩濃度）とフェノールの混合液を遠心すると，フェノールは下層に，核酸溶液は上層に分離し，その間に変性したタンパク質を含む中間層が出現する．この際，中間層付近の白濁した水層を回収しないように，上清の回収をその手前で終了させる方法を用いると，チューブの口径が大きくなればなるほど上清の取り残しが多くなる．そこで，フェノール層を吸い取り去ることによって，中間層付近のチューブ口径を小さくする（図4-5）．そうすれば，水層の高さが増すので，より多くの上清を回収することができる．

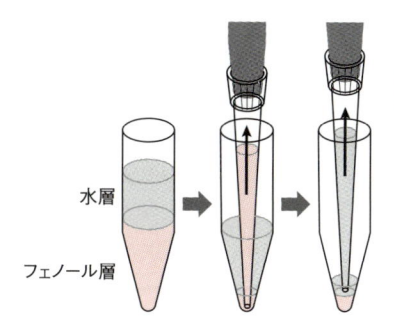

図4-5 ◆ 下層のフェノールの除去

> **注意点◆** チューブ壁にフェノールならびに中間層の一部が付着しているので，再度，遠心分離を行ってから，上清の回収を行ったほうがよい．

📋 プロトコール

『フェノール層の除去による上清回収法』

❶ フェノールを含む核酸溶液を遠心し，フェノール層と水層に分離する

❷ チューブの底にチップを挿入し，フェノール層をできるだけ吸い取って捨てる

❸ 再度，遠心分離を行い，上清を取得する

第4章 核酸の抽出とクローニング 編

第4章◆3 フェノール処理を問題なく行う方法

オススメ技

183 中間層付近の白濁水層を集め，遠心分離を行う

オススメ度 ★★★

こんなときに有効　簡単

フェノール抽出の遠心後，中間層付近の白濁した水層の中から，できるだけ多くの核酸を回収したい場合に有効．

解説

フェノール抽出における核酸精製において，タンパク質を多分に含む中間層付近の白濁水層は回収すべきでない．この白濁水層を回収してしまうと，核酸の精製度合いが低下し，各種酵素反応の効率低下を引き起こし，白濁水層を捨てて核酸をロスする場合よりも悪い結果をもたらしかねない．そうは言うものの核酸をできるだけ失いたくない場合，この白濁水層を捨てるのはもったいない気がする．

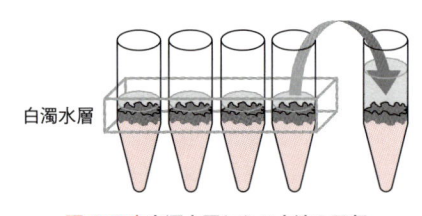

図4-6 ◆ 白濁水層からの上清の回収

そこで，白濁水層を別のチューブに採取し，再度フェノール処理および遠心分離することで，きれいな上清を回収することにする（図4-6）．白濁水層は，できるだけ中間層を含まないほうがよいが，中間層が少ない場合は含んでしまってもよい．この方法は，核酸の大量抽出など，同一試料由来の核酸抽出液を，複数のチューブに分けて処理する際に効果的である．白濁水層に水やTEなどの溶媒を加えて水層の量を増やすと，操作がしやすくなる．

プロトコール

『白濁水層採取による上清回収法』

① フェノール処理後，遠心を行い，フェノール層と水層を分離する
② きれいな上清のみを取得し，上清回収用チューブに入れる
③ 白濁水層を別のチューブに回収し，遠心分離を行う
④ きれいな上清のみを取得し，上清回収用チューブに加える

まだまだあるこんなチョイ技

オススメ技
184 TE飽和済みフェノールの購入

フェノールを結晶で購入し，TrisまたはTEで何度も飽和作業をくり返すのは手間であり，危険やフェノール廃液の処理が増大する．また，正しく飽和させられなかったり，中和させられなかったりすると実験に影響を与えることになる．フェノールの使用量が少ない場合は，TE飽和済みのフェノールを購入したほうが，コストは高くつくが安全・安心である．

オススメ技
185 フェノールを用いない核酸精製

核酸を陰イオン交換樹脂系やシリカ系の担体にいったん結合させ，吸着しなかったタンパク質やその他の夾雑物を洗い流し，その後に核酸を溶出させると純度の高い核酸が得られる．これらの結合・溶出法は，フェノールを用いないので安全であり，また繊細な上清の取得操作を必要としないので，誰でも気楽に核酸抽出を行うことができる．ただし，核酸の収量は，結合条件，溶出条件，担体のキャパシティによって決まり，思ったほどの収量が得られないことがある．

オススメ技
186 中間層固化剤の添加

フェノール処理時に，水層をフェノール層と中間層から楽に分けて回収したければ，中間層部分を固化させる試薬（Phase Lock Gel［eppendorf］）を利用する．これを用いると，比較的大きな口径のチューブでも，上清をデカントで回収できるので，上清の回収が苦手な人でも安全に操作をすることができる．

第4章　核酸の抽出とクローニング 編　　　Keyword 核酸の濃縮

4 核酸溶液を安全に濃縮する方法

核酸の実験を行っていると，抽出効率が悪いことが原因の薄い核酸溶液に出くわすことがある．低濃度の核酸溶液は，各種の反応系に充分な核酸量を持ち込めない，あるいは持ち込もうとすると反応溶液の総量や他の試薬の使用量が無駄に増大する，といったトラブルを生じやすい．そこで，使いやすい濃度に核酸を濃縮することになるのだが，下手な操作を行うと核酸が…

標準的な手法

エタノール沈殿を行い，核酸を再溶解する溶媒量を調整することにより濃縮する

核酸溶液の状態と濃縮後の実験目的に合わせ，塩とアルコールの組み合わせを選択する．

【エタノール沈殿による核酸溶液の濃縮】
① 核酸溶液に塩とエタノールを加えて撹拌し，静置する
② 遠心操作を行い，核酸を遠沈後，上清を取り除き，適度に乾燥させる
③ 沈殿を溶媒に再溶解する

Point アルコールを用いた核酸の沈殿はコロイドの塩析であり，塩（酢酸ナトリウム，酢酸アンモニウム，塩化ナトリウムなど）とアルコール（エタノール，イソプロパノール，PEG）の選択により，効果が異なる．塩析時の静置温度（常温，－20℃，－80℃），遠心力（G），遠心時間は遠沈させる核酸の量によって異なるが，一般的には長時間の低温静置と長時間の高速遠心が効果的である．沈殿の状態（核酸だけなら透明に近い，塩やタンパク質を含むと白濁する）を確認するとともに，沈殿が剥がれないようにアルコール溶液の除去・リンスは手際よく行う．また，RNAの沈殿は乾燥させすぎると再溶解させにくくなるので注意する．

オススメ技

187 蒸発による核酸溶液の濃縮

オススメ度 ★★

こんなときに有効　安全＋

核酸溶液の脱塩は目的とせず，濃縮に時間がかかってもよいので，核酸を100%回収したい場合に有効．

解説

核酸溶液が入ったチューブにチップやピペットを挿入して何かを取り出すと，必ず核酸のロスが起こる．一方，チューブには何も器具を挿入せず，水分だけを蒸発させるシステムを用いると，チューブ内の核酸を100%保持したままで濃縮することができる．ただし，蒸発する溶媒系以外はなくならないので，塩濃度はどんどん高くなる（図4-7）．

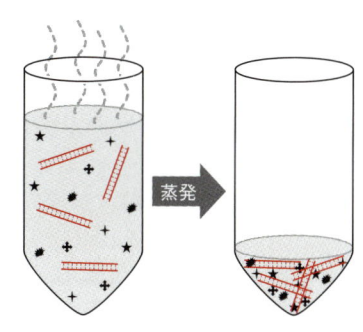

図4-7 ◆ 蒸発による濃縮

チューブからの蒸発は，チューブのフタを開けて常温で，手で握りしめて加温して，あるいはヒートブロックで保温することで行ってもよいが，常温〜高温で長時間放置すると核酸へのダメージが懸念される．冷蔵庫内での放置であれば低温なので，長時間放置における核酸へのダメージは少ない．

一方，機器を用いて迅速に濃縮・乾燥する方法としては，遠心機と真空冷却トラップで構成されるスピードバックが用いられる．真空状態あるいは低圧で蒸発した水蒸気は，冷却トラップで効率的に結露させて除去できる．DNA溶液は遠心によりつねにチューブの底に引きよせられているので，核酸はチューブの底に濃縮される．

オススメ技

188 限外ろ過フィルターによる核酸溶液の濃縮

オススメ度 ★★★

こんなときに有効　簡単　安全＋

核酸溶液の脱塩や溶液置換を可能にしながら濃縮し，できるだけ安定的にかつ高効率で核酸を回収したい場合に有効．

第4章 ◆ 4　核酸溶液を安全に濃縮する方法

解説

極微小孔をもつ限外ろ過フィルタを用いると、核酸のような大きな分子はフィルター上に残し、塩や水などの小さなものを通過させて除去することができる（図4-8）。限外ろ過は遠心機あるいはバキューム装置を用いて行うが、画一的な条件でろ過を行えること、低温での操作が可能なこと、複雑な操作が必要ないことなどから、処理する分子へのダメージやロスが少なく、安定的で効率的な濃縮が行える。

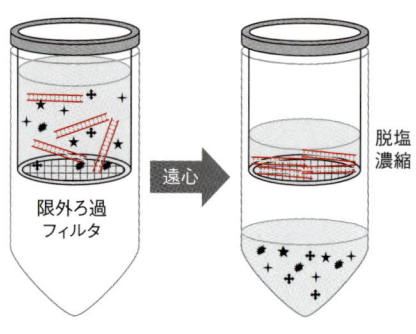

図4-8 ◆限外ろ過による濃縮

限外ろ過のシステムは、分子の大きさによってフィルターを通過できるものとできないものを分画するといったシンプルなものであるため、ろ過フィルターの極微小孔の損傷を引き起こすような溶液でなければ、溶液からの塩類の除去や界面活性剤の除去、pHのすみやかな変更などが容易に行える。精製度合いを高めたければ、いったん溶液を限外ろ過した後に蒸留水を加え、再度ろ過する操作を何度か行う。

まだまだあるこんなチョイ技

オススメ技

189 ブタノール濃縮

DNA溶液の濃縮であれば、溶液（水層）と等量の2-ブタノールを混合すると水層の容量を減らすことができ、DNA溶液を濃縮することができる。濃縮のスピードを上げたければ、2-ブタノールを水層の量よりも多めに加える。ただし、激しく混合すると水層が一気になくなるので、軽く上下反転を繰り返しながら水層の量を調整し、適量になったところで混合を終了する。水層がなくなった場合は蒸留水を加えてよく混合し、水層を復活させる。フェノール処理時とは異なり、水層は下層にくる。

オススメ技

190 担体による吸着と溶出

核酸を吸着する性質をもつ担体（ガラスビーズ，シリカメンブレン，オリゴDNAつきビーズなど）にいったん核酸を吸着させ，その後に溶出することにより濃縮・精製を行う．核酸の吸着には一定の条件が必要なこと，操作のステップ数が多いこと，吸着率と回収率がそれほどよくないことが多い．単純な濃縮目的で用いるよりは，夾雑物の中から目的の核酸のみを精製し濃縮するといった用途で用いるほうが効果的．

オススメ技

191 遠沈のチューブ形状の選択

アルコール沈殿を行う場合，遠心後のチューブの底には核酸の沈殿物（ペレット）ができる．このペレットがアルコール溶液の除去中やリンス中に剥がれると，核酸をロスする原因となる．丸底のチューブで遠沈すると，ペレットは丸底に薄く幅広く貼りつき，壊れたり剥がれたりしやすい．一方，平底のチューブで遠沈すると，ペレットは平底とチューブ壁の境界部分に小さく固着し，剥がれにくくなる．

オススメ技

192 －20℃での長時間静置

アルコール沈殿時にアングルローターで遠心を行うと，核酸はチューブの背側に筋のように沈殿する．これを少量の溶媒で再溶解する場合，チューブの背側の沈殿は溶解させにくい．アルコール沈殿時にチューブを立てて－20℃で長時間静置すると，核酸はチューブの底に溜まり，遠沈時のペレットもチューブの底にまとまるので，核酸の回収効率はよくなる．特に，丈の長いチューブ（スピッツ管や遠沈管など）を用いて遠沈する際に効果的である．

オススメ技

193 アルコール沈殿のキャリアー使用

アルコール沈殿時に核酸の量が少ない場合，長時間の遠心操作を行っても核酸の回収効率が上がらないことがある．このような場合は，核酸と共沈するグリコーゲンやアクリルアミド系の共沈剤（エタ沈メイト［ニッポンジーン］）を用いる．共沈剤を用いると核酸の沈殿効率がアップし，遠沈させたときに沈殿物が明瞭に視認でき，ペレットがチューブの底に強固に貼りつくので，アルコール沈殿操作中に沈殿を失いにくくなる．

第4章　核酸の抽出とクローニング 編　　Keyword　PCRクローニング

5　PCRで遺伝子を巧みに釣り上げる方法

PCRは核酸に対する高い選択性と，高速で指数関数的な増幅特性をもつ技術である．そのままでは実験に使用できない極微量のDNAを，実験可能な量まで引き上げてくれることから，さまざまなバイオ実験に組み込まれて活躍している．どうしても応用系のPCRに目を奪われがちであるが，まずは狙った遺伝子をきちんと釣り上げるといった基本から…

標準的な手法

特異性の高いプライマーを用いてPCRを行う

非特異的な増幅を抑え，目的遺伝子の増幅条件を最適化する．

【PCRを用いた遺伝子断片（ターゲット）の増幅法】
① 特異性が高く，ヘアピンやプライマーダイマーを生じないプライマーを作製する
② ターゲットを特異的に増幅できるPCR条件を探る
③ ネガティブコントロールで，類似長のPCR増幅がないことを確認する
④ PCR産物が，目的のターゲットであることを確認する

Point　鋳型とする試料中に少量でもターゲットが存在すれば，PCRで増幅可能であるが，増幅目的の断片が長かったり，鋳型に不純物が多かったりする場合は，増幅効率が悪くなる．プライマーの設計，鋳型の選択，PCR反応条件（アニーリング温度・サイクル数・伸長時間）の設定，各種の耐熱性DNAポリメラーゼの選択などを検討し，ターゲットを特異的にかつ効率的に増幅できる条件を探る．

オススメ技

194　ターゲットの量と存在比率をアップしてPCRを行う　オススメ度 ★★★

こんなときに有効

試料中のターゲット量が少なく，また存在比率も小さいが，PCR産物の増幅効率を上げたい場合に有効．

📝 解 説

　ターゲットの量と存在比をアップしてPCRを行うことは，もっとも当たり前の話であるが，もっとも軽く思われがちな方法である．確かにPCR法は，ターゲット量が少なく夾雑物が多いといった厳しい鋳型条件下でも，特異的にターゲットを見つけだして増幅してくれる手法である．しかし，厳しい鋳型条件下であればあるほど，PCRの条件設定も難しいものになる．

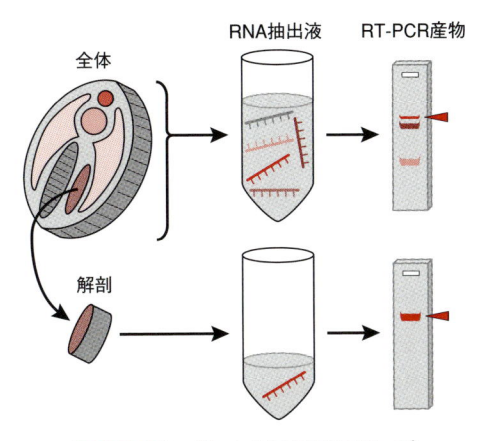

図4-9 ◆ターゲットの存在比率のアップ

　当たり前の話だが，PCRでターゲットを増幅するためには，ターゲットの量はある程度多いほうがよい．プライマーがターゲットに出会えるチャンスが増えれば，PCRのサイクル数を少なくできる．そうすると，PCR増幅中の変異や，非特異的増幅によるターゲットの増幅効率の低下，増幅産物の収量不足などのトラブルを少なくできる．しかし，ターゲット量を多くするために単に鋳型量を多くすればよいというものではない．効率のよいPCR増幅を行うためには，ターゲット量だけではなく，その存在比率の大きさ，夾雑物の少なさが重要である．

　鋳型内のターゲットの量と比率をアップする方法はさまざまであるが，もっとも初期の試料におけるターゲットの量と比率をアップしておくのがよい（図4-9）．cDNAがターゲットであれば，遺伝子が高発現している生体試料からmRNAを抽出すればよいし，ゲノムDNAがターゲットであれば，精子からDNAを抽出すれば夾雑物の少ない鋳型が得られる（→第4章1：オススメ技169）．また，その後の方法としては，精製（低分子核酸，タンパク質の除去）・分画（サイズ，小分け）・特異的選択（プローブ，アフィニティー）を行うことにより，ターゲットを濃縮したり反応効率を改善したりすることができる．

📝 プロトコール

『ハイブリ濃縮によるレア遺伝子のRT-PCR』

❶ 遺伝子が高発現している生体試料から，mRNAを抽出する
▼
❷ mRNAを逆転写し，カラムや電気泳動によりcDNAのサイズ分画を行う
▼
❸ ターゲットDNA断片とのハイブリダイゼーションを利用し，cDNAを特異的に濃縮する
▼
❹ 特異的濃縮したcDNAをもとに，ターゲットDNA断片以外の領域をPCRで増幅する

オススメ技

195 アニーリングしそうな縮重プライマーを設計する

オススメ度 ★★

👍 こんなときに有効　正確

近縁種から単離された遺伝子の配列情報を参考に，新規の生物からホモログ遺伝子の断片を増幅したい場合に有効．

📝 解説

新規の生物からホモログ遺伝子をPCRクローニングする実験は，PCR条件とPCR増幅結果の関係をシビアに感じられる点で，PCRの醍醐味を味わえる実験であるといえる．PCRの条件設定としては，鋳型やPCR反応条件（アニーリング温度・サイクル数・伸長時間）の試行錯誤も重要ではあるが，まずはターゲットに貼りつきそうなプライマーを設計することが重要である．

配列が既知の遺伝子に対して100％マッチのプライマーを作製する場合，配列に少々癖があってもPCR増幅は難しくない．しかし，配列が未知のホモログ遺伝子用のプライマーを，近縁種の配列情報をもとに設計する場合，PCR増幅産物が得られるか否かは縮重プライマーの設計にかかってくることが多い．

縮重プライマーを設計するときのポイントはいくつもあるが，**縮重度を小さくすること，3´端がきちんと貼りつくこと，プライマー全体がターゲットに貼りつきそうな設計にすること**，が大きなポイントである．縮重度が大きくなりそうなときは，塩基の代わりにイノシンを入れる（図4-10）．イノシン入りプライマー設計のコツとしては，3´端に近いほうの縮重部位にイノシンを入れ，イノシン以外の塩基数が20以上になるようにする．

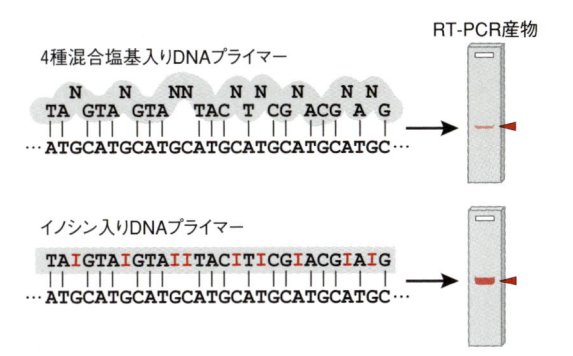

```
                    N    N     NN    N N N      N N
4種混合塩基入りDNAプライマー
              TA GTA GTA   TAC T CG ACG A G
              ||  ||| |||  ||| | || ||| | |
           ···ATGCATGCATGCATGCATGCATGC···
```

```
イノシン入りDNAプライマー
              TAIGTAIGTAIITACITICGIACGIAIG
              ||||||||||||||||||||||||||
           ···ATGCATGCATGCATGCATGCATGC···
```

図4-10 ◆ 縮重プライマーの設計

> **注意点◆** PCRクローニングは釣りのようなものであり，プライマーは釣り餌や仕掛け，鋳型試料は穴場，PCR反応は釣り方みたいなものである．釣り人が釣り餌や仕掛けにこだわってコストをかけるように，PCRクローニングでもプライマーにこだわって，少々値が張るがイノシン入りプライマーを合成したほうがよい．

プロトコール

『ホモログ単離用の縮重プライマー設計法』

❶ 近縁種を中心に，ホモログタンパク質のアミノ酸配列データを集める
▽
❷ 配列データを比較し，相同性が高い領域を選択する
▽
❸ プライマーの縮重度が低くなる領域（Arg・Leu・Serが少，Met・Trpが多）を選択する
▽
❹ プライマーは，3′端の3塩基が100％マッチ，3′端がGCリッチ，3′端側の縮重度が低くなるように設計する
▽
❺ 縮重度が大きい場合は，4種混合塩基の代わりにイノシンを入れる
▽
❻ プライマーは，Tm値が55を超えるように設計する

まだまだあるこんなチョイ技

オススメ技
196 制限酵素処理による PCR 増幅制御

PCR を行うと，ほとんど同じ長さの断片が増幅してくることがある．特に，ファミリー内のある特定の遺伝子を縮重プライマーで増幅する場合，ファミリー内の別の遺伝子が優先的に増幅してしまうことがある．別遺伝子内に，目的遺伝子には存在しない制限酵素サイトがある場合，その制限酵素で PCR の鋳型を切断すると，別遺伝子の増幅を抑えることができる（→第4章6：オススメ技206）．

オススメ技
197 ホットスタート

サーマルサイクラーのヒートブロックが冷えた状態から PCR を開始すると，ヒートブロックの温度上昇中にプライマーの非特異的アニーリングおよび伸長反応が起こり，非特異的増幅の元凶となる．これを避けるため，熱変成ステップ以降に耐熱性 DNA ポリメラーゼが働けるようにするホットスタートが用いられる．方法としては，熱により酵素活性を抑えていた抗体を失活させるもの（Platinum *Taq* [インビトロジェン]，TaqStart™ [Clontech]，KOD-Plus- [東洋紡] など），熱で酵素を活性化するもの（AmpliTaq Gold® [Applied Biosystems]），熱で酵素と反応溶液間を隔てていたワックスを溶かすもの（AmpliWax® PCR Gem [タカラバイオ]）などがある．

オススメ技
198 ミネラルオイルの適宜添加

最近はヒートリッドがついたサーマルサイクラーが一般的になってきたが，しかし，PCR 反応液からの蒸発はヒートリッドで完全に抑えられるわけではなく，反応スケールが小さくなればなるほど蒸発の影響が出やすい．5 μl 以下で PCR するときや，うまく増幅できないときは，ミネラルオイルを入れてみるとよい．

オススメ技
199 耐熱性 DNA ポリメラーゼの選択

耐熱性 DNA ポリメラーゼは，Pol I 型酵素と α 型酵素に大別される．*Taq* や Tth などの Pol I 型酵素は，DNA 合成の伸長スピードは速いが，3′→5′ のエキソヌクレアーゼ活性をもたず，合成の忠実度は低い．一方，Pfu

やKODなどα型酵素は，DNA合成の伸長スピードは遅いが，3′→5′のエキソヌクレアーゼ活性をもち，合成の忠実度は高い．また，両型の酵素を混合し，長いターゲットのPCRを可能にしたものもある．

オススメ技

200 ネスティッドPCR

入れ子状にした2セットのプライマーで2段階のPCRを行うと，遺伝子をより特異的に増幅することができる．1st PCRで非特異的な増幅が起こったり目的遺伝子の増幅効率が悪いときは，1セット目のプライマーの内側に2セット目のプライマーを設定し，これを用いて2nd PCRを行うとよい．

オススメ技

201 アニーリング温度をサイクル中に下げるPCR

低い温度によるプライマーの非特異的なアニーリングは，非特異的な増幅を引き起こす．そこで，まずはアニーリング温度を高温に設定し，サイクルごとに温度を徐々に下げていくことによって，特異的にアニーリングした産物の量比をアップする．アニーリング温度の下げ幅によって，タッチダウンPCRやステップダウンPCRなどとよばれる．

オススメ技

202 ライブラリー作製用cDNA断片を用いたRACE

cDNAライブラリーを作製する際は，cDNAにアダプターをライゲーションし，サイズ分画とエタノール沈殿濃縮を行う．このアダプターつきサイズ分画済みcDNAを鋳型にすれば，RACE（Rapid Amplification of cDNA Ends）が簡単に行える．ライブラリーを鋳型にRACEを行うこともできるが，インサートの濃度や大量に含まれるベクター配列の問題があり，増幅に苦労することが多い．

オススメ技

203 一定温度でのDNA増幅法

鎖置換反応が可能なDNAポリメラーゼを用い，37℃の恒温で短時間インキュベーションするだけでDNAの増幅が行える技術（LAMP法［栄研化学］，ICAN法［タカラバイオ］）が出てきている．特殊な構造をもつプライマーが必要なこと，一定の長さの二本鎖DNA断片が得られるわけではないことから，PCRクローニング用として利用する場合は工夫がいる．病原体感染や混入生物の有無をDNA増幅で検査する場合に有用である．

第4章 核酸の抽出とクローニング 編

第4章◆5 PCRで遺伝子を巧みに釣り上げる方法

第4章 核酸の抽出とクローニング 編　　　Keyword 制限酵素処理

6 制限酵素をうまく使いこなす方法

PCRを用いて目的の遺伝子が増幅できたら，増幅断片の塩基配列特性を調べるために制限酵素処理を行うことになる．制限酵素はDNAを切断するハサミであり，組換えDNA実験の基本的なツールであり，おまけに○○とハサミは使いようとも言われるので，うまく使いこなす必要がありそうだ．切る順番，切る程度，切るものを工夫すると…

標準的な手法

各制限酵素の至適反応条件下で，DNA溶液を処理する

制限酵素の至適塩濃度および至適温度を把握し，反応を行う．

【制限酵素による核酸の切断法】
❶ 制限酵素の至適塩濃度を調べ，DNA溶液の塩濃度を合わせる
❷ DNA溶液に制限酵素を加え，穏やかに混合する
❸ 至適温度で1時間以上反応させる
❹ さらに至適塩濃度が異なる制限酵素で処理を行う場合は，脱塩後に再度塩濃度の調整を行う

Point 至適塩濃度が同じ制限酵素であれば複数の酵素を同時に用いることができるが，酵素の総容量は反応溶液量全体の1/10以下にして，高グリセロール濃度にならないようにする．DNA溶液の脱塩と濃縮は，エタノール沈殿や限外ろ過フィルターを用いて行うとよい．

オススメ技

204 至適塩濃度が低い順に制限酵素処理を行う

オススメ度 ★★★

こんなときに有効　短縮　簡単

至適塩濃度が異なる制限酵素処理を，エタノール沈殿による溶液置換を行うことなく手軽に行いたい場合に有効．

160　バイオ実験の知恵袋

解説

それぞれの制限酵素ごとに最適な反応バッファーを準備するのは大変なので，バイオ実験では最適な反応バッファーに近似する数種類の反応バッファー（ユニバーサルバッファー）が使用されることとなる．この反応バッファーは，塩（NaClあるいはKCl）をベースに，Tris，$MgCl_2$，DTTを含み，場合によってはBSA，界面活性剤などを含む．反応バッファー組成の中でももっとも重要なのが塩濃度であり，多くの反応バッファーはNaClの濃度（低・中・高）によって分類され，反応溶液におけるNaClの最終濃度はそれぞれ，0 mM，50 mM，100 mMになっている．つまり，NaClを添加して塩濃度を高めたり，反対に反応溶液を水で薄めれば，それぞれの塩濃度に近似させることができる．

低塩濃度系から高塩濃度系への制限酵素処理は，NaClと酵素を微量に加えるだけで行えるので，反応溶液全体量の増加を最小限に抑えることができる（図4-11）．一方，高塩濃度系から中塩濃度系への制限酵素処理は，溶液を倍に希釈すればよいが，反応溶液全体量が倍化してしまう．さらに高塩濃度系から低塩濃度系の制限酵素処理となると，反応溶液全体量が増えすぎてしまい，$MgCl_2$の濃度も低下してしまうので現実的ではなくなる．

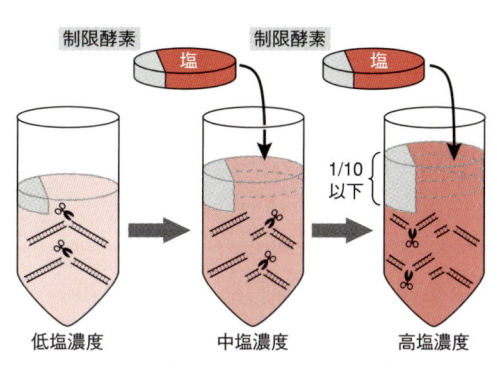

図4-11 ◆ 低から高塩濃度系への制限酵素処理

プロトコール

『低塩濃度系から高塩濃度系への制限酵素処理』

❶ 反応溶液全体の1/30量の制限酵素で，低塩濃度系反応を行う

❷ 反応後，NaClと全体の1/30量の酵素を加え，中塩濃度系反応を行う

❸ 反応後，NaClと全体の1/30量の酵素を加え，高塩濃度系反応を行う

オススメ技

205 制限酵素による不完全消化断片を利用する

オススメ度 ★★

🔖 こんなときに有効 [短縮] [簡単]

複数種類の制限酵素を用いて行うべきシークエンス用コンストラクトの作製を，一種類の制限酵素でうまく行いたい場合に有効．

📝 解 説

制限酵素処理は完全消化が基本であるが，不完全消化を利用すると便利なこともある．特に，複数の制限酵素を組み合わせてシークエンス用のコンストラクトを作製する場合，多くの制限酵素を用いて制限酵素地図を作製したり，遺伝子ごとに制限酵素を組み合わせてコンストラクトを作製するのは手間である．やはり，ある程度画一的な方法があればありがたい．

このような場合，4塩基認識の制限酵素の不完全消化断片をまとめてサブクローニングする方法を用いれば便利である．平滑末端を生じる *Hae* Ⅲの不完全消化断片，あるいは *Sau* 3AⅠ (*Bam* HIサイトにライゲーション可能) の不完全消化断片を作製したら，まとめてサブクローニングし，ランダムに複数のクローンを選択してシークエンスを行えば，かなりの領域の塩基配列を決定することができる（図4-12）．

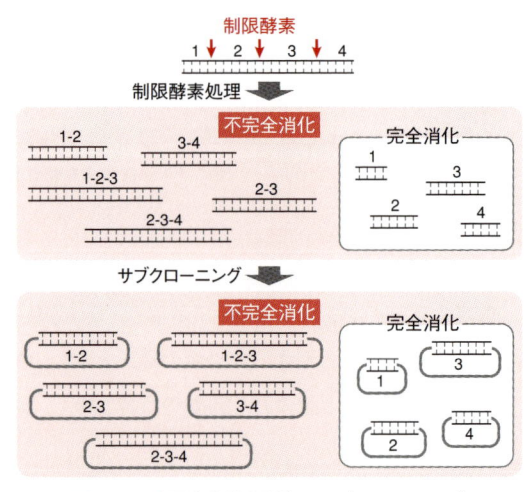

図4-12 ◆ 不完全消化断片のサブクローニング

📋 プロトコール

『不完全消化断片を用いたシークエンス解析法』

❶ 4塩基認識の制限酵素を用い，遺伝子全長を不完全消化する
▼
❷ 不完全消化断片をまとめてサブクローニングする
▼
❸ 複数クローンのインサートをシークエンスし，塩基配列を決定する
▼
❹ 必要に応じて，他の制限酵素を用いて同様の解析を行う

オススメ技

206 不要な核酸を断ち切る

オススメ度 ★★★

📖 こんなときに有効　正確

制限酵素サイトの有無をもとにDNAを選別し，切断されなかった目的のDNAのみを次の実験操作に用いたい場合に有効.

📝 解説

制限酵素は特定の末端構造をもつDNA断片を作製するために，また切断した断片を後の実験で用いるために，いわばポジティブな目的で用いられることが多い．しかし，実験のバックグラウンドを下げるために，ネガティブな目的で用いることもできる.

例えば，非特異的なPCR産物が増えて困る場合，非特異的産物を制限酵素で選択的に切断できれば，目的のDNAを増幅さ

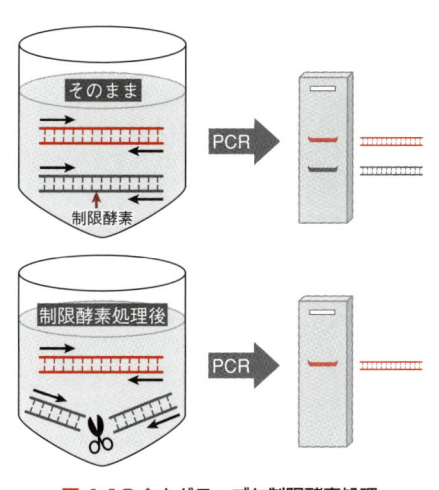

図4-13◆ネガティブな制限酵素処理

せることにつながる（図4-13）．非特異的なPCR産物を切断する制限酵素がわからない場合は，目的のDNAを切断しない制限酵素カクテルを使用すれば，切断の可能性が増やせる.

また，サブクローニング時の制限酵素処理では，類似長の制限酵素断片を分断して除去したり，ベクターのセルフライゲーションを抑えるため

第4章 核酸の抽出とクローニング編

第4章◆6　制限酵素をうまく使いこなす方法　**163**

にDNA末端作製用以外の制限酵素で処理したり，ライゲーション時に形成された不要なプラスミドを切断したりすることがある．

まだまだあるこんなチョイ技

オススメ技
207 制限酵素のユニット数と活性を理解

制限酵素の活性の定義であるユニット数は，1 μg の λ DNA を1時間で完全に切断する酵素量として定義されている．この定義で考えると，4塩基認識の酵素は6塩基認識の酵素よりも16倍多く切断しなければ1ユニットと評価されない．逆に考えると，同じ1ユニットの酵素であれば，4塩基認識の酵素は6塩基認識の酵素よりも16倍活性が強いということになる．実際の使用では，DNAの形状によって切断効率が落ちる場合があるので，最低必要ユニット数の3～5倍ほどを使用する．

オススメ技
208 制限酵素の至適温度チェック

制限酵素の反応温度は，37℃と思い込んでいる場合がある．確かに多くの制限酵素は至適温度が37℃であるが，電気泳動用の λ DNA マーカー作製時に使用する機会がある Bst PI（Bst EⅡ）は60℃．Sfi I は50℃．クローニング時に用いられることの多い Sma I は30℃である．

オススメ技
209 スター活性の利用

制限酵素は至適反応条件を逸脱すると，本来の認識配列とは異なった塩基配列での切断（スター活性）がみられるようになる．スター活性が起こる条件や認識配列のゆるみは酵素によって異なる．不完全消化法と同様に，1つの制限酵素で多くの断片長のパターンを生み出す方法として利用できる．ただし，制限酵素末端の配列はゆるんでいるので，サブクローニング時には平滑化が必要である．

オススメ技

210 制限酵素の失活条件チェック

多くの制限酵素では，16時間の処理後にも活性が残存する．残存活性が問題となる実験系の前には，酵素を完全に失活させる必要がある．フェノール処理とエタノール沈殿を行えばすべての酵素を失活させられるが，手間でありロスも大きい．酵素によっては，60℃で15分の加熱で失活するもの，エタノール沈殿だけで失活するものなどがあり，制限酵素カタログの付表で調べてみるとよい．

オススメ技

211 至適塩濃度範囲が広い *Hae* III の利用

Hae III は平滑末端を生じる4塩基認識の制限酵素であり，値段がこなれた酵素である．この酵素はユニット数を基準に考えると，6塩基認識の酵素よりも16倍活性が高く，また幅広い至適塩濃度をもつ．したがって，さまざまな至適塩濃度を要求する酵素との同時使用が可能であり，PCR反応溶液に酵素を直接加えただけでも機能するため，PCR-RFLP（制限酵素断片長多型）の解析が楽に行える（→第6章3：オススメ技286）．

オススメ技

212 メチル化に注意

DNAメチラーゼをもつ大腸菌から抽出したプラスミドはメチル化されており，メチル化の影響を受ける制限酵素では切断できない．生体から得たゲノムDNAやPCRで増幅したDNA断片は切断できるのに，プラスミドが切断できない場合，制限酵素がメチル化の影響を受けるタイプかどうかを確認する．影響を受ける場合は，DNAメチラーゼをもたない大腸菌にトランスフォーメーションしなおし，プラスミドを抽出する．

第4章 核酸の抽出とクローニング 編

第4章◆6 制限酵素をうまく使いこなす方法

第4章 核酸の抽出とクローニング 編　　Keyword サブクローニング

7 サブクローニング効率をアップする方法

　目的のDNA断片を確保できたらプラスミドベクター内に組み込み，以降の実験で手軽に増やせるように大腸菌の中に入れておく．サブクローニングはバイオ実験や組換えDNA実験の基本であり，数多くの工夫や手法が出回っている．すでに，切り貼りをせずに組換えができるハイテク手法も出てきているが，もうしばらくは切り貼りが…

標準的な手法

DNAサンプルの純度および，各サブクローニングステップの反応効率を上げる

サブクローニングに使用するベクターとDNA断片の前処理・精製を充分に行い，各ステップの反応・処理を最適化する．

【DNA断片のプラスミドベクターへのサブクローニング法】
❶ カラーセレクションが可能なベクターを制限酵素で切断し，脱リン酸化処理後に電気泳動による分離・精製を行う
❷ DNA断片は制限酵素で切断後，電気泳動による分離・精製を行う
❸ 最適な量および比率で，ベクターとDNA断片のライゲーションを行う
❹ ライゲーション後のサンプルを，大腸菌のコンピテントセルにトランスフォーメーションする
❺ カラーセレクションを行い，白のコロニーを得る

Point　純度の高いDNAサンプルを用い，各酵素処理は充分に時間をかけて行う．DNA断片をアガロースゲル電気泳動で分離し，切り出しを行ったら，アガロースの混入がないように精製する．サブクローニング効果を評価するために，ネガティブコントロールとして，ベクターのみのライゲーション結果を参考にすることもある．トランスフォーメーション効率を上げるため，メーカーが作製したコンピテントセルを使用したり，エレクトロポレーションを行ったりすることもある．

オススメ技

213 制限酵素サイトつきプライマーで PCR を行う

オススメ度 ★★★

こんなときに有効 [短縮][簡単]

内在性の制限酵素サイトがなくても，DNA 断片の両端を粘着末端にすることで，サブクローニング効率を上げたい場合に有効．

解説

ベクターと DNA 断片のライゲーション効率は核酸の末端構造に影響を受け，粘着末端間でのライゲーションは平滑末端間のライゲーションに比べて 10〜100 倍効率がよいとされる．そうは言うものの，DNA 断片上の適した位置に粘着末端の制限酵素サイトが存在することはまれなので，人為的に制限酵素サイトを付加する方法を利用する．

もはや一般的な手法になっているが，プライマーの 5′ 端に制限酵素サイトの配列をつける方法がある．ただし，制限酵素サイトの配列のみでは切断されないことが多いので，さらに複数の塩基を 5′ 端方向に付加しておく（図 4-14）．おすすめの付加配列と切断効率は New England Biolabs 社のカタログなどに載っているが，適当に 2 塩基あるいは 3 塩基を付加しておけばたいていは問題ない．また，対となるプライマーに付加する制限酵素の種類を変えるとディレクショナルなサブクローニングが行えるし，8 塩基認識の制限酵素を使えば DNA 断片内部で切れてしまう確率も減る．

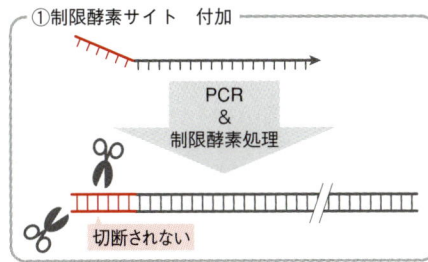

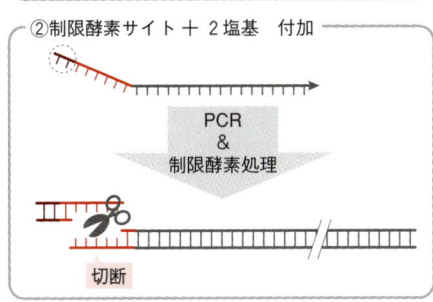

図 4-14 ◆ 制限酵素サイトつきプライマーによる PCR

① 制限酵素サイト　付加
PCR & 制限酵素処理
切断されない

② 制限酵素サイト ＋ 2 塩基　付加
PCR & 制限酵素処理
切断

📖 プロトコール

『制限酵素サイトつきPCRを用いたサブクローニング』

❶ サブクローニング予定のDNA領域の両端に，制限酵素サイトつきプライマーを設計し，PCRを行う
▼
❷ PCR産物を制限酵素で処理し，DNA断片を精製する
▼
❸ 精製済みのDNA断片とベクターをライゲーションする
▼
❹ トランスフォーメーションし，コロニーを得る
▼
❺ ベクター内のプライマーとDNA断片内のプライマーを用い，コロニーPCRによるクローンチェックを行う

オススメ技

214 DNAサンプルを2種以上の制限酵素で処理する

オススメ度 ★★

🔖 こんなときに有効 [安全+]

ベクターのセルフライゲーションや不要なDNA断片の混入を減らし，目的のDNA断片をもつクローンの数を増やしたい場合に有効．

📝 解説

サブクローニング時，コロニーの数はたくさん出るのに目的のクローンが得られない場合の多くは，ベクターのセルフライゲーションや切れ残りが原因である．また，DNAの長さがほぼ同じであるDNA断片が混在している場合，不要なDNA断片のほうばかりがサブクローニングされることがある．

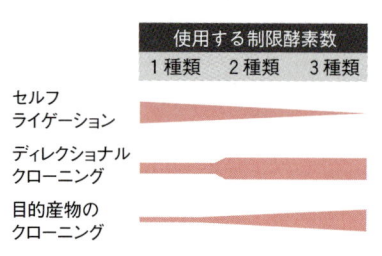

図4-15 ◆ 複数の制限酵素処理の効果

ベクターを処理する際は2種類以上の，さらにはその2種類の制限酵素サイト間にある制限酵素で切断すれば，セルフライゲーションや切れ残りが起こりにくくなる（図4-15）．また，類似長のDNA断片に悩まされたときは，不要なDNA断片のみを切断する制限酵素で処理すれば，断片長が異なるようになり，目的のDNA断片だけをアガロースゲル電気泳動後に切り出すことができる．

📋 プロトコール

『3種類の制限酵素処理によるセルフライゲーション防止法』

❶ ベクターのクローニングサイトを，2種の制限酵素で切断する
▼
❷ 2種の制限サイト酵素間に存在する制限酵素で，ベクターを切断する
▼
❸ アガロースゲル電気泳動で分離・精製後，使用する

オススメ技

215 ライゲーション産物を制限酵素で処理する

オススメ度 ★

🗒 こんなときに有効　安全⊕

　ライゲーション後に，セルフライゲーションが起こったクローンや，不要なDNA断片を含むクローンを除去したい場合に有効．

📝 解 説

　不要なクローンのみを切断する制限酵素でライゲーション後のサンプルを処理すると，目的クローンのサブクローニング効率が上がる．特に，ベクターとDNA断片が結合した場合，制限酵素の認識配列が失われるような組み合わせで制限酵素を選択すると，セルフライゲーションが起こったクローンのみを再切断して除去できる（図4-16）．

　平滑末端同士のライゲーションの場合，*Eco*R VやHincⅡやSma Ⅰなどの異なる制限酵素で切断した場合の多くは，ライゲーション後に認識配列が失われるので，再切断されなくなる．一方，粘着末端の場合は，*Bam*H Ⅰ，*Bcl* Ⅰ，*Bgl* Ⅱ，*Sau*3A Ⅰ内の組み合わせ，*Sal* Ⅰと*Xho* Ⅰ間，*Pst* Ⅰと*Eco* T22 Ⅰ間，*Xba* Ⅰと*Spe* Ⅰ間などを用いると，ライゲーション後の再切断はされなくなる．

ライゲーション　→　制限酵素処理　→　トランスフォーメーション

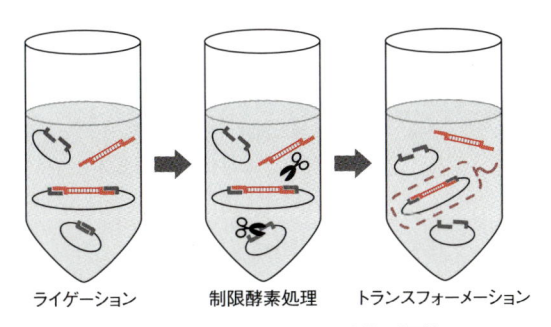

図4-16◆ライゲーション産物の切断

第4章◆7　サブクローニング効率をアップする方法

📝 プロトコール

『ライゲーションサイトの再切断によるセルフライゲーションの除去』

① ベクターのクローニングサイトを，平滑末端系の制限酵素で切断する
▼
② 他の制限酵素や方法で平滑化したDNA断片を，ライゲーションする
▼
③ セルフライゲーションにより制限酵素サイトが復活したクローンを，制限酵素で切断する
▼
④ エタノール沈殿で脱塩・濃縮後，トランスフォーメーションを行う

『不要なDNA断片の切断によるクローンの除去』

① 必要なDNA断片と不要なDNA断片の塩基配列を解析する
▼
② ライゲーション後のサンプルを，不要なDNA断片のみを切断する制限酵素で処理する
▼
③ エタノール沈殿で脱塩・濃縮後，トランスフォーメーションを行う

まだまだある こんな チョイ技

オススメ技

216 DNAの損傷を避ける

アガロースゲルからDNAのバンドを切り出す際，UVイルミネーター上で紫外線を照射すればするほどDNAの損傷が起こり，サブクローニング効率が落ちる．DNAバンドの切り出しを手際よく行ったり，DNA損傷が起こりにくい長波長側のUVを使用したり，可視光下でバンドを視認できるDNA染色試薬（Gel Indicator™ Kit［バイオダイナミクス研究所］）を使用すると，サブクローニング効率の改善に効果がある．

オススメ技

217 DNaseによる大腸菌ゲノムの除去

プラスミド調製時に混入した大腸菌由来の遺伝子が，サブクローニングされてしまうことがある．直鎖状の二本鎖DNAと一本鎖DNAを分解するが，環状プラスミドを分解しない特殊なDNase（Plasmid-Safe™ ATP-Dependent DNase［EPICENTRE Biotechnologies］）を用いれば，プラスミド溶液中の大腸菌ゲノムを分解することができ，目的のDNA断片のクローニング効率がアップする．

オススメ技

218 ライゲーションの効率化

T4 DNAリガーゼによるライゲーションの基本は，16℃で一晩反応である．これは，粘着末端間でのハイブリダイゼーション効率を上げるために温度を低く設定しているとともに，酵素活性の持続時間を延長させ，ハイブリするための時間を稼いでいる．一方，平滑末端間でのライゲーション時はハイブリの概念はないので，16℃で反応する意味はない．ハイブリダイゼーションは高塩濃度・高核酸濃度であるほど促進され，リガーゼの酵素活性は37℃のほうが高い．したがって，高効率のライゲーションキット（DNA Ligation Kit［タカラバイオ］，Quick Ligation Kit［New England Biolabs］，Ligation high［東洋紡］など）では，PEGなどのポリマー分子と高塩濃度組成の条件下で，常温で短時間の反応が行われる．

オススメ技

219 複数の制限酵素断片の一括クローニング

シークエンス用のコンストラクトを作製する際，クローンごとに分けて処理せず，複数の制限酵素断片を含んだ状態でライゲーションする．4塩基認識の制限酵素断片をまとめてライゲーションし，コロニーPCRで異なる長さのクローンを単離すれば，異なるコンストラクトのサブクローニングが同時に行える．複数のDNA断片がつながってライゲーションされた場合は，シークエンスデータ中に現れる制限酵素サイトを見れば区別できる．また，パーシャルダイジェストした断片を，まとめてライゲーションする方法も，クローニング効率のアップにつながる．

オススメ技

220 ファージの組換えシステムを用いたクローニング

λファージがもつ部位特異的な組換えメカニズムを利用して，ベクター間でのインサートの移し換えを効率よく行うシステム（Gateway®［インビトロジェン］）がある．attBサイトを付加したプライマーで増幅したPCR産物は，特異的組換え酵素群の働きでベクター内に組み込むことができる．1つの遺伝子を，複数の発現ベクターに移し換える場合に効果的．

オススメ技

221 トポイソメラーゼを用いたクローニング

トポイソメラーゼが結合したベクターと任意のDNA断片をまぜ，室温に5分置くだけでサブクローニングが完了するシステム（pENTR™/D-TOPO® クローニングキット［インビトロジェン］）がある．これは，DNAトポイソメラーゼIがもつ制限酵素活性とリガーゼ活性を利用したものであり，

第4章 核酸の抽出とクローニング編

また，DNA 断片の末端にある種の配列を付加すれば，ディレクショナルなクローニングもできる．

オススメ技 222 致死遺伝子を組み込んだベクターでコロニー選択

クローニングサイトに致死遺伝子が組み込まれたベクター（pZErO, pCR®［インビトロジェン］, pCAP^S［ロシュ・ダイアグノスティックス］）が存在する．クローニングサイト内に目的の DNA 断片が入ると，致死遺伝子の機能が阻害されるのでコロニーが生育でき，DNA 断片が入らなければコロニーとして現れてこない．つまり，インサートの入っていないコロニーを選択してしまう危険性が減り，サブクローニング効率がアップする．

オススメ技 223 前培養前に抗生物質のチェック

プラスミドをもつ大腸菌を選別するため，トランスフォーメーション後の大腸菌は抗生物質を含むプレートに塗布される．一般的には，トランスフォーメーション後に 1 時間ほど液体培地で培養してからプレートに塗布することになっているが，細胞壁合成阻害剤であるアンピシリンの場合は前培養は不要．ただし，カナマイシン，クロラムフェニコール，テトラサイクリンなど，転写や翻訳を阻害する抗生物質を用いる場合は，前培養を行わないとコロニーが出ないか極端に減少する．

オススメ技 224 PCR による DNA 断片の確保

シークエンス解析のためのコンストラクトや，プローブ作製用のコンストラクトなど，ベクター内の機能的配列との結合を目的とはするものの，プラスミドクローンとしては必要ない場合もある．そのような場合は，ライゲーションしたサンプルを鋳型にして，DNA 断片内とベクター内にそれぞれ設置したプライマーではさんで PCR を行えばよい．シークエンス解析や RNA 合成用のテンプレートが得られればよいだけのときに有用．

第4章 核酸の抽出とクローニング 編

Keyword カラーセレクション

8 カラーセレクションのど忘れ挽回法

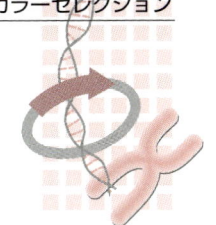

DNAをプラスミドにクローニングする際，誘導可能なlacZ遺伝子をもつベクターを用いると，カラーセレクションによる大腸菌コロニーの選別が行える．コロニーの青・白選別を行うためには，あらかじめ寒天培地上にIPTGとX-galを塗布しておかなければならないが，これをど忘れすると，すべてのコロニーが白になる．やっちゃったものは仕方がないが…

標準的な手法

大腸菌塗布前に戻り，カラーセレクションをやりなおす

戻らなくてはならないステップを把握し，操作をやりなおす．

【カラーセレクションを忘れたときの，いくつかの対処法】
❶ 冗長クローンの出現覚悟でプレート上のコロニーをミックスし，大腸菌を塗布しなおす
❷ ライゲーション後のサンプルがあれば，トランスフォーメーションからやりなおす
❸ ベクターとDNA断片があれば，ライゲーションからやりなおす
❹ ベクターやDNA断片がなければ，DNAの調製からやりなおす

Point いずれのステップから再開しても，カラーセレクションの結果が出るまでには1日以上かかり，同じ配置になることは望めない．また，ライゲーション以前のステップから再開する場合は，同程度のコロニー数やクローニング効率が得られる保証もない．

オススメ技

225 レプリカプレートでカラーセレクションを行う

オススメ度 ★★

こんなときに有効 正確

形成されたコロニーおよびその配置を保ちながら，新しい寒天培地上にコロニーを再形成させたい場合に有効．

🖉 解説

大腸菌プレート上のコロニー配置はそのまま，新しい寒天培地上にコロニーを複写する方法は，レプリカプレート法として古くから知られている（図4-17）．この方法を用いると，新しい寒天培地上にコロニーを再形成させる際にIPTGとX-galを作用させ，カラーセレクションをやりなおすことができる．また，オリジナルプレートを温存しながら何枚かのレプリカプレートが作製できるので，気楽に取り組める．通常，レプリカプレートに写し取られる大腸菌は少量なので，コロニーの再形成に時間がかかることが多い．

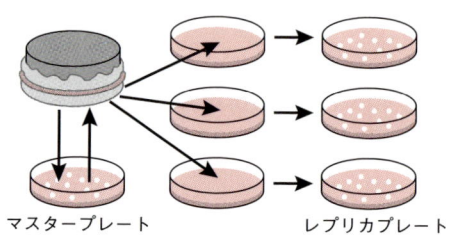

図4-17◆レプリカプレート法

マスタープレート　　　　レプリカプレート

注意点◆ レプリカプレート法は，ビロード布表面が細かい毛で覆われていることを利用し，この毛を大腸菌プレート上に適当な圧力で押しつけ，コロニーを付着させる方法である．したがって，うまくコロニーを写しとるには少々コツが必要で，複写ムラにならないように均等な力で布を押しつけなければならない．また，コロニー間のコンタミを防ぐため，圧着させた布を扱うときにひねりを加えてはならず，プレートにコロニーが密集すればするほど複写しにくい．そもそも，ラボにレプリカプレート用の滅菌ビロード布があるかどうかが問題．

📒 プロトコール

『レプリカプレート法によるカラーセレクション』

❶ IPTGとX-galを塗布した新しい大腸菌用寒天培地を準備する
　▽
❷ 滅菌したビロード布をコロニーが形成されたプレートに押し当てる
　▽
❸ コロニーが付着したビロード布を寒天培地に押し当てる
　▽
❹ 37℃で培養し，コロニーの青・白選別を行う

オススメ技

226 メンブレン上でカラーセレクションを行う

オススメ度 ★★★

📗 こんなときに有効 [短縮] [簡単]

できるだけ早くカラーセレクションの結果を知り，すみやかにその後の実験を行いたい場合に有効．

📝 解説

カラーセレクション溶液を大腸菌コロニーの上から作用させることは無理なので，下から作用させる方法を考える．大腸菌コロニーのスクリーニング法として，コロニーをナイロンあるいはニトロセルロースメンブレン上にトランスファーしたものを，各種溶液を染みこませたろ紙上で処理する方法を応用する（図4-18）．

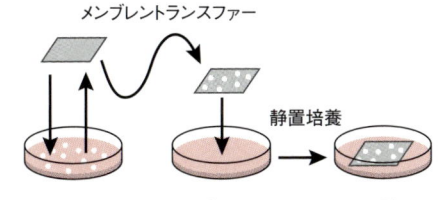

図4-18◆メンブレントランスファー法

カラーセレクション溶液をろ紙に染みこませるためには，それなりの溶液量が必要である．そこで，カラーセレクション溶液を通常の2〜5倍量に薄めて使用するが，ろ紙への吸着分をできるだけ少なくするため，薄めのろ紙を必要最小限の大きさに切って使用する．場合によっては，カラーセレクション溶液をトレイ上に広げ，その上にメンブレンを置いて直接作用させてもよい．

溶液作用後のメンブレンは，大腸菌用の寒天培地上に置いて培養するのが一般的であるが，大腸菌用液体培地とカラーセレクション溶液をろ紙に染みこませれば，メンブレンをろ紙上に置いたままでも培養可能である．通常は，カラーセレクション溶液を作用させてから2時間ほどで，コロニーの青・白選択が可能になり，爪楊枝でコロニーを拾うことができる．コロニーが密集しており，コロニーのサイズを大きくしたくないときは，常温で青色発色させるとよい．

🔖プロトコール

『メンブレントランスファー法によるカラーセレクション』

① コロニーが形成された大腸菌プレートを，冷蔵庫で1時間以上冷やす
▼
② コロニーをメンブレンにトランスファーする
▼
③ メンブレンをカラーセレクション溶液を染みこませたろ紙上に置く
▼
④ メンブレンを，新しい大腸菌用の寒天培地上にのせる
▼
⑤ 37℃で数時間培養する
▼
⑥ コロニーの青・白選別を行う

まだまだあるこんなチョイ技

オススメ技
227 コロニーダイレクトPCRによるクローンチェック

セルフライゲーションによるクローニング時や，ネガティブコントロールとのコロニー数の差から，目的のクローンが高頻度で存在している見込みが大きい場合，カラーセレクションをやりなおさなくても何とかなる．プレートからコロニーをランダムに複数個選び，コロニーダイレクトPCRでクローンのチェックをする．見込みどおりであれば，目的クローンの存在比率の2倍量をPCRでチェックすることにより，目的クローンを単離できる．

オススメ技
228 メンブレンスクリーニングによるクローンチェック

コロニーをメンブレンにトランスファーしたら，インサート領域に対するプローブをハイブリダイズさせ，目的のインサートをもつクローンを探りだすことができる．このコロニーハイブリダイゼーション法は，カラーセレクションができないベクター系でのクローニング時に用いられる方法である．また，大腸菌内で目的遺伝子のタンパク質合成を誘導し，その抗体を用いてスクリーニングするコロニーイムノスクリーニング法を用いることもできる．

第4章 核酸の抽出とクローニング 編　　Keyword　クローン救出

9 失いかけたクローンを取り戻す方法

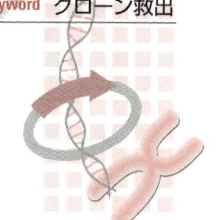

苦労して単離したクローンや実験の核となるクローンは，単離後すぐにクローンの保存を行うことが多い．しかし，保存作業を後まわしにしているうちにプラスミドを使い切ってしまったり，コロニーを放置して死滅させてしまったりしてしまうこともある．現品限りのプラスミドやコロニーの場合，どうすれば…

標準的な手法

最小限のステップ数だけ後戻りし，再度クローンの確保を行う

どこかにクローンがないかを調べ，なければ再クローニングを行う．

【クローンを失いかけたときの，いくつかの対処法】
① 他のラボメンバーがもっていないか，確認してみる
② 異なる形態で保存されていないか，探してみる
③ クローニング過程をさかのぼり，再クローニングを行う

Point　自分でクローニングしたクローンでなければ，誰かがクローンのバックアップをもっている可能性がある．また，プラスミドを失っても大腸菌が凍結保存されていたり，大腸菌が死んでもプラスミドが保存されていることがある．自分でクローニングしたクローンであれば，クローニング過程の各ステップで作製したサンプルをうまく使い，クローンの再単離を行う．

オススメ技

229　コンピテントセルを加え，トランスフォーメーションを行う　　オススメ度 ★★

　短縮　簡単
こんなときに有効
チューブ中のプラスミドを誤って使い切ってしまったが，空になったチューブがまだ手元に存在する場合に有効．

📝 解説

　プラスミド溶液が入っていたチューブを手元に確保できれば，容易にクローンを救出することができる．プラスミド溶液を使い切ってしまったと思っているチューブの内部には，まだまだものすごい量のプラスミドがコビリついている．チューブに直接コンピテントセルを入れてトランスフォーメーションすれば，プラスミド入りのコロニーが現れる．

　運悪くプラスミド溶液が入っていたチューブを捨ててしまって失ってしまっても，何とかなる場合もある．そのプラスミドを使用した実験サンプルが何らかの形で残っていれば，その中に未反応のプラスミドが残存していることがある．多種の制限酵素で入念に切断し，くり返し精製したサンプルでなければ，切れ残りのプラスミドの残存を期待してもよい．

🔥 プロトコール

『使い切ったプラスミドの復活法』

❶ プラスミドが存在したチューブに，コンピテントセルを少量入れる
❷ ボルテックスを行い，プラスミドを溶かし出す
❸ 残りのコンピテントセルを加え，トランスフォーメーションを行う

オススメ技

230 大腸菌をボイルしてプラスミドを取り出す

オススメ度 ★★★

📘 こんなときに有効　【簡単】

　大腸菌コロニーを形成させたプレートを冷蔵庫内で放置しすぎ，クローンを死滅させてしまった場合に有効．

📝 解説

　冷蔵庫内で大腸菌プレートを数カ月以上放置してしまうと，コロニーを液体培地に接種しても増殖せず，大腸菌が死滅したことを悟ることになる．死滅した大腸菌プレートは捨てるしかなさそうだが，死滅コロニーといえどもその中には多量の大腸菌が存在し，さらにその中には多量のプラスミドが存在する．これらのプラスミドが大腸菌の死とともにすべて分解されているわけではないので，死滅大腸菌内のプラスミドを取り出せばトランスフォーメーションに持ち込める（図4-19）．

　プラスミドの抽出といえばミニプレップのアルカリSDS法を思い浮べることが多いが，コロニーは菌体量が少なすぎるので扱いにくい．そこで，原理・操作ともにさらにシンプルなボイリング法を選択する．ボイ

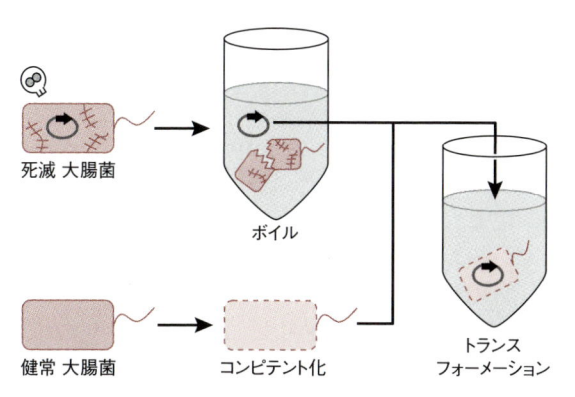

図4-19 ◆ボイリング&トランスフォーメーション

　リング法のプラスミド抽出液には，NaClや界面活性剤，リゾチームなどが入っているが，抽出効率を追い求めなければTEでも問題はない．プラスミドの損傷を緩和するため，ボイル時間はあまり長くせず，20〜40秒程度にしておく．
　この方法を用いれば，1年半近く冷蔵庫で放置されていた死滅大腸菌コロニーからでも，トランスフォーメーション用のプラスミドが抽出でき，生きた大腸菌コロニーとして復活させられる．もちろん，大腸菌のグリセロールストックが死滅したときにも，同様の方法が使用できる．

プロトコール

『死滅大腸菌コロニーの復活法』
① 少量のTEに死滅大腸菌コロニーを加え，よくけん濁する
② けん濁液を100℃で30秒ボイルした後で氷冷し，遠心上清を得る
③ 上清をトランスフォーメーションし，コロニーを再形成させる

オススメ技

231　PCR増幅で必要なDNA領域を救出する

オススメ度 ★

こんなときに有効　[短縮]

　プラスミドや大腸菌コロニーは存在していなくても，プラスミドを使用して行った実験サンプルの一部が存在する場合に有効．

📝 解 説

　プラスミドを用いた実験をいくつか行っていれば，そのときの副産物的なサンプルが冷蔵庫・冷凍庫に眠っていることがある．生化学反応は100%完璧に起こるわけではないので，未反応のプラスミドや損傷程度が低いプラスミドが，サンプル中に残存している可能性が高い（図4-20）．また，プラスミド全体が必要でなければ，必要な領域だけを含むサンプルを探せばよい．もちろん，サンプルを使い切った後の廃棄チューブでも見込みはある．

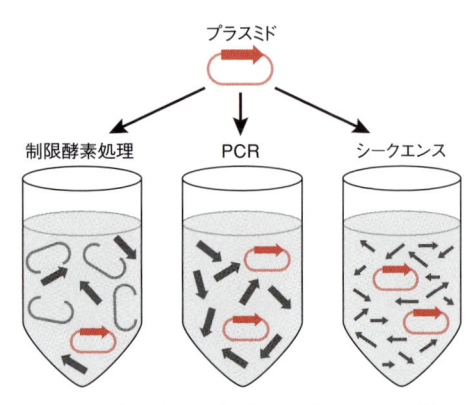

図4-20 ◆実験サンプル内でのプラスミドの残存

　プラスミドの全領域が必要な場合，ボイルして一本鎖になった程度のサンプルであれば，二本鎖に戻してトランスフォーメーションする．また，プラスミドがサンプル内に少ししか残っていない場合は，プラスミドの全領域をPCRで増幅してライゲーションすればよい．プラスミドが大きすぎて全領域を増幅できない場合は，複数の領域に分けてPCR増幅を行い，ライゲーションするのもよい．

　プラスミドの全領域が必要ではない場合，必要な領域のみをPCRで増幅すればよい．サブクローニング用，シークエンス用，ラベリング用，RNA合成用であれば，ベクターの一部の配列を含めてPCR増幅できれば，事足りる場合が多い．

✠ PCR増幅によるクローン救出が可能な鋳型の例

- PCRのテンプレートとして用いたサンプル
- シークエンス後のサンプル
- プラスミドを制限酵素処理した後のサンプル
- RNA合成を行った後のサンプル
- 死滅大腸菌
- クローニング時の各種サンプル

まだまだある こんな チョイ技

オススメ技
232 シークエンスデータからの復活

塩基配列さえわかっていれば，PCR あるいは RT-PCR で遺伝子を取りなおすことができる．ただし，レアな遺伝子を単離する場合や，アイソフォームやオルタナティブスプライシング産物を区別しながら単離する場合には，それなりの工夫が必要．

オススメ技
233 ろ紙を用いたお気軽保存

トランスフォーメーションや PCR を用いてクローンを復活させられればよい場合，ろ紙に大腸菌やプラスミドを吸着させて乾燥させると，常温で長期保存が可能である．小さなろ紙が個別に樹脂基盤上にアレイされたプレート（プリザベーションプレート［深江化成］）を用いれば，実験途中に気軽にバックアップ作製が行える．

第4章 核酸の抽出とクローニング 編

Column

リスクヘッジ

　どんなに確からしく見えるものであっても思わぬことが起こるのが世の中の常であり，現実社会において絶対というものはほとんど存在しない．特に，未知に挑戦する性格をもつバイオ実験においては，どれだけ論理的に取り組んでも，どれだけ間違いなく操作を行っても，期待した結果にならないことがしばしばある．結果が出ない要因としては，サンプルや試薬の不備などの初歩的なトラブルもあるが，論理と思っているものが不完全・間違い・例外であることも多く，論理と現実との隔たりによる実験失敗はある確率で起こる．

　失敗の確率が無視できない場合，実験を運に任せて行わず，リスクヘッジを適切に行う必要がある．リスクヘッジとは，"起こりうるリスクの程度を定性的かつ定量的に予測し，リスクに対応できる体制をとって備えること"である．リスク回避のコストは成功による利益よりも下回る必要があり，費用対効果がない場合はリスク回避を行う必要はない．

　リスクヘッジの初歩的手法として，保険の意味を込めて単に実験の回数を増やすこともあるが，論理そのものが破綻している場合は再現性よく失敗をくり返すことになるのでお勧めしない．ポジコンやネガコンによる確認を並行して行うことは言うまでもないが，異なるサンプル・手法・原理を用いて実験を行うことで論理的なリスク回避を行うとよい．究極的には，実験場所と実験者をすべて変えることもある．

　リスクの程度を定性的かつ定量的に予測するためには，論理や操作に対する信憑性を実験の操作ステップごとに細かく分析するとよい．新規の実験はステップ単位で分析し，成功確率の低いステップに焦点を絞ってリスク回避を行えば，効率的である．実験全体の成功確率が想定できれば期待と失望をコントロールすることができるし，想定外の現象から未知の真理を引き出すきっかけもつかめる．

第5章

アガロースゲル電気泳動 編

核酸を入手したら泳動せずにはおれないのが，バイオな人．チューブ中で溶液を混ぜていたこれまでの実験に比べ，パワーサプライ，泳動装置，UV励起，蛍光検出，CCDカメラなどを駆使するところが先端科学っぽい．でも実際は，寒天みたいなもので実験をするところに親しみがもてる．ところてんを見てキャピラリーと思ったら職業病．ゲルをみておいしそうと思ったら，病院に…

1	泳動用ゲルのなるほど準備法		184
2	泳動用サンプルを手早く調製する方法		191
3	泳動用サンプルを軽快にアプライする方法		195
4	電気泳動時間をコントロールする方法		201
5	電気泳動結果をスムーズに把握する方法		206
6	核酸をうまく回収するための電気泳動法		211

第5章 アガロースゲル電気泳動 編

Keyword ゲル準備

1 泳動用ゲルの なるほど準備法

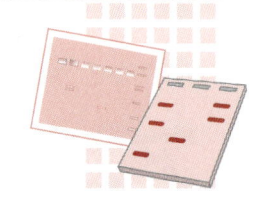

DNAやRNAといった核酸の大きさや量を実際に目で見て確認する方法として，アガロースゲル電気泳動法が用いられる．泳動に用いられる核酸は，組織・細胞から抽出したもの，プラスミド，PCR産物，制限酵素処理断片など多種多様であり，核酸の種類や分離目的の大きさに応じて，泳動用ゲルを要事作製するのだが…

標準的な手法

使用直前に，必要な分だけ泳動用ゲルを作製する

泳動用ゲルの組成・濃度・サイズは，核酸の種類・分離目的・サンプル数を考慮に入れて決定する．

【泳動用ゲルの作製法】
❶ 分離目的の核酸の大きさに応じてゲル濃度を決め，サンプル数を考慮に入れて粉末アガロースを計量する
❷ 三角フラスコに粉末アガロースと電気泳動用バッファーを加える
❸ これを電子レンジで加熱して充分に溶解させ，ゲル溶液が素手で持てる温度になるまで自然放熱させる
❹ ゲル溶液にEtBr（エチジウムブロマイド）を加える（後染めをする場合は不要）
❺ ゲル溶液を型枠に注ぎ込み，コームをセットし，ゲルを固めることによって泳動用ゲルを作製する

Point 大きな核酸を分離する場合は低濃度のゲルを，小さな核酸を分離する場合は高濃度のゲルを作製する．ゲルを要事作製することにすると，電気泳動ごとにアガロースの計量とゲル作製をくり返すことになる．

オススメ技

234 ゲル濃度別の専用メジューム瓶を用いる

オススメ度 ★★

📖 こんなときに有効　[短縮] [簡単]

泳動用ゲルの作製時にくり返される三角フラスコの準備，試薬計量・調製，ゲル作製後のフラスコ洗浄の手間を軽減したい場合に有効．

✏️ 解説

ゲル濃度別に専用メジューム瓶を用意し，アガロースゲルをまとめて大量に調製・オートクレーブしておく（図5-1）．そうすると，泳動用ゲル作製時にくり返される手間（粉末アガロースの計量や三角フラスコの準備・洗浄）を省くことができる．また，つねにアガロースゲルのストックが存在することになるので，粉末アガロースの試薬切れトラブル時もしばらくは実験を継続することができる．

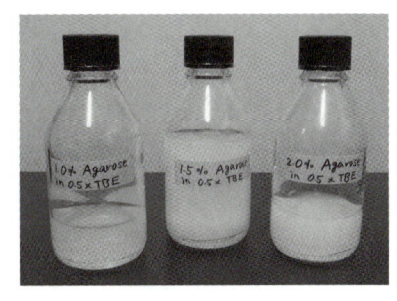

図5-1 ◆ゲル濃度別の専用メジューム瓶

カスタム濃度ゲル用（濃度を限定せずに自由に使える）のメジューム瓶を導入すれば，作製できるアガロースゲル濃度の幅がぐんと広がる．例えば，1.0％，1.5％，2.0％の3種類の濃度を基本ゲルとして用意しておけば，1.0％濃度と1.5％濃度のゲルを等量加えれば1.25％濃度のゲルが作製できる．ゲル同士の混合だけではなく，1.0％濃度のゲルにその1/4量の泳動バッファーを加えれば0.8％濃度のゲルが，2.0％濃度のゲルを泳動バッファーで倍に薄めれば1.0％濃度のゲルが作製できる．EtBr濃度が低下する場合は，EtBrを再添加する．このようにカスタム濃度ゲル作製システムを用いれば，1.0％や1.5％濃度の基本ゲルが足りなくなったときも柔軟に対応でき，また，どの濃度のゲルも使用機会が増えるため，ゲルの鮮度を保ちやすくなる．

> **注意点◆** メジューム瓶中のゲルを電子レンジで溶解させるときは，爆発事故を起こさないように，必ずメジューム瓶のフタをゆるめる．EtBrの劣化を避けるため，EtBr入りのゲルは直射日光が当たる場所に長期間放置しない．

第5章　アガロースゲル電気泳動 編

第5章◆1　泳動用ゲルのなるほど準備法

📝 プロトコール

『メジューム瓶を用いた泳動用ゲル作製法』

❶ ガラス製メジューム瓶を，ゲルの濃度別に用意する
▼
❷ 各濃度用のメジューム瓶内で，各濃度のアガロースゲルを調製・溶解する（EtBrを加えてもよい）
▼
❸ メジューム瓶入りアガロースゲルは，常温・暗所で保存する
▼
❹ 泳動用ゲルの作製時は，メジューム瓶内のゲルを電子レンジで溶解し，必要分だけ使用する
▼
❺ 未使用のゲルは，次回用にメジューム瓶内で保存する
▼
❻ メジューム瓶内のゲルがなくなったら，新たにゲルを作製する

オススメ技

235 使用済みゲルを再溶解してゲルを作製する

オススメ度 ★★★

🔖 こんなときに有効　[節約¥]

電気泳動に新品のゲルを使用する必要がないので，高価なアガロースの使用量を減らしてコストを削減したい場合に有効．

📄 解説

電気泳動用に用いられる高純度のアガロース（寒天の主要成分）は，寒天と比べて高価である．泳動後にゲルから核酸の切り出しを行ったり，

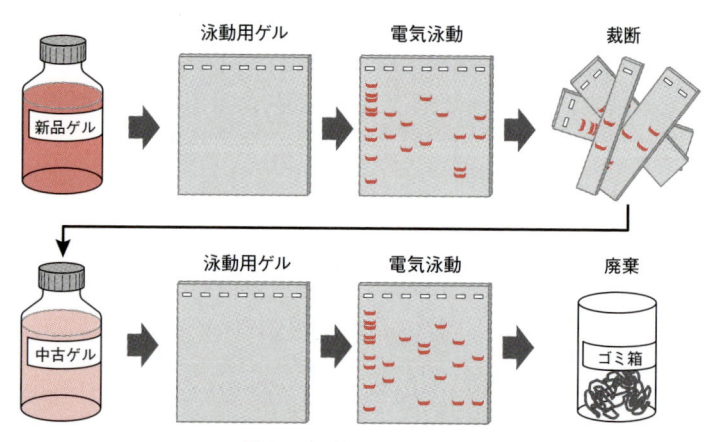

図5-2 ◆ ゲルのリサイクル

分離精度が必要な電気泳動でなければ，新品ゲルの使用済みゲルを中古ゲルとしてリサイクル使用しても問題はない．中古ゲルの使用済みゲルをさらにリサイクルすると際限なくなるので，使用後の中古ゲルは廃棄する（図5-2）．

　目的濃度の中古ゲルが必要量確保できないときは，他の濃度の中古ゲルや新品ゲルを組み合わせて作製する．中古ゲルを用いることの最大の利点は，メジューム瓶内のゲルを使い切ってもゲルをつくりなおさなくてもよい点である．

> **注意点◆** 中古ゲルには，泳動サンプルに含まれる核酸とLoading Dyeだけではなく，核酸調製時に使用したRNaseが多分に含まれている可能性があり，RNAの電気泳動には用いられない．EtBr入りのゲルを使用している場合，中古ゲル内ではEtBr量が減少しているので検出感度の低下に注意が必要．

🔖 プロトコール

『中古ゲルの活用法』

① 中古ゲル用のメジューム瓶を，濃度別に用意する
▼
② 新品ゲルの使用済みゲルは，濃度別に中古ゲル用メジューム瓶内に回収・保存する
▼
③ 泳動用ゲルの作製時は，メジューム瓶内のゲルを電子レンジで溶解し，必要分だけ使用する
▼
④ 中古ゲルを使い切ったメジューム瓶は，中古ゲル回収用に置いておく
▼
⑤ 中古ゲルの使用済みゲルは，廃棄する

オススメ技

236　泳動用ゲルを工夫して使う

オススメ度 ★★

📗 こんなときに有効　[短縮] [節約]

　できるだけ泳動用ゲルを作製する手間を省き，迅速かつそれなりに電気泳動を行いたい場合に有効．

📝 解 説

　泳動用ゲルの使用法を工夫して経済的・効率的に使いたい場合や，新しい泳動用ゲル作製の時間的余裕がない場合，ちょっと横着したい場合

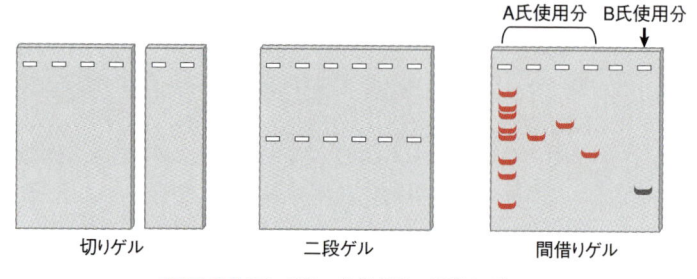

図5-3 ◆切りゲル・多段ゲル・間借りゲル

など，少し変わった泳動用ゲルの使い方を知っていると，いざというときに役に立つ（図5-3）．ただし，可能性と限界，利点と欠点を考慮して使用すること．

- **切りゲル**：必要なレーン分のみのゲルを切りとって使う手法
  【ポイント】必要なレーンの隣のレーンの中央でゲルを切り取る．ゲルトレイにのせた切りゲルが泳動槽内で位置ずれを起こさないように注意する（ゲルとトレイの間に空気が入らないようにし，泳動中に位置ずれを確認する）．多用すると貧乏くささが漂うが経済的．

- **多段ゲル**：1枚のゲルに複数のコームをさし，レーン数を増やす手法
  【ポイント】多検体解析時に有用経済的．多数の電気泳動槽を占有しない良心的な手法．通常は"二段ゲル"が用いられるが，ゲルの大きさによっては"三段ゲル"以上も可能．段を増やすと泳動可能距離が短くなり，分離度が悪くなる．

- **借りゲル**：ゲルが不足したとき，ラボメンバーからゲルを借りる手法
  【ポイント】ゲルの濃度やグレードに注意．新しいゲルをつくって返す必要があり，品質の悪いゲルを返すとトラブルの原因になるので，かなり注意が必要．多用すると嫌がられる．

- **もらいゲル**：ゲルが不足したとき，ラボメンバーからゲルをもらう手法
  【ポイント】新しいゲルをつくって返す必要のないラッキーな手法．ただし，しばらく放置されていた鮮度の悪いゲルがまわってくることもあり，ゲルの作製時期を確認したほうがよい．多用すると疎まれる．

- **間借りゲル**：ラボメンバーの電気泳動に便乗してレーンを借りる手法
【ポイント】通常は新しいゲルをつくって返す必要はない．たいていの場合，ゲルの品質には問題ないが，泳動条件（ゲル組成，泳動電圧，泳動時間など）の決定する主導権は相手にあり，最適な泳動結果が得られるかどうかは交渉次第．うまくすれば全くアガロースゲルを作製せずに実験を進めることができるが，電気泳動のタイミングに合わせて寄ってくるずる賢さが目につき，多用すると白い目で見られる．

- **二度ゲル**：一度使用したゲルの未使用レーンを再利用する手法
【ポイント】未使用レーンが多く，あるいは新たに泳動するDNAとすでに泳動されているバンドとが重ならない場合に有効．EtBr入りのゲルの場合，ゲル内のEtBr濃度が低下しているので，後染めが必要なことも．

- **拾いゲル**：使えそうなゲルをゴミ箱から拾ってきて使う手法
【ポイント】ゲルの状態がよければ"二度ゲル"と同じ感覚で使用できる．廃棄後しばらくたって乾燥気味になった変形したゲルは使用しないほうが賢明．上級者は，捨てる直前にゆずり受けたり捨てた直後に拾う．ハイエナ臭く，拾っているところを目撃されると哀れな目で見られる．

> **注意点◆** アガロースゲルの仲間の中には使えないゲル（ダメゲル）たちもある．コームを深くさしすぎてウェルが貫通してしまった"穴あきゲル"，コームをさし忘れてサンプルをアプライする場所がない"のっぺらゲル"，コームを抜いて放置していたらウェルが閉じてしまった"閉じゲル"，乾燥してひからびた"ミイラゲル"，糸くずなどのゴミが入った"ゴミゲル"，泡が入った"泡ゲル"，落として割れてしまった"割れゲル"，ゲル濃度を間違えて固まらなかった"水ゲル"，逆方向に泳動してしまった"リバゲル"，泳動しすぎでサンプルを流しきってしまった"さらばゲル"などには縁がないほうがよい．

第5章◆1 泳動用ゲルのなるほど準備法

まだまだある こんな チョイ技

オススメ技

237 プレキャストゲルの用意

泳動用ゲルを大量に使うラボでは，ゲルをあらかじめたくさんつくっておき，泳動バッファーを入れたタッパー中で保存しているところもある．個人的にゲルをつくり置きする場合は，ゲル作製用の型枠やゲルトレイを，多量に占有することのないように注意する．また，メーカーが製造したプレキャストゲルを使用すれば，ゲル作製の手間が省け，ゲルの品質が安定しているので，再現性のよい結果が得られる．

オススメ技

238 計量不要タイプのアガロースの購入

一定量のアガロースをタブレット化あるいはスティック化し，アガロース計量の手間を不要にしたものが市販されている．タブレットタイプを使用する場合は，泳動バッファーに浸したタブレットが完全に崩れ，固形物がなくなってから加熱する．また，アガロースと泳動バッファー（TAE あるいは TBE）を加熱後固化させて袋に詰めたものもあり，こちらは，湯煎・電子レンジ・オートクレーブなどで加熱・溶解後，型枠に流し込むだけでゲルを作製できる．

オススメ技

239 キャピラリーゲルの使用

アガロースゲル電気泳動の主流はサブマリン型であるが，アガロースをガラス細管内で固化させたキャピラリーを用いて電気泳動することもできる．泳動後の DNA 回収を目的とする場合，キャピラリーから押し出したゲルからのほうが目的の DNA を切り出しやすい．分離度を高めるためには，長いガラス細管を用いる．最近では，高速で多検体処理をするために，泳動・検出・解析装置が一体となったキャピラリー電気泳動システムも利用されている．

第5章 アガロースゲル電気泳動 編　　Keyword サンプル調製

2 泳動用サンプルを手早く調製する方法

泳動用のゲルを作製し終われば，次は泳動用のサンプルを準備することになる．泳動用サンプルの調製は，核酸溶液にLoading Dyeを加えて混合するだけであり，泳動する試料数が少ない場合はそれほど手間ではない．しかし，試料数が多くなればなるほど，混合方法の選択によって，労力や時間が…

標準的な手法

チューブ内やパラフィルム上で核酸溶液とLoading Dyeを混合する

泳動用のサンプルはチューブ内やパラフィルムの上で調製する．

【チューブ内での泳動用サンプル調製法】
❶ 新しいチューブを準備し，Loading Dyeをあらかじめ分注しておく
❷ 核酸溶液をチューブに加え，ピペッティングやボルテックスにより混合する

【パラフィルム上での泳動用サンプル調製法】
❶ パラフィルム上に，間隔をあけてLoading Dyeを並べておく
❷ Loading Dye上に核酸溶液を加え，ピペッティングにより混合する

Point パラフィルムを用いた方法は，チューブ不要の簡便・迅速な手法として多くのラボで用いられている．しかし，サンプル数が増加するとパラフィルム上にLoading Dyeを並べることさえも大変になってくる．

オススメ技

240 Loading Dye入りPCRプレートを用いる　オススメ度 ★★★

こんなときに有効　[短縮][簡単]

電気泳動用のサンプル数が多く，個々のサンプル用にLoading Dyeを分注する手間を省きたい場合に有効．

📝 解 説

多数の泳動用サンプルを扱う場合，新しいチューブを準備して泳動用サンプルを調製するのは手間・コストがかかる．パラフィルム上での泳動用サンプル調製法を用いている場合でも，数十個以上のサンプルLoading Dye をパラフィルム上に並べるのは手間である．このような場合，8連あるいは12連に対応

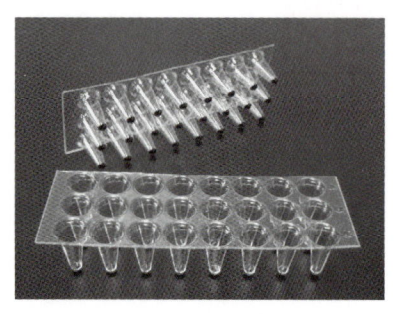

図 5-4 ◆ Dye入りマルチウェルプレート

したPCR用マルチウェルプレートに，Loading Dye を分注しておいたものを用いる（図 5-4）．

マルチウェルプレートは96ウェルタイプのものを使用してもよいが，数列ごとに切り離せるタイプのものが便利．Loading Dye を入れたプレートは密封して冷蔵・冷凍保存しておいてもよいが，乾燥させれば常温・非密封で保存できる．乾燥タイプのものを用いると，Loading Dye の溶液量はほぼゼロになるため，より多くの核酸溶液を泳動することができる．各ウェルを1つずつ使うことも，マルチチャンネルピペットで一列を同時に使うこともできる．

> **注意点◆** 乾燥タイプのLoading Dye を使用するときは，泳動用サンプルが充分に色づくまで，Loading Dye をよく溶かし出すことが重要．どのウェルまで使用したのかは，背丈が低く肉薄で透明なタイプのプレートを用いたり，白い紙の上で使用するとわかりやすい．

🧪 プロトコール

『乾燥Loading Dye を用いた泳動用サンプル調製法』
❶ PCR用のマルチウェルプレートを用意する
▼
❷ 各ウェルの底にLoading Dye を分注する
▼
❸ マルチウェルプレートは常温・乾燥状態で保存する
▼
❹ 泳動用サンプルの調製時は，核酸溶液をウェルに加えてよくピペッティングし，Loading Dye と混合する

オススメ技

241 Loading Dye 入りチューブのフタ内側を利用する

オススメ度 ★★

📖 こんなときに有効 【簡単】

反応チューブ内の核酸溶液すべてを電気泳動に用いる予定であり，より簡便に泳動用サンプルを調製したい場合に有効.

📝 解説

PCRによるプラスミドのインサート長のチェックや制限酵素によるDNAの切断パターンのチェックなど，確認するためだけの目的で電気泳動を行うことがしばしばある．このような場合，反応チューブと核酸溶液は使い切りであるため，反応チューブ内の核酸溶液に直接 Loading Dye を加えて泳動用サンプルを調製すればよい．

この際，Loading Dye を小分けにしたチューブのフタ内側に Loading Dye 溜まりをつくれば，ここから Loading Dye を手軽に分取できる（図5-5）．Loading Dye 溜まりは，フタを閉めた状態でチューブを反転させ，フタの内側に Dye を付着させてつくればよい．

Loading Dye は必要量よりちょっと多めを目分量でとればよく，泳動用サンプル内に適量の数倍の Loading Dye が入っても特に泳動上の問題は生じない．マイクロピペットの目盛りは，泳動用サンプルの最終容量（核酸溶液容量＋ Loading Dye 容量）か少し多めに合わせておけば，泳動用サンプルをアプライするときに目盛りを調整しなおさなくてもよい．

電気泳動結果には現れないレベルのコンタミが許される場合は，泳動用サンプルごとにチップをかえる必要はなく，泳動用サンプル調製とアプライを同じチップで一連の操作として行うこともできる．

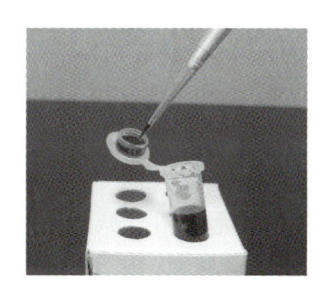

図5-5 ◆ チューブのフタに Dye

🔧 プロトコール

『Loading Dye 溜まりを用いた泳動用サンプル調製法』

❶ Loading Dye 入りのチューブのフタ内側に，Dye 溜まりをつくる

❷ Loading Dye を目分量でとり，核酸溶液に添加・混合する

❸ Loading Dye 溜まりが飛び散らないようにチューブのフタを閉め，次回使用時まで保管する

まだまだある こんな チョイ技

オススメ技

242 Loading Dye はタレ瓶で分注

チューブあるいはパラフィルム上に Loading Dye を分注する場合，お弁当用に使われるようなタレ瓶（魚型のしょう油さしのようなもの）を用いると，連続的に分注できて便利．当然マイクロピペット用のチップは不要で，未使用分の Loading Dye はタレ瓶で回収し保存しておけるので経済的．

オススメ技

243 Loading Dye 入り PCR ミックスの使用

PCR 用の反応溶液中に Loading Dye（0.02% BPB，3.3% ショ糖）を添加しても PCR に悪影響を及ぼさず，PCR 後のサンプルはそのまま電気泳動できることが知られている．また，PCR 用の反応溶液内に Loading Dye が添加された PCR キット（Insert Check-Ready-Blue［東洋紡］，PerfectShot EX Taq［タカラバイオ］，Insert Colony PCR M13 SET［ニッポンジーン］）などを利用すると便利．

オススメ技

244 2×Loading Dye の使用

泳動用サンプル中に添加される Loading Dye は，サンプル中の核酸溶液量の確保や計算しやすさの観点から，10×濃度のものが用いられることが多い．しかし，泳動したい核酸溶液量が 2～3μl 以下と微量な場合，1/10 量の Loading Dye を計量したり，蒸留水を添加して泳動用サンプル容量を調整したりするのは手間がかかる．このような場合は，2×濃度の Loading Dye を好きな容量だけ添加して使用するとよい．泳動用サンプル内の Loading Dye の最終濃度が適量の倍になっても問題はなく，超微量の核酸溶液でも 2×濃度以内の Dye 濃度で泳動できることになる．

第5章 アガロースゲル電気泳動 編　　　Keyword アプライ操作

3 泳動用サンプルを軽快にアプライする方法

泳動用ゲルと泳動用サンプルが準備できたら，ゲルのウェルの中にサンプルをアプライすることになる．サンプル数が少ない場合は，アプライ操作が最適化されていなくても大きなタイムロスやストレスを生じないが，泳動用サンプル数が多い場合は，アプライに関連する各操作を最適化しないと…

標準的な手法

作業しやすい場所に泳動装置を配置し，アプライ操作の腕を磨く

泳動用ゲルの配置や周辺環境を最適化し，快適にアプライ操作を行う．

【アガロースゲルへの泳動サンプルのアプライ法】
❶ 電気泳動装置の位置や泳動用ゲルの向きを，アプライ操作が行いやすいように配置する
❷ ウェルがよく見えるよう，視認性を最適化する
❸ マイクロピペット操作およびアプライ操作を修練する

Point 泳動用ゲルのウェルの視認性は，照明方法，ゲルトレイの色，泳動バッファー量の影響を受ける．泳動用サンプル数が多くなると，電気泳動装置のみならず，まわりの作業環境を最適化することも必要になってくる．

オススメ技

245 動線を最適化する　　オススメ度 ★★★

■ こんなときに有効　短縮　安全

使用する器具の位置や操作の手順を考慮することにより，多数の泳動用サンプルを手際よくアプライしたい場合に有効．

■ 解説

数多くの泳動用サンプル数を扱うとき，個々のサンプルアプライ時に

数秒のタイムロスが生じると，数十サンプルのアプライ時には1分以上のタイムロスが発生する．したがって，同一の作業をくり返して行うときは，使用する器具の配置を工夫し，手の動き（動線）を最適化することが迅速な操作を行ううえで重要になってくる．

　動線は右利きの人の場合，時計回りに横長の楕円形を描くようにすると，時間的・労力的なロスが少なくてよい（図5-6）．手や腕が交差する状態が生じるような動線は，タイムロスだけではなく，衝突事故やストレスを生じることになるので避けたほうがよい．チップラックのフタをこまめに開閉すると動線が交差しやすいので，フタはすべての作業が終了するまで開けておいたほうがよい．

　実際のサンプル注入は，チップの先端をウェル上で静止させないと始められないので，ピペットが震えないようにすることが重要である．腕・肩の力を抜いてリラックスするのは言うまでもないが，両肘を実験台の上につけて二点支持をするとよい（図5-7）．そうすると，チップ先端は左右にブレなくなり，前後のブレのみに対処するだけでよくなる．さらに，

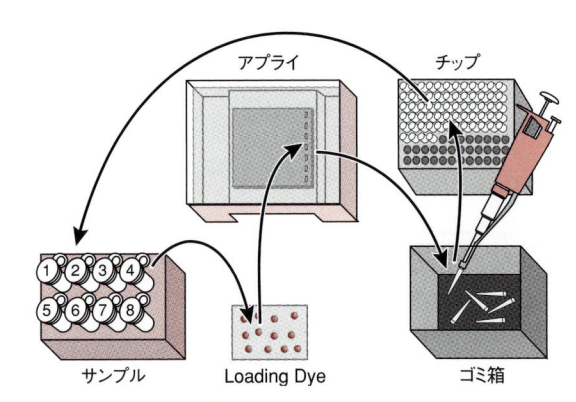

図5-6 ◆ 器具の配置と動線の最適化

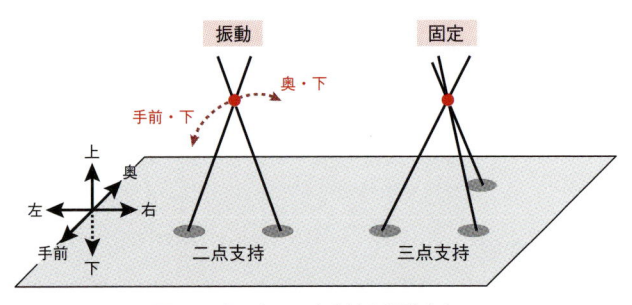

図5-7 ◆ 二点・三点支持と振動方向

ピペットの上端（あるいはピペットを支持する手の一部）を額につけると三点支持となり，ピペットの位置を固定することができる．

　使用済みのチップやチューブを小さな容器内にきちんと捨てるのは気苦労が多いので，大きなゴミ箱あるいはトレイを用意し，その中に適当に捨てられるようにしておく．気を抜きながらでも操作できるところを多く設定できれば，それだけ疲れずに操作ができる．

📝 プロトコール

『アプライ操作の動線の最適化例』

① サンプル入りチューブ（左），チップ（右奥），Loading Dye（中央手前），電気泳動装置（中央奥），ゴミ箱（右）を配置する
▼
② 左手でチューブをとり，右手でチップをさす
▼
③ 両手でチューブのフタを開け，サンプルをとる
▼
④ 左手でチューブを戻す（捨てる）
▼
⑤ Loading Dye と混合する
▼
⑥ 電気泳動装置にアプライする
▼
⑦ 次のサンプルに左手を伸ばしつつチップをゴミ箱に捨てる
▼
⑧ 一連の動作をリズミカルにくり返す

オススメ技

246　チップを使いまわす

オススメ度 ★★

🔖 こんなときに有効　【節約 ¥】

多数のサンプルを泳動する予定であるが，泳動用サンプルごとに新しいチップを使う必要がない場合に有効．

📝 解説

動線を最適化し，リズムよく泳動用サンプルのアプライ操作ができるようになっても，サンプル数が多い場合には，チップをさしたり捨てたりする手間さえも気になりだす．泳動確認をするだけでよいサンプルの場合，サンプルごとに新しいチップを使う必要はなく，1本のチップを使いまわすことによって，チップをさしたり捨てたりする手間を省くことができる．もちろん，動線もより短くなるため，作業時間は短縮される（図5-8）．

　通常は，最初に泳動マーカーをアプライしたチップ1本を用いて，す

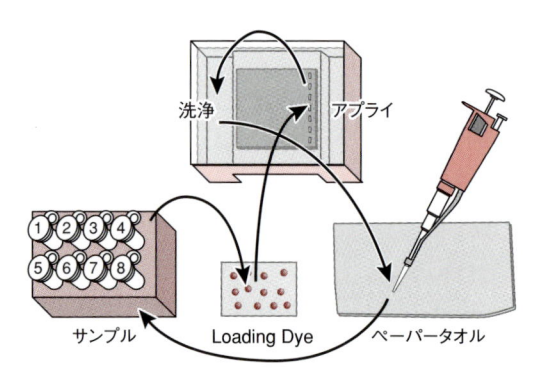

図5-8 ◆チップの使い回しと動線

べてのサンプルをアプライする．この際，サンプル間のコンタミを軽減するため，チップは泳動バッファー中でピペッティングして洗浄し，チップに付着した泳動バッファーは，実験台の上に置いたペーパータオルに押し当てて拭っておく．ペーパータオルでくり返しチップを拭っていると，チップとマイクロピペットの接合部がゆるくなることがあるので注意が必要．

📝 プロトコール

『アプライ時のチップ節約法』

① 泳動マーカーを新しいチップでアプライする
▼
② 使用後のチップは，泳動槽内の泳動バッファー中で数回ピペッティングして洗浄する
▼
③ チップに付着した泳動バッファーは，ペーパータオルで拭い取る
▼
④ 次の泳動用サンプルをアプライする
▼
⑤ 以後，同様に洗浄・泳動バッファー除去・アプライをくり返す

オススメ技

247 アプライ用の補助器具を使う

オススメ度 ★

📗 こんなときに有効　簡単 安全

泳動用サンプルのアプライ操作が苦手であり，アプライ操作を安全にかつストレスなく行いたい場合に有効．

🖊 解 説

　慣れない電気泳動槽や泳動用ゲルでアプライ操作を行う場合，ウェル上の最適な位置でチップの先端を静止させることは難しい．また，マルチチャンネルピペットを用いる場合，すべてのチップ先端に注意を払いながらサンプルをアプライすることはより難しい．

　そのような場合は，チップ先端の震えを防止する補助器具を用いる．アクリル板に孔を開けたものを補助器具として泳動用ゲル上にセットすれば，チップ先端を静止させながらサンプルをアプライできる（図5-9）．チップの先端の天地方向の位置決めは孔の大きさで調整する．うまくアプライできるか心配なときは，Loading Dyeだけ，あるいは少しだけ泳動用サンプルをアプライし，サンプルがウェルの中にうまく入ることを確認後，残りをアプライするとよい．

　アプライ用補助器具は自作も可能だが，アプライ用補助器具が付属する電気泳動装置（i-MyRun.N用サンプルアプライ用ガイド［コスモ・バイオ］，まる楽泳動付属ピペットガイド［タイテック］，簡単君［シーマバイオテック］）を利用すると便利．

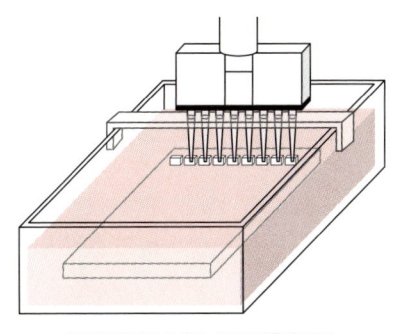

図5-9◆アプライ用の補助器具

📖 プロトコール

『補助器具を用いたアプライ法』

❶ アプライ用補助器具を，電気泳動槽にセットする
　▼
❷ チップの先端が，ウェル上の最適位置にくることを確認する
　▼
❸ 泳動用サンプルを静かにアプライする

まだまだある こんな チョイ技

オススメ技

248 マルチチャンネル対応器具の利用

　多検体サンプルを処理する場合，マルチウェルプレートを用い，8チャンネルあるいは12チャンネルに対応した電気泳動装置やマイクロピペット

第5章◆3　泳動用サンプルを軽快にアプライする方法

を用いることは，すでに一般的となっている．電気泳動装置がマルチウェルプレートのピッチに対応していない場合，チップ先端の幅を変更できる可変ピッチピペット（Impact² Multichannel Pipettors［Matrix］）を用いる．また，8や12チャンネルのピペットが扱いづらい場合，4チャンネルのピペットやカスタムメイドピペット［ニチリョー］を考えてみるのもよい．

オススメ技

249 ウェルの事前洗浄

アプライ操作開始後にウェルのトラブルにあわないためには，ウェルの状態をアプライ前に確認しておく．作り置きしておいたゲルの場合，ウェルが変形して閉じていたり，ウェル内にゲルカスが入っていることがある．このような場合は，ピペッティングによりウェルの洗浄をしてから使用する．

オススメ技

250 穴あきゲルでないことの確認

コームが貫通してしまった穴あきゲルにサンプルをアプライしてしまい，サンプルを流失してしまうことのないように，泳動用ゲルを型枠から外したときは，ウェルの深さを側方から目視確認しておく．視認しづらいときは，Loading Dyeだけをウェルにアプライしてウェルの状態を確認する．確認後のウェルはピペッティングで洗浄しておけばよい．

オススメ技

251 ウェル形状の工夫

コームを幅広にしたり肉厚にすることによって，サンプルはアプライしやすくなる．幅広コームを用いた場合，通常よりも多量の核酸を泳動しないとバンドが薄くなり，肉厚コームを使うと分離度が悪くなるので注意．上部が肉厚で下部が通常の厚さになったコーム（Genius-テーパーつきコーム［エスケーバイオ・インターナショナル］）もある．

オススメ技

252 音楽のリズムに合わせた作業

単調作業のくり返しである多検体サンプル処理時は，モチベーションの維持やストレスを軽減するため，元気の出る音楽を聴くとよい．特に，テンポの速い音楽のリズムに合わせて作業をすると，動作が高速化される．ただし，周囲への音モレに配慮し，操作が雑にならないように気をつける．

第5章 アガロースゲル電気泳動 編

Keyword 泳動制御

4 電気泳動時間をコントロールする方法

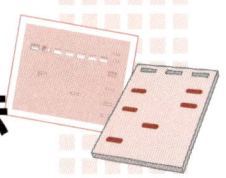

泳動用サンプルを泳動用ゲルにアプライし終わると，電気泳動を開始することになる．核酸が目的の位置まで移動するまでにはしばらく時間がかかり，電気泳動時間中は待機時間になる．この際，泳動条件をうまく設定して泳動時間をコントロールできれば，待機時間を充分に確保して他のことを行ったり，待機時間を短くして実験をさっさと終わらせたり…

標準的な手法

経験と色素マーカーをもとに待機時間を把握する

類似条件での泳動経験をもとに待機時間を推定し，色素マーカーの移動度を適宜確認しながら，電気泳動終了のタイミングをはかる．

【アガロースゲル電気泳動の待機時間のすごし方】
① 類似の泳動条件で行った電気泳動経験をもとに，待機時間を推定する
② 泳動開始を確認したら，推定した時間まで待機する
③ 待機時間終了が近づいたら，色素マーカーの位置をこまめに確認する
④ 色素マーカーの移動位置をもとに，最適位置で電気泳動を終了する

Point 待機時間は泳動条件（ゲル濃度，泳動バッファー組成，温度，分離目的の核酸の大きさ）によって推定する．泳動するにつれて泳動バッファーの温度上昇が起こり，温度が上がると泳動スピードが速くなるので，待機時間終了が近づいたらこまめに泳動状態を確認する．

オススメ技

253 泳動スピードを一定化し，待機時間を確保する　オススメ度 ★★

🔖 **こんなときに有効**　[安全]

泳動時間をできるだけ正確に推定することにより，泳動状態確認の頻度を減らして待機時間を有効活用したい場合に有効．

📝 解 説

　アガロースゲル電気泳動においては，ゲル濃度，泳動バッファー組成，泳動電圧，温度が核酸の泳動スピードに影響を与える．ゲル濃度と泳動バッファー組成は核酸の性質や泳動目的に即して決まるので，泳動直前に変更・選択できるのは**泳動電圧**と**温度**である．

　泳動電圧は，核酸の長さと電極間の距離をもとに計算することができ，10 kb を越える場合は 1～2 V/cm 以下で，1～10 kb の場合は 1～6 V/cm で，1 kb 未満の短い場合は 5～6 V/cm で泳動することが推奨されている．小型のサブマリン型電気泳動装置では，50 V あるいは 100 V といった電圧をなにげなく用いていることが多い．これらの電気泳動装置の電極間距離は 15 cm 前後なので，**15～90 V が泳動電圧の推奨値**となり，50 V は推奨値の中央付近，100 V は推奨値より少し高電圧ということになる．

　高電圧で電気泳動を行うと，泳動時間の経過とともに泳動バッファーの温度上昇が起こるため，泳動スピードはどんどん速くなる．この場合，泳動スピードが一定にはならないので泳動時間は推定しにくく，泳動終了間際が一番泳動スピードが速くなり，油断すれば泳動しすぎてしまう．泳動バッファーの温度を一定に保つためには，循環式やペルチェ式の冷却装置を用いる．

　一方，低電圧で泳動を行うと泳動スピードは遅くなるが，泳動バッファーの発熱が抑えられるため，泳動スピードはほぼ一定となる．この場合，泳動時間は推定しやすく，推定誤差による過剰泳動のトラブルは少なくなる．一般的には，核酸は拡散しない程度にゆっくりと泳動すると分離度がよくなると言われており，低電圧で泳動を行えば，良好な泳動結果と充分な待機時間が期待できる．

オススメ技

254　携帯電話で泳動状態の確認・制御を行う

オススメ度 ★

📝 こんなときに有効　[正確] [安全]

　ラボメンバーが電気泳動の状態把握や制御を行ってくれそうなので，電気泳動の待機時間中に外出したい場合に有効．

📝 解 説

　ラボメンバーの携帯に電話をかけ，電気泳動状態を教えてもらったり，泳動終了操作を代行してもらうのは科学的な手法ではないが，もっとも

手軽でかつ信頼がおける手法である．これまでも，タイマーのアラームあるいは色素マーカーの泳動位置を指標にした電気泳動の終了操作をラボメンバーに依頼することはできたが，適切に処理してもらえるかどうかは不安であった．しかし今日のラボでは，携帯電話を使用すれば電気泳動の状況をリアルタイムに確認でき，また適切なサポートを依頼することができる．

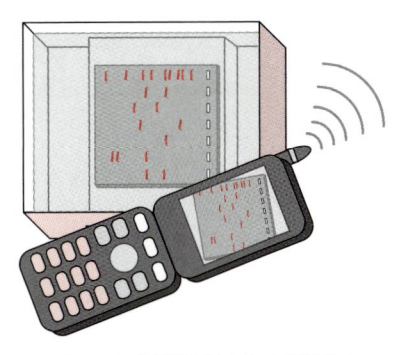

図5-10◆携帯電話のカメラ機能で

　特に，カメラつき携帯電話が有用で，言葉で表現しなくても画像つきメールを送ることで，電気泳動状態や電気泳動結果を正確に伝えることができる（図5-10）．この方法を用いれば，無理に電気泳動条件をいじる必要がないので，最適な泳動結果を得やすい．なお，サポートの手間や通信費の問題があるので，ラボメンバーの負担とならないように配慮して依頼する．

　泳動度を推定する色素マーカーとしては，XC（キシレンシアノール）やBPB（ブロモフェノールブルー）がよく用いられているが，移動度の速い低分子のオレンジGを用いると過剰泳動の防止に効果がある．

📝 プロトコール

『電気泳動の遠隔操作法』

❶ ラボ内の同僚に，外出中の電気泳動のサポートを依頼する
▼
❷ 推定泳動時間を言付けし，携帯電話のアラームもセットする
▼
❸ アラームが鳴ったら，携帯電話で同僚を呼び出す
▼
❹ 電気泳動の状況を画像つきメールで教えてもらい，処理を依頼する
▼
❺ ラボに戻ったら，電気泳動の結果を再確認する

まだまだあるこんな チョイ技

オススメ技
255 タイマーつき電源装置の利用

時間がきたら自動的に泳動が終了するタイマーを利用すると，過剰泳動を防ぐのに効果的である．泳動終了後，長らく放置すると拡散によりバンドがぼやけるので，1時間以内に泳動結果の確認を行ったほうがよい．この放置方法を利用して待機時間を長くとることもできるが，泳動装置を共用で使用している場合はまわりへの迷惑に注意する．

オススメ技
256 逆向き電気泳動

目的の位置を越えて泳動してしまった場合，電場を逆にして，あるいはゲルを逆向きにして泳動すると，位置を戻すことができる．同一の装置で同時に電気泳動できない場合に，泳動度を補正することができる．もちろん，過剰泳動してゲルから流れ出てしまったものは，もとの位置には戻せない．

オススメ技
257 泳動用ゲルの大型化

泳動用ゲルのサイズ（泳動方向）を大きくすると，泳動時間（待機時間）を長くとれ，核酸の分離度もよくなる．また，ゲルから核酸が流れきる危険性も低減できる．ゲルが大きくなればなるほど，ランニングコストが上がるのが難点．

オススメ技
258 電気泳動槽の大型化

泳動用ゲルのサイズはそのままに，電極間距離が長い電気泳動槽を使用すると，高電圧で電気泳動をすることが可能になる．電極間距離 40 cm の泳動槽を用いて，5 V/cm で泳動を行うと，200 V で電気泳動が可能となり，泳動時間を短縮できる．

オススメ技

259 高速電気泳動システムの導入

マイクロチップ型（Agilent 2100 Bioanalyzer [Agilent Technologies]）やカセット型（FlashGel™ System [Cambrex]）など，小型でハイスループットな電気泳動システムが登場している．これらのシステムは高価だが，泳動は数分以内で終了し，全自動検出・解析を行ってくれるので，電気泳動の手間と必要時間を大幅に軽減できる．

オススメ技

260 webカメラでの泳動状態の把握

IT機器が普及したバイオ実験室なら，webカメラで電気泳動状態をモニタリングし，リアルタイムでネットワークに流すことが可能である．パソコンはもとより携帯電話で泳動状態を確認し，泳動終了時ピッタリに電気泳動槽の前に立つこともできる．

第5章 アガロースゲル電気泳動 編

第5章◆4 電気泳動時間をコントロールする方法　205

第5章 アガロースゲル電気泳動 編　　Keyword 結果解析

電気泳動結果をスムーズに把握する方法

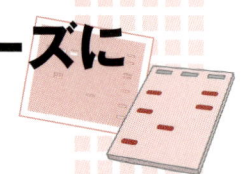

電気泳動実験の目的は，泳動結果を得ることである．核酸の大きさを知りたい場合，核酸の量を知りたい場合，厳密に測定したい場合，大雑把に確認したい場合，結果をいち早く知りたい場合，時間をかけてもきれいな結果を出したい場合など，電気泳動ごとに目的とするところはさまざまであるが，できるだけスムーズに結果を把握できるに越したことは…

標準的な手法

電気泳動終了後，サイズマーカーを指標に結果を解析する

目的の泳動位置まで電気泳動を行ってから核酸を可視化し，結果を多角的に解析する．

【アガロースゲル電気泳動後の結果確認】
❶ ゲルを EtBr で染色し，UV イルミネーターの上にのせる
❷ 260〜360 nm の UV を照射し，オレンジ色（560 nm）に見える核酸を検出する
❸ 電気泳動マーカーのサイズや濃度をもとに，核酸の状態を把握する
❹ ポラロイドフィルム，デジカメなどで泳動結果を記録し解析する

Point EtBr 入りのゲルを使用すると，泳動後のゲル染色は不要．すぐに核酸の検出が行えるが，陽電極側の EtBr 濃度が下がっているため，短い核酸の検出感度が落ちていることに注意が必要．

オススメ技

261 泳動開始後の早い時期に泳動状態を確認する　オススメ度 ★★★

こんなときに有効（短縮）

電気泳動結果をもとにした実験をすみやかに計画したいので，核酸の泳動結果をできるだけ早く知りたい場合に有効．

📝 解 説

　電気泳動の結果をできるだけ早く（あるいはリアルタイムに）把握できると，すぐに次の実験準備に取りかかることができる．核酸の泳動位置をリアルタイムに見るためには，EtBr入りのアガロースゲルを使用し，ハンディータイプのUVイルミネーターを用いてゲル上からUVを照射するのが便利である（図5-11）．

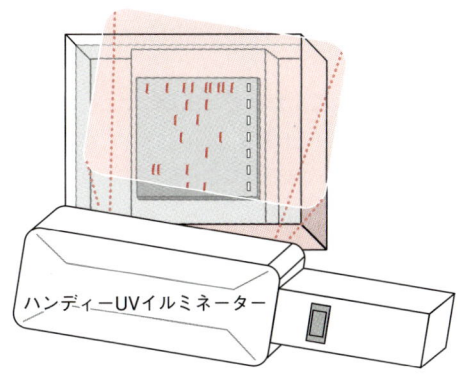

図5-11◆ハンディーUVイルミネーターによる検出

　泳動結果を見る前にバンドパターンを頭の中に描いておけば，実際のバンドパターンを見たときに，それが意味するところを瞬時に理解することができる．バンドパターンが予測と一致しない場合は，しばらく泳動を継続させながら，バンドパターン予測が正しいかどうかの再検討を行うこともできる．

注意点◆ 泳動開始後のあまり早い時期では核酸の分離度が悪く，また核酸へのEtBr結合量も少ないので，意味のある情報をとりにくい．目的の泳動位置の1/3程度まで移動した頃に確認するのがよい．500 bp以下の短いDNA断片の場合は，長時間泳動しているとバンドの輝度が下がるので，泳動途中のほうがバンドを確認しやすい．明らかに泳動を続ける意味のないとき以外は，最適な泳動位置まで泳動して正確な解析を行ったほうがよい．

📋 プロトコール

『電気泳動の初期状態での泳動確認法』

❶ EtBr入りの泳動用ゲルを用い，目的の泳動距離の1/3まで泳動する
▼
❷ UVイルミネーターでUVを照射し，核酸の位置を検出する
▼
❸ 泳動状態が予測と合う場合は，泳動を早めに終了する
▼
❹ 正確な解析が必要な場合は，目的位置まで泳動を継続する

オススメ技

262 EtBr入り泳動バッファーで泳動する

オススメ度 ★★

🔍 こんなときに有効　【安全+】

EtBr入りの泳動用ゲルで泳動している際に，短いバンドが泳動とともに見づらくならないようにしたい場合に有効．

📝 解 説

EtBr入りのアガロースゲルで核酸の電気泳動を行うと，核酸は陽電極側へ，EtBrは陰電極側に移動する．長時間の電気泳動を行った場合，陽電極側のEtBr濃度が下がるため，短いDNA断片は検出しにくくなる．また，アガロースゲル上にEtBrのグラディエントが形成されるため，結果写真のバックグラウンドが均一でなくなり，バンドの濃さを評価しにくくなる（図5-12）．

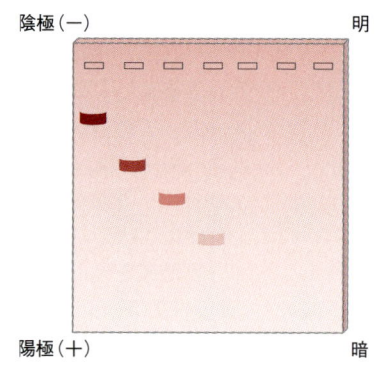

図5-12 ◆ゲル上のEtBr濃度

一方，EtBrでゲルを後染めする方法はきれいな結果が得られるが，リアルタイムに核酸を検出することができない．そこで，泳動バッファー中にEtBrを入れて泳動を行い，ゲル上のEtBr濃度を均一化する．泳動と後染めを同時に行っていることになるので，短いDNA断片も感度よく検出することができる．

> **注意点◆** 電気泳動槽や泳動バッファーがEtBrでまみれ，EtBr汚染の危険性が増大するので取り扱いに注意が必要．

オススメ技

263 泳動サンプルにサイズマーカーを混ぜて泳動する

オススメ度 ★

🔍 こんなときに有効　【簡単】【正確】

泳動サンプルの塩濃度の影響を避けながら，核酸の大きさを簡便にかつ正確に測定したい場合に有効．

📝 解説

電気泳動による核酸の長さは，サイズマーカーを指標に計測する．核酸のサイズをできるだけ正確に割り出したい場合，サイズマーカーに隣接したレーンでサンプルを泳動する，あるいはサンプルの両サイドにサイズマーカーを泳動する方法がとられる．

サンプルの塩濃度によって泳動度が異なることが懸念される場合，脱塩したり塩濃度を合わせたりして泳動することが必要となるが，結構面倒である．このような場合は，泳動サンプルにサイズマーカーを混合し，同一レーンで泳動すれば塩濃度による泳動度のズレは起こらない．

泳動サンプルに多数の DNA 断片が含まれる場合は，複雑な結果になりすぎない泳動マーカーの選択が必要である．また，PCR で望みの DNA 断片を増幅できる 100 bp ラダーマーカー（Forever 100 bp Ladder Premix Personalizer [Seegene]）を利用し，目的の DNA 断片をはさみこむようにセットすると，推定値の誤差を限定することができる（図 5-13）．

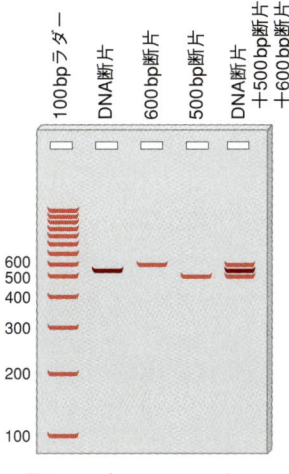

図 5-13 ◆ 100 bp ラダーマーカーの利用

まだまだある こんな チョイ技

オススメ技
264 デジタルカメラによる泳動写真の撮影と画像処理

EtBr による核酸の検出は，目視よりもインスタントフィルム，さらには高感度 CCD カメラを用いると，高感度に検出できる．最近は家庭用のデジカメでも，高感度・高画質・ワイド液晶画面を搭載したものが出てきており，安価で手軽に電気泳動結果をデジタルデータ化することができる．カラーモードで撮影すると画像処理ソフトで特定色のレベル補正を行うことができる．白黒モードでは同じ輝度になってしまうものも，色をもとに区別できる．

オススメ技

265 色素マーカーの選択

Loading Dye 中に含まれる色素マーカーは，核酸のバンドの位置と重なると UV 照射時に陰になり，検出感度が落ちる．特に BPB は検出しにくい短い核酸と重なりやすいため，短い核酸の解析を行うときは，より低分子の位置にくるオレンジ G を使用するとよい．

オススメ技

266 EtBr 以外の核酸検出用試薬の使用

核酸の蛍光検出用試薬として SYBR® Green ［インビトロジェン：Molecular Probes 製品］が出回っており，二本鎖 DNA 用の SYBR Green I と一本鎖 DNA および RNA 用の SYBR Green II が使用できる．EtBr よりも変異原性が少なく，安全性も高いとされている．UV の励起波長によって異なるが，二本鎖 DNA の感度（20〜60 pg 以上）は EtBr よりも高感度（25〜10 倍）．そのため，UV 以外の安全な励起光を用いることも可能．ただし，SYBR Green は pH 嗜好性，試薬の安定性，TE や水希釈時に出るバックの問題，先染め時のバンドの乱れが報告されており，メーカー推奨使用法での要事後染めが基本．

オススメ技

267 可視光下での DNA バンドの検出

可視光条件下でアガロースゲル内のバンドが視認できる発色用試薬として，Gel Indicator Kit［バイオダイナミクス研究所］が利用できる．UV を照射しないため，安全性が高く DNA の損傷も少ない．先染め（検出感度：500 ng 以上）および後染め（検出感度：50 ng 以上）ができるが，あまり感度はよくない．

第5章 アガロースゲル電気泳動 編

Keyword 核酸の回収

6 核酸をうまく回収するための電気泳動法

アガロースゲル電気泳動では，核酸の状態を確認するだけではなく，ある特定のバンドをゲルから回収し，他の実験に使用することができる．電気泳動後のライゲーションや制限酵素処理，PCRやラベリングなどをうまく行うためには，目的のDNA断片をできるだけ多く，かつきれいに回収する必要がある．通常の電気泳動法にひと味加えれば…

標準的な手法

ゲルから目的のDNAバンド部分をカミソリで切り出す

新品の泳動用ゲルと泳動バッファーを用いて電気泳動を行い，DNAバンドをしっかり分離させた後，UVイルミネーター上でバンドを切り出す．

【泳動用ゲルからのDNAバンドの切り出し法】
① UVイルミネーター上にラップを敷き，電気泳動後のゲルを置く
② UVを照射してバンドの状況を確認し，切り取る手順を決める
③ カミソリを用いて，手際よくバンド部分のゲル片を切り出す
④ 切り出したゲル片から余分な部分をトリミングして除去する
⑤ 核酸を含むゲル片を，チューブに回収する

Point UV照射によりDNAが損傷を受けるので，できるだけ波長の長いUVを用い，照射時間も短くする．DNAの精製法としては，①低融点（LMP）アガロースの場合は融解後フェノール精製，②凍結融解粉砕後にフェノールor遠心ろ過精製，③ヨウ化ナトリウムで溶解しガラスビーズやシリカ系担体で精製（QIAEX［QIAGEN］，GENECLEAN® ［Qbiogene］，EASYTRAP® ［タカラバイオ］，GENEPURE［ニッポンジーン］），④アガロース分解酵素で処理（β-Agarase I ［New England Biolabs］），⑤電気溶出（D-Tube™ ［Novagen］）など，多くの手法がある．

オススメ技

268 複数レーンを連結させて泳動する

オススメ度 ★★★

▣ **こんなときに有効** 簡単

DNA断片の回収量を増やしたいので，1つのレーンにできるだけ多くの核酸サンプルを泳動したい場合に有効．

▣ **解説**

次に続く実験のためにDNA断片をできるだけ多く回収したい場合，泳動サンプル量を増やすことになる．その場合，各レーンのウェルに入る泳動サンプル量は限られているので，複数レーンを使用して電気泳動をすることになる．しかし，単に複数レーンで泳動した後にDNA断片をゲルから切り出すとなると，レーン間に余分なゲルが存在することになるので切り出しにくい．

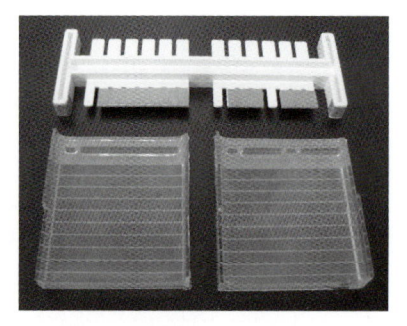

図5-14 ◆ 複数レーン連結コーム

そこで，多量の泳動サンプルがアプライできる幅の広いコームを用いる．DNA断片の回収用にさまざまな幅のコームを揃えられればよいが，そうはいかないときは，普段使用しているコームにビニールテープを貼り，幅広のコームにすればよい（図5-14）．

ビニールテープはできるだけきれいに貼る．特に，角の部分が飛び出して穴あきゲルをつくることにならないように注意する．また，あまりにも幅の広いコームをつくると，できあがったウェルの形状がゆがむので，幅は2cm以下にしておいたほうが無難．

オススメ技

269 キャピラリーゲルで電気泳動を行う

オススメ度 ★★

▣ **こんなときに有効** 節約 ¥

低融点アガロースゲルを用いたDNA断片の回収を考えているが，回収用のサンプルが多数あるので効率的に泳動を行いたい場合に有効．

解説

　低融点アガロースゲルは65℃で融解するため，DNA断片を含むゲル片は温めるだけで溶かすことができ，その後はフェノール処理のみでDNAを精製することができる．しかし，通常のアガロースに比べ，低融点アガロースゲルは非常に高価であり，サブマリン用のゲルでは無駄が多くなる．また，通常のアガロースに比べて柔らかいので，サブマリン用のゲルでは扱いづらい．

　そこで，ガラス管の中で低融点アガロースを固め，キャピラリー型の電気泳動を行う（図5-15）．そうすると，必要最低限のゲル量で電気泳動を行うことができるので経済的である．また，DNAのバンドは水平のディスク状になるので，目的のバンドを切り出しやすい．ただし，マーカー遺伝子と比較しながら泳動ができないので，あらかじめバンドパターンを把握しておく必要がある．

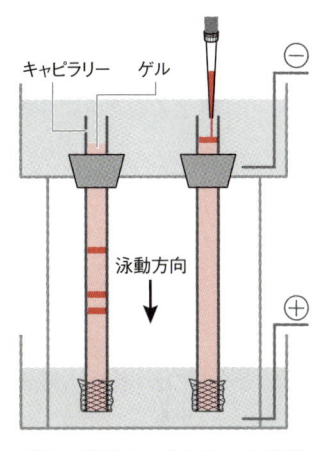

図5-15◆キャピラリー電気泳動

📋 プロトコール

『キャピラリー電気泳動による核酸の回収法』

❶ 内径7mm前後のガラス管の底を，パラフィルムで封をする

❷ 低融点アガロースゲルを，ガラス管の上部から1cm下のところまで入れて固める

❸ ゲルが固まったらパラフィルムを外し，代わりにガーゼを小さく切ったもので底を覆う

❹ キャピラリーを電気泳動装置にセットし，泳動バッファーを入れたら，ゲル上にサンプルをアプライする

❺ 色素マーカーの移動度を指標に電気泳動を行う

❻ 電気泳動が終了したらキャピラリーを取り外し，ゲルをキャピラリーから押し出す

❼ ゲルをまっすぐにし，UVを照射しながら目的のバンドをディスク状にカミソリで切り出して回収する

オススメ技

270 逆向き電気泳動による核酸の濃縮

オススメ度 ★

こんなときに有効

アガロースゲル電気泳動でDNA断片を展開後，一定サイズ内のDNA断片を濃縮して回収したい場合に有効．

解説

電気泳動で展開したDNA断片をゲルから切り出すときは，できるだけ小さなゲル片として切り出す．しかし，近接したDNA断片をまとめて回収する場合や，cDNAのサイズ分画を行う場合は，ある一定サイズのDNAを含むゲル領域を切り出す必要があるため，どうしても大きなブロックとして切り出されることになる．大きなブロックからDNAを回収し濃縮する方法がないわけではないが，やはりできるだけ小さなゲル片として回収するに越したことはない．

このような場合，展開したDNAを逆向きに泳動することでもとに戻し，それを回収するといった逆向き電気泳動が利用できる．ある一定以上のサイズのDNAを回収したければ，DNAを泳動展開後，一定サイズ以下のDNAを切り捨て，残りを濃縮すればよい．一定サイズ以内のDNAをそれぞれ回収したい場合は，DNAを展開後，ゲルに横方向の分割を入れ，横ズレさせ，空いた部分にゲルを充填して固めなおした後，濃縮を行う（図5-16）．また，DEAEセルロースペーパーなど（DE81 paper［ワットマン］，RECOCHIP［タカラバイオ］）を分画サイズの上端に差し込む方法でも，逆向き電気泳動時に吸着・濃縮させて回収することができる．

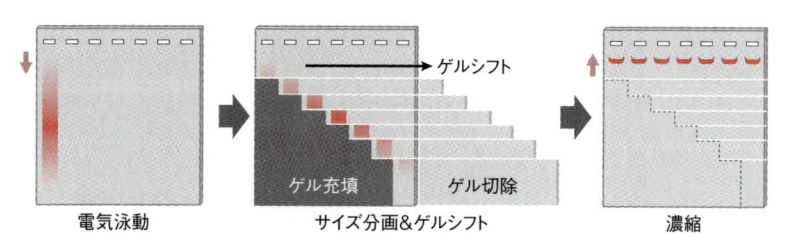

図5-16 ◆ 逆向き電気泳動による一定サイズ内のDNA回収

🔷 プロトコール

『一定サイズ以上のDNA回収法』

❶ 電気泳動でDNAを展開し，一定サイズ以下のゲル領域を，カミソリで切って捨てる
▼
❷ 逆向きに電気泳動を行い，コーム近くで濃縮された断片を切り出す

『一定サイズ内のDNA回収法』

❶ DNAサンプルを左寄りのレーンにアプライし，電気泳動で展開する
▼
❷ 展開後，回収目的の上限下限の位置で，ゲルを横方向に分割する
▼
❸ 分割したゲルをバンドが重ならないように横にシフトさせ，溶かしたゲルで泳動用ゲル全体を補強する
▼
❹ 逆向きに電気泳動を行い，コーム近くで濃縮された断片を切り出す

まだまだある こんな チョイ技

オススメ技

271 可視光下でのDNAバンドの切り出し

DNAのバンドを切り出す際，UVイルミネーターによる紫外線の照射時間が長くなると，DNAの損傷が起こる．可視光下でバンドを視認できる核酸の染色剤（Gel Indicator Kit［バイオダイナミクス研究所］）を用いれば，作業しやすい場所で，ゆっくりとていねいにDNA断片の切り出しが行える．染色剤は，ゲルに溶かしこむと迅速に，後染めをすると感度よく検出できる．

オススメ技

272 ゲル切り出し器具の利用

狭いダークルームキャビネット内で，ゲル片をカミソリを用いて手際よく切り出すのは難しい．特殊な先端構造をしたディスポーザブルチップを用いると，バンドの上からゲルを押し切りするだけでバンドが切り出せる．押し切りした後のゲルを回収しやすくするため，シリンジやスポイトの先端にゲルの切り出し口をつけた器具（x-tracta I，x-tracta II［Lab Gadget］）も利用されている．

Column

マトリックス

　マトリックスといえば，巷では仮想現実を生み出し人間を支配するコンピュータとの戦いを描いた映画をイメージさせるが，訳語的には母体・基質・基盤を意味し，数学的には格子状のデータである行列を指す．生物学の分野では，ミトコンドリアのマトリックスや細胞外マトリックスとして使われ，前者は母体，後者は基質・格子・網といった意味合いが強い．

　バイオ実験においてマトリックスは，細胞培養用のコラーゲンゲルマトリックス，核酸精製用のシリカマトリックス，電気泳動用のアクリルアミドやアガロースのゲルマトリックスなどをイメージさせ，細胞や生体分子を制動する物質的な基盤や格子・網となっている．また，労働安全衛生・遺伝子組換え・放射性同位元素などの法律的なものや，プロトコルやラボの流儀といった手法的なものも，バイオ実験を制動するマトリックスと言えるのかもしれない．

　法律的なマトリックス網の中でバイオ実験を行うのは義務だとしても，物質的あるいは手法的なマトリックス網には縛られたくない．例えばポリアクリルアミドは電気泳動用の分離ゲルとしてだけではなく，核酸のアルコール沈殿時の共沈剤として使える．また，可逆的に融解・固化できるアガロースゲルは，電気泳動や免疫拡散用のゲル，大腸菌やファージ用の培地としてだけではなく，小動物の飼育用ベッド，実体顕微鏡観察用のサンプルホルダー，切片用の包埋剤，試作品作製のための削り出し用ブロックなど，さまざまな用途で使用できる．

　マトリックスは，そもそも"子宮"を意味するラテン語に由来し，"そこから何かを生み出すもの"を意味しているという．この外に向かうイメージこそがマトリックスの本質であり，基盤や網のように内にとどまるものではない．現存のネットワークによって生み出された通念の中には，仮想現実に支配されているものも多いだろう．マトリックスを母体としながらもネオ（映画『マトリックス』の主人公）的な挑戦を行うことにより，バイオ実験にも新たな展開が生まれるはずだ．

第6章

遺伝子
スクリーニング 編

バイオな人には追い求める遺伝子がある．ライブラリーの中からお目当てのクローンを釣り上げるためには，あの手この手が必要だ．スクリーニングは釣りに似ている．仕掛けを工夫し，穴場をさぐる．天然のタイのかわりに養殖のタイを釣ってしまったのなら，まだましなほう．シガテラ毒をもっているバラフエダイをタイの仲間だと思いこんでしまったら…

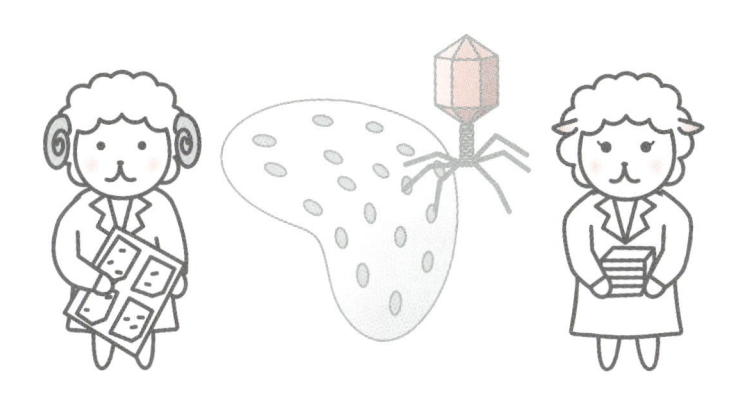

1	ファージライブラリーの軽快スクリーニング法	218
2	既知遺伝子の堅実スクリーニング法	224
3	類似遺伝子の明朗スクリーニング法	230
4	レア遺伝子の絞り込みスクリーニング法	234
5	特異的遺伝子のお試しスクリーニング法	239
6	メンブレン無用のスクリーニング法	243
7	スクリーニングで得たクローンの鑑定法	248

第6章 遺伝子スクリーニング 編

Keyword 軽快スクリーニング

1 ファージライブラリーの軽快スクリーニング法

cDNAおよびゲノムDNAライブラリーは，スクリーニングのやりやすさから，ファージのライブラリーが使われることが多い．そうは言うものの，クローンの単離にたどり着くまでには数多くのステップが存在し，実験の組み方を誤ると結構な時間を費やしてしまう．1st，2nd，3rdといったスクリーニングステップを最適化できれば，軽快にクローンを…

標準的な手法

段階的スクリーニングで，ファージをクローン化する

ファージライブラリーは，多くのクローンが容易に扱え，スクリーニング用のメンブレンが作製しやすく，S/N比（Signal to Noise Ratio）の大きいシグナルが得られるといった利点をもつ．

【ファージライブラリーのスクリーニング法】
1. ファージライブラリーをプレートにまき，1stスクリーニング用プレートを作製する
2. プラークに含まれるファージDNAを，スクリーニング用のメンブレンに写しとる
3. スクリーニングメンブレンにプローブをハイブリダイズさせ，シグナルを検出する
4. ポジティブプラークをプレートからかきとり，ファージを溶出する
5. クローン化できなかったときは，2nd，3rdスクリーニングを行う
6. クローン化できたらファージをプラスミドに変換し，インサートのシークエンス解析を行う

Point 3rdスクリーニングまで作業を行わなくてもよいように，1stスクリーニングのポジティブプラークは，余計なプラークを含まないように的確にかきとり，2ndスクリーニングプレートでシングルアイソレーションできるようにまく．

オススメ技

273 プラーク形成数の異なる1stスクリーニングプレートを用いる

オススメ度 ★★

🔖 こんなときに有効

目的の遺伝子がライブラリー内に数多く存在することがわかっているので，スクリーニングのステップ数を減らしたい場合に有効．

📝 解 説

ファージライブラリーの一般的なスクリーニングプロトコールでは，できるだけ多くのファージをスクリーニングの対象とするため，1stスクリーニング用のプレートでは直径0.5 mm程度のプラークを，ギリギリ重ならない程度に密集させることを推奨している．

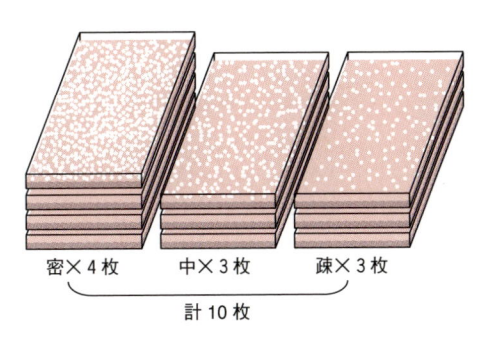

図6-1 ◆ プラーク数の異なる1stスクリーニングプレート

（密×4枚　中×3枚　疎×3枚　計10枚）

しかし，ライブラリー内に目的の遺伝子が数多く存在する場合，必要以上のポジティブプラークを得ても仕方がない．ライブラリーの質がよい場合，ポジティブプラークが20個程度得られれば，全長クローンの単離としては充分である．

そうはいうものの，ポジティブプラーク数が意外と少ないことも考慮に入れ，疎（5 pfu/cm^2），中（20 pfu/cm^2），密（200 pfu/cm^2）などのプラーク数をもつ1stスクリーニングプレートを作製する（図6-1）．ポジティブプラークが多く出た場合は，できるだけ疎のプレートからプラークを得る．1stスクリーニングでクローン化できれば，2ndや3rdスクリーニングを行う手間は不要となる．

オススメ技

274 PCRでポジティブプラークの選別を行う

オススメ度 ★★★

こんなときに有効　正確

1stスクリーニングでポジティブプラークが数多く得られ，どのプラークを2ndスクリーニングにまわすべきかを判断したい場合に有効.

解説

1stスクリーニングで得られたポジティブプラークが，目的の遺伝子を含むかどうかをできるだけ早く知ることができれば，以後の作業を効率的に行える．単なるゴミや類似の遺伝子をポジティブと判断して作業を進めると，無駄骨になってしまう．

クローンのチェックは，目的遺伝子に特異的なプライマーを用いたPCRで行う．全長cDNAクローンの判別は，cDNAの5′端近くのアンチセンスプライマーと，さらに上流のファージ領域内にセットしたセンスプライマーを用いてPCRを行うとよい．もっとも長いPCR産物が得られるクローンが，全長cDNAクローン候補となる．また，PCR産物の制限酵素処理断片の解析を行うと，PCR産物が同じ長さでも，異なる遺伝子由来のクローンを見分けることができる（図6-2）．1stスクリーニング後に取得したプラークがシングルであれマルチであれ，特異的プライマーを用いればクローンのチェックが可能であり，不要なクローンをこの時点で廃棄できると，次の作業に持ち込むサンプル数を減らすことができる．

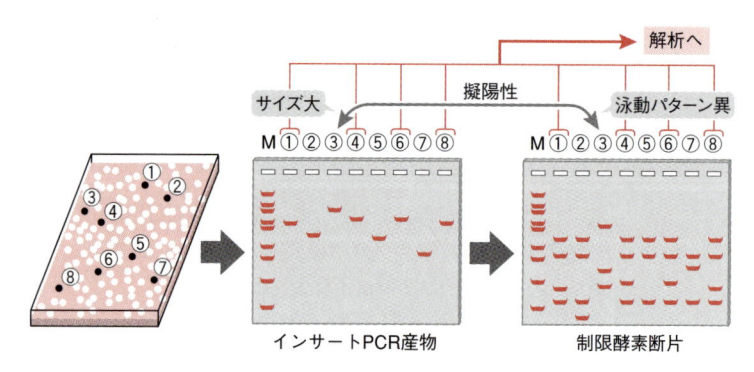

図6-2◆PCR制限酵素処理によるプラーク選別

注意点◆ SM バッファーの多量持ち込みによって Mg イオンが増加してしまったり，寒天が多量に混在したり，ファージの溶出が不充分であったりすると，PCR 増幅がうまくいかない．PCR 増幅がうまくいかないときはトラブルの原因究明に時間を割かず，2nd スクリーニングを始めるとよい．

📝 プロトコール

『1st スクリーニング後のクローンチェック法』

① ポジティブプラークを，100 μl の SM バッファー内に取得する

② ファージをよく SM バッファーに溶出させ，ファージ溶出液を得る

③ ファージ溶液の一部を 10 倍量の滅菌水とともにボイルする

④ ボイルして抽出したファージ DNA を鋳型に，PCR を行う

⑤ PCR 産物の長さおよび制限酵素処理断片の解析を行い，目的の遺伝子かどうかを判定する

オススメ技

275 2nd スクリーニングプレートのプラーク PCR でクローン化する

オススメ度 ★

🔖 こんなときに有効 【短縮】

2nd スクリーニングプレート中に数多く存在しているポジティブクローンを，直接クローン化したい場合に有効．

📝 解説

2nd スクリーニングプレートを作製後，ハイブリダイゼーションによるポジティブプラークの検出とクローン化を行うと，2 日ほどの時間が必要となる．一方，ファージ DNA の検定を PCR を用いて行うと，半日で終了する．

2nd スクリーニングを行うべきクローン数がそれほど多くない場合，かつ 2nd スクリーニングプレート上のプラークの多くが，目的のクローンであると思われる場合，多検体 PCR 法を用いてクローン選択を行ったほうが速い．ランダムに 8 個のプラークを検定しても当たりがなければ，それ以上行っても効率が悪そうなので，ハイブリダイゼーションによるスクリーニングに切り換える．

📑 プロトコール

『PCRによるクローン化法』

❶ 1stスクリーニングで得られたポジティブプラークを，できるだけシングルプラークになるように取得する
▼
❷ 2ndスクリーニングプレートにおけるシングルプラークを，1プレートあたり8個選択する
▼
❸ マルチウェルプレートを用い，多検体PCRを行う
▼
❹ PCR産物を解析し，目的の遺伝子を含むクローンを得る

オススメ技

276 傾斜プレートを用いて 2ndスクリーニングを行う

オススメ度 ★★

📌 こんなときに有効 【短縮】

タイターチェックの手間を省き，2ndスクリーニングメンブレン用に使用できるプレートを，直接作製したい場合に有効．

✏ 解 説

1stスクリーニングで取得したプラーク中に複数のクローンが混じっている場合，2ndスクリーニングでクローン化をめざすことになる．そのためには，1stスクリーニングで取得したファージ溶出液のタイターをチェックしたほうがよいが，タイターチェックには結構な手間時間がかかる．

このような場合は，ある程度の濃度幅をもったファージ溶出液が扱える傾斜プレートを利用する（図6-3，→第3章4：オススメ技140）．傾斜プレートを用いると，ファージ密度のグラディエントを形成できるので，2ndスクリーニングに適した領域を選んでメンブレンにうつしとることができる．プラークは，疎の部分は密の部分に比べて小さくファージの量も少ないので，そのまま使用するとシグナルは弱くなる．プラークの育成を進めるか，メンブレンへのトランスファー時間は長めにすると，強いシグナルが得られる．

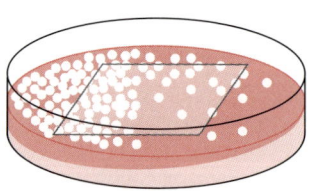

図6-3 ◆ 傾斜プレートによるスクリーニング

まだまだある こんな チョイ技

オススメ技

277 cDNAの5′端領域をプローブに設定

スクリーニングに使用するプローブの領域は，スクリーニングの作業効率に大きな影響を与える．全長 cDNA クローンの単離を行う場合，cDNA の5′端の数百 bp の領域をプローブにしたほうがよい．cDNA の3′方向の領域を含めば含むほど，全長ではない cDNA クローンがとれてくる．プローブが短くなるとシグナル強度は下がるが，S/N 比や特異性が上がる．

オススメ技

278 スクリーニング用のキットの利用

迅速で効果的なスクリーニングを行うために，各種のキットを用いることもできる．プローブ作製用のキットとしては，標識化合物（DIG，ビオチン，フルオレセイン，DNP など）や標識法（転写，逆転写，PCR，ニックトランスレーション，ダイレクトラベリングなど）を工夫したものが多い．ハイブリダイゼーション用のキットとしては，特異性の向上や反応の高速化（PerfectHyb Hybridization Solution［東洋紡］）がはかられており，検出用のキットとしては，蛍光技術（CDP-Star，ECF，ECL など）を用いて高速・高感度な検出ができるようになっている．

オススメ技

279 スクリーニングプレートの再利用

スクリーニングがうまくいくことがわかったプレートやメンブレンを再利用すれば，実験の成功確率が高くなる．スクリーニングを行う遺伝子がいくつかあるときは，同時期に実験を行ったほうがスクリーニング効率がよい．最初の遺伝子のスクリーニング時に多くのシグナルが出てしまうと後のスクリーニングが行いにくくなるので，シグナル数が少ないことが予想される遺伝子から 1st スクリーニングを行う．

第6章 遺伝子スクリーニング 編

第6章◆1　ファージライブラリーの軽快スクリーニング法

第6章 遺伝子スクリーニング編　　Keyword 既知遺伝子単離

2 既知遺伝子の堅実スクリーニング法

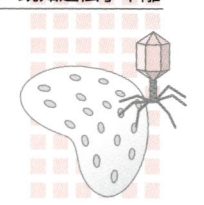

ライブラリースクリーニングの基本は，塩基配列が既知の遺伝子断片をプローブとして用い，全長 cDNA やゲノム DNA を含むクローンを単離することである．この既知遺伝子を特異的に狙ったスクリーニングは，標準的なプロトコールに従っていれば特に問題なく進行していくが，ひと手間かけて状況を把握しながら，より堅実に進めてみるのもよいかと…

標準的な手法

特異性の高い条件下でスクリーニングする

特異性の高いプローブおよび反応条件下でスクリーニングを行い，目的のクローンを単離する．

【既知遺伝子のクローンのスクリーニング法】
❶ 遺伝子の中でも特異性の高い領域を選び，プローブを作製する
❷ 特異性が高くなる条件下で，ライブラリーをスクリーニングする
❸ 複数個のポジティブクローンをクローニングし，塩基配列を決定する
❹ 目的に合ったクローンを選択し，残りは廃棄する

Point スクリーニング中にハイブリダイゼーション以外のセレクションをかけていないのであれば，目的の遺伝子が単離できているかどうかは，シークエンス解析後に明らかとなる．目的の遺伝子が単離できていなかったときは，未解析のポジティブクローンを解析したり，スクリーニング対象のクローン数を増やしてスクリーニングしなおしたり，他のライブラリーを用いてスクリーニングしたりする．

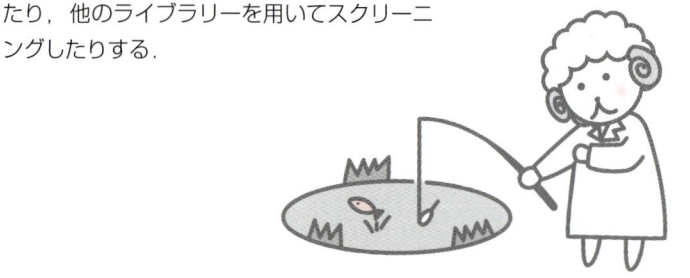

オススメ技

280 ライブラリー内の遺伝子存在量を，PCRで確認する

オススメ度 ★★

こんなときに有効

ライブラリー内に目的の遺伝子が含まれているかどうか，また充分な量が存在するかどうかをあらかじめ知っておきたい場合に有効．

解説

スクリーニング操作自体には問題はないのに，ポジティブクローンが得られないといったトラブルは，ライブラリー内に目的の遺伝子が存在していない，あるいは少なすぎることが原因の場合がある．たとえ，RT-PCRやノーザンブロッティングなどの他の実験結果から，また一般的通念から遺伝子がライブラリー中に存在しているはずであっても，目的の構造をもった遺伝子が存在しているかどうかは，実際に調べてみないとわからない．

cDNAライブラリーの場合，質が悪くて平均cDNA長が短ければ，遺伝子自体は存在するものの，全長cDNAが含まれていないことがある．また，ゲノムDNAの場合も，遺伝子の一部は存在しているが，必要な領域すべてが含まれていないことがある．このような状況を避けたいときは，目的の遺伝子に特異的プライマーを作製し，ライブラリーを鋳型にPCR増幅の可否を確認してみる（図6-4）．プライマーはクローン選択，シークエンス，コンストラクト作製などでも使えるように設計すれば，無駄にはならない．PCR産物が得られた場合は，類似の長さをもつ別の遺伝子に騙されないように，PCR産物の制限酵素処理断片のパターンを確認しておくとよい．

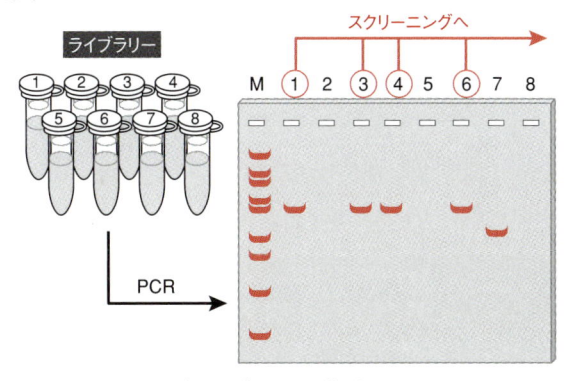

図6-4◆ライブラリーを鋳型にしたPCR

📝 プロトコール

『PCRを用いたスクリーニング用ライブラリーの選択法』

① 同一ライブラリーを，2つのライブラリーに分ける
▼
② 片一方のライブラリーを遠沈し，沈殿を蒸留水にけん濁する
▼
③ けん濁液を鋳型に，特異的プライマーを用いてPCRを行う
▼
④ PCR産物長および制限酵素処理断片長をもとに，ライブラリー内の遺伝子の存在およびその量を推定する
▼
⑤ 必要に応じて他のライブラリーにおいても，同様の作業を行う
▼
⑥ 遺伝子単離に適するライブラリーを選択し，スクリーニングを行う

オススメ技

281 異なる領域のプローブで，レプリカメンブレンをスクリーニングする

オススメ度 ★★

👍 こんなときに有効

スクリーニング時のポジティブシグナルの信頼性を高め，必要な領域をもつ遺伝子を効率よく単離したい場合に有効．

📝 解説

ライブラリー中に存在するゲノムDNAやcDNAクローンの中には，必要な配列を失ったクローンが，一定の割合で混在している．cDNAクローンの場合は5′端側が欠けた短いクローンが多いが，3′端側が欠けたクローンもしばしば存在する．ゲノムDNAクローンの場合は，クローンごとにDNA断片の長さや領域が異なることが多く，1つのクローン内に目的の領域がすべて入っているとは限らない．

したがって，必要な領域を含むクローンを効率的に単離するためには，必要な領域の5′端側と3′端側のプローブを作製し，それぞれのプローブでレプリカメンブレンをスクリーニングし，両プローブがポジティブとなるクローンを選択する（図6-5）．プローブ領域が長くなると，両端にプローブを設定した意味が薄れるので，プローブは250〜500bp程度がよい．

この場合，通常のスクリーニングプロトコールよりも少々短いプローブを用いることになるので，ハイブリ後の洗浄温度は通常よりも低く設定（55℃程度）し，時間をかけてていねいに洗浄する．シグナル強度よりも，S/N比の大きさを重要視する．

図 6-5 ◆レプリカメンブレンを異なるプローブでスクリーニング

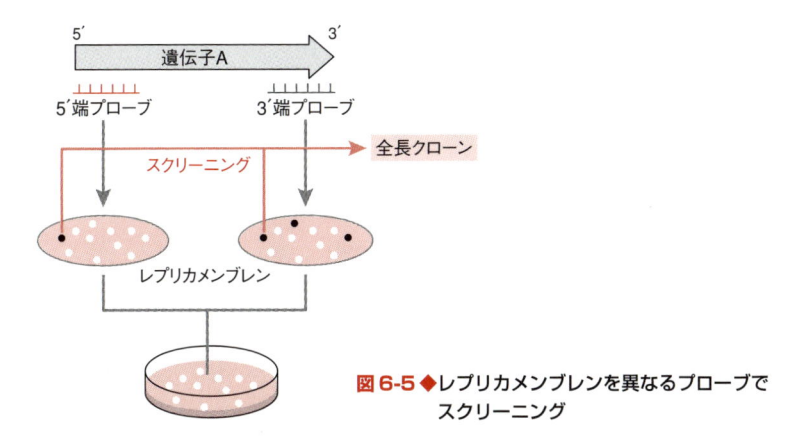

🖋 プロトコール

『レプリカメンブレンを用いたクローン選択法』

❶ 1枚のプレートから，2枚のスクリーニング用レプリカメンブレンを作製する
❷ 異なる領域に対応する2種のプローブを作製する
❸ レプリカメンブレンに，それぞれのプローブをハイブリさせる
❹ ポジティブプラークを比較し，両方のプローブでポジティブとなったクローンを選択する

オススメ技

282 インサートチェックPCRと構造解析を行う

オススメ度 ★★★

🔖 こんなときに有効

ポジティブクローンから，目的の遺伝子と同じ構造をもつクローンを効率的に単離したい場合に有効．

📝 解説

ポジティブクローンを得たら，クローンの構造が目的遺伝子の構造と一致するかどうかを解析する．遺伝子の塩基配列が部分的にわかっていれば，プライマーの設計や制限酵素の選択が行える．クローンの構造解析はインサートチェックPCR法を活用し，インサートの長さや向き，インサートの制限酵素処理断片長のパターン，遺伝子特異的PCRプライマーによる増幅の可否，インサートのダイレクトシークエンスなどの解析を行う（図6-6）．

第6章◆2　既知遺伝子の堅実スクリーニング法

クローンチェックの解析による実測値と，既知の遺伝子配列から導き出される理論値とが一致しないクローンは廃棄する．理論値と一致する場合は，目的の遺伝子単離が順調に進んでいることに確信を持ちながら，目的の構造をもつクローンだけを相手に作業を進める．ただし，想定外のトラブルを避けるため，この段階で解析クローンを1クローンに絞り込むことはせず，理論値と一致している複数のクローンをもとに解析を進める．

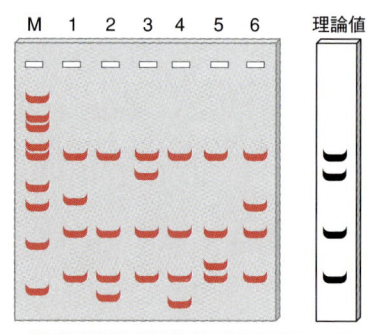

クローン長：3（全長）＞1＞6＞5＞2＞4

図 6-6 ◆ PCR 産物の制限酵素処理による解析

プロトコール

『インサートチェック PCR の活用法』

❶ クローンをボイルし，PCR の鋳型を得る

❷ 遺伝子内の特異的プライマーとクローニングサイト内のプライマー間で PCR 増幅を行い，PCR 産物を得る

❸ PCR 産物の一部を電気泳動し，長さを確認する

❹ PCR 産物の一部を制限酵素処理し，断片長を電気泳動で確認する

❺ PCR 産物の一部を精製し，シークエンス解析を行う

❻ PCR 産物を用いたこれらの解析結果が，理論と一致するか検証する

まだまだある こんな チョイ技

オススメ技

283 RACE と RT-PCR の活用

遺伝子の一部の配列がわかっており，かつ cDNA ライブラリーがあれば，ライブラリーを鋳型に 5′ RACE や 3′ RACE が行える．全長 cDNA クローンは，それぞれの RACE で増幅した領域をつなぎ合わせて構築することもできる．5′ 端や 3′ 端の塩基配列は RACE の際に明らかにできるので，遺伝子の両端に特異的プライマーを設計し，RT-PCR で全長 cDNA を増幅することができる．最近は，エラーが少なくて長い領域を増幅可能

なDNAポリメラーゼが出回っており，PCR時の変異を避けるためのスクリーニングにこだわる必要もなくなりつつある．

オススメ技

284 網羅的な EST 解析

目的の遺伝子が高濃度でライブラリー中に存在することがわかっている場合，ライブラリー中のクローンを片っ端からシークエンス解析すると，そのうち目的の遺伝子にヒットする．組織や器官にメジャーなタンパク質であれば，数百クローンも解析すればヒットする．1つの遺伝子のみに着目している場合は効率が悪いが，複数の遺伝子に着目している場合，それぞれを正攻法でスクリーニングするよりも早く単離できる場合もある．また，副産物の中にも，興味深い遺伝子が含まれることがある．ただし，ライブラリー中に特定の遺伝子が高頻度で存在する場合，その遺伝子ばかり得られてしまうので新しい遺伝子の獲得効率が下がる．

オススメ技

285 遺伝子情報データベースと PCR の利用

生物種によっては，ゲノム，cDNA，EST（Expressed Sequence Tag）の網羅的解析が進められており，目的の遺伝子の塩基配列情報がすでに公開されている．全長 cDNA の塩基配列としては登録されていなくても，ゲノムのショットガンシークエンスデータや未整理の EST データの中に，目的の遺伝子の配列が含まれている可能性がある．目的の遺伝子を特異的に増幅できるプライマーを設計できれば，PCR で遺伝子を単離することができるので，まずはデーターベース検索から始めたほうがよい．

第6章　遺伝子スクリーニング 編　　　Keyword　類似遺伝子単離

3　類似遺伝子の明朗スクリーニング法

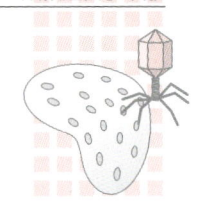

単離目的の遺伝子と類似する遺伝子がライブラリー中に存在する場合，スクリーニングが複雑になる．特に，同一遺伝子由来のオルタナティブ産物や，高度に保存されている遺伝子群にまとわりつかれた場合，ハイブリ条件をいろいろ検討しても，うまく区別できないことが多い．なんとか違いが見分けられれば，着実にクローン化できるのだが…

標準的な手法

類似遺伝子を把握しながらスクリーニング条件を検討し，ポジ・ネガ選別を行う

プローブ領域やハイブリ条件を変えて特異的なスクリーニング条件を探すとともに，類似遺伝子のプローブによるネガティブセレクションを行う．

【目的遺伝子と類似遺伝子の選別法】
① 通常のスクリーニングを行い，類似遺伝子の存在を知る
② スクリーニング条件（プローブ，洗浄，ハイブリ）を検討し，特異的な単離条件を探る
③ 類似遺伝子のプローブをレプリカメンブレンにハイブリさせる
④ 目的遺伝子ポジティブかつ類似遺伝子ネガティブのクローンを得る

Point　類似遺伝子（擬陽性）が目的の遺伝子（陽性）のプローブにクロスリアクトしてしまった場合，特異性がある領域をプローブに使い，もっとも厳しい条件下でスクリーニングを行う．それでも擬陽性になる場合は，スクリーニング条件の検討による選別は難しい．擬陽性側のプローブで擬陽性のみを除去しようというネガティブセレクションも，擬陽性プローブが陽性とクロスリアクトする可能性が高い場合は難しい．

> オススメ技

286 インサートの Hae III 処理断片長の解析を行う

オススメ度 ★★★

🖋 こんなときに有効　正確👍

　類似遺伝子群にも気を配り，ポジティブクローンの全体像を把握しながら，コツコツと目的の遺伝子の単離にこぎ着けたい場合に有効．

📝 解説

　既知の遺伝子をスクリーニングで絞り込む場合，既知の塩基配列情報をもとにしたインサートチェック PCR や，その PCR 産物の制限酵素処理断片の解析が有効である．そうはいうものの，目的遺伝子と類似遺伝子間の塩基配列の違いがよくわからない場合，特異的なプライマーや遺伝子を識別する制限酵素を用いることができない．

　そのようなときは，とりあえず cDNA 断片全体を PCR で増幅し，それを制限酵素 Hae III で切断して電気泳動してみるとよい（図 6-7）．Hae III なら 4 塩基対認識なので何かしらの断片が出やすく，必要なときは平滑断片としてサブクローニングできる．また，Hae III は至適塩濃度幅が大きいので，PCR 産物を精製することなく直接 Hae III を加えれば処理ができ，値段もこなれた酵素なので気楽に使用できる．

　この方法は操作が楽なので多検体処理を行いやすく，とりあえず 48 クローンあるいは 96 クローンの解析を行ってみてから，その後のことは考えるとよい．PCR 用のマルチプレートとマルチチャンネルピペット，さらにマルチチャンネル対応の電気泳動装置で解析を行えば，それほど労力はかからない．

タイプ I：①③⑥⑨⑪⑮
タイプ II：②⑦⑫⑬⑰⑱
タイプ III：④⑤⑧⑩⑭⑯

図 6-7 ◆ インサートチェック PCR 産物の Hae III 処理断片長の解析

第 6 章 ◆ 3　類似遺伝子の明朗スクリーニング法

🛠 プロトコール

『インサートチェック PCR 産物の *Hae* III 処理断片解析とクローン分類』

❶ ポジティブクローンのインサートチェック PCR 産物を得る
▼
❷ PCR 産物に *Hae* III を加え，制限酵素処理を行う
▼
❸ *Hae* III 処理断片を電気泳動し，バンドパターンを得る
▼
❹ クローンの分類を行い，各遺伝子を代表するクローンを解析する

『制限酵素処理断片パターンの解析』

❶ 電気泳動パターンを比較し，よく似た断片長をもつクローン同士を比較する
▼
❷ 同一長の断片を複数もつものは，同種遺伝子由来と考える
▼
❸ 同種遺伝子において，異なる長さの断片は 5′端か 3′端かオルタナティブスプライシングに由来すると考える
▼
❹ 同種遺伝子において，5′端断片長と PCR 産物長の変動が同調することを確かめる
▼
❺ 同種遺伝子において，3′端断片長が変動する場合は欠失を考慮する
▼
❻ 同種遺伝子において，断片長の変動が 3 つ以上の場合はオルタナティブスプライシングを考慮する
▼
❼ 断片長の一致が複数みられるが，パターンが複雑で PCR 産物長がやけに長いものは組換え体とみなす
▼
❽ 互いに一致する断片長がないクローンは，別遺伝子と考える

オススメ技

287　特異的プライマーによる PCR でクローンを選別する

オススメ度 ★★

📖 こんなときに有効　[短縮]

類似遺伝子および目的遺伝子の塩基配列が部分的に明らかにできており，塩基配列の違いをもとに効率的にクローン化を行いたい場合に有効．

✏ 解説

ライブラリー中の遺伝子頻度が少ない，あるいは類似遺伝子の頻度が多すぎると，なかなか目的遺伝子にたどり着けないことがある．そのような場合，類似遺伝子と目的遺伝子の塩基配列を比較し，目的遺伝子に特異的なプライマーを設計し，PCR でクローン選択を行う．

ポジティブクローン中に目的遺伝子が少ない場合は，複数クローンをミックスしたものを鋳型にPCRを行う（図6-8）．ミックスに何クローン入れるかや，トータル何クローンを処理するかは状況によって異なるが，ミックスを10クローン以下にしておくと，後で目的のクローンを探し出しやすい．

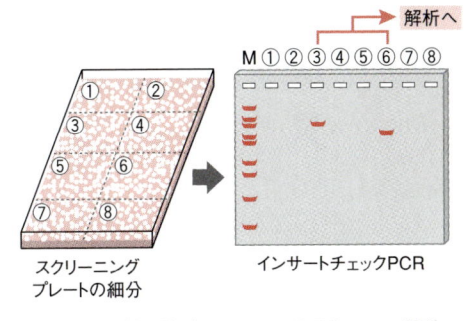

図6-8 ◆特異的プライマーによるクローン選別

まだまだある こんな チョイ技

オススメ技
288 遺伝子情報データベースのホモロジー検索

　扱っている動物種の遺伝子（ゲノム・cDNA・EST）情報が公開されている場合，類似性検索（ホモロジー検索）を，スクリーニング前に行っておくとよい．目的遺伝子を問い合わせ配列にしたサーチ結果（塩基配列のアライメント）を見ると，クロスリアクトしないかどうか（相同性の度合い），アイソフォームがないか（遺伝子名の違いや配列の微妙な違い），オルタナティブスプライシング産物がないか（ギャップの存在）などがわかる．

オススメ技
289 同族遺伝子の一括スクリーニング

　遺伝子の類似性を利用して，同族遺伝子をまとめて単離したいときは，同族遺伝子間で保存性の高い領域を含む1つの遺伝子のプローブを作製し，緩やかな条件下でプローブをクロスリアクトさせてスクリーニングする．また，同族遺伝子間で保存性の高い領域を縮重プライマーでPCR増幅し，単離した各遺伝子のPCR断片をプローブにして，厳しい条件下でスクリーニングを行う．

第6章　遺伝子スクリーニング 編　　　Keyword　レア遺伝子単離

4 レア遺伝子の絞り込みスクリーニング法

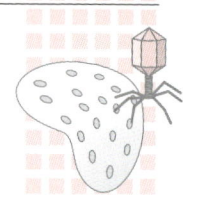

目的の遺伝子がライブラリー中に少数しか存在せず，なかなかポジティブシグナルが得られないことがある．そもそも遺伝子発現量が少ない場合，ライブラリーの質が悪い場合，求めているインサートが長い場合など，その原因はさまざまであるが，通常のスクリーニング操作ではお目にかかりにくいレア遺伝子でも，絞り込みを行えば出会えるかも…

標準的な手法

数多くの1stスクリーニングプレートをスクリーニングする

スクリーニングの対象クローン数を増やし，遭遇確率を増やす．

【レア遺伝子のスクリーニング法】
❶ ライブラリーを鋳型にしてPCRし，目的遺伝子の増幅確認を行う
❷ できるだけ数多くの1stスクリーニングプレートをクリーニングする
❸ ポジティブクローンが得られない場合，何度か再スクリーニングする
❹ 他のライブラリーを用い，PCRチェックやスクリーニングを行う

Point　PCRチェックによりクローンの存在が確認されている場合，極端にレアでなければスクリーニングをくり返すうちにクローンは単離できるが，作業効率が悪い．ライブラリーに含まれるすべてのクローンを，メンブレンスクリーニングで調べるのは大変．

オススメ技

290　増幅前のライブラリーをスクリーニングする　　オススメ度 ★

🔖 **こんなときに有効**　[短縮]

クローンの冗長性や偏りのないライブラリーを用い，レアなクローンのスクリーニング効率を上げたい場合に有効．

📝 解 説

　ライブラリーの作製は，多種多数のDNAをベクターにつないだものを，1セットとしてプールするところから始まる．ライブラリーの作製時にPCRを用いていなければ，この1セット内のクローンはそれぞれ別DNA由来の断片をもっており，クローンの冗長性は生じていない．しかし，この非冗長ライブラリーをそのまま使用して実験を進めると，唯一無二のクローンが失われてしまう．

　そこで通常は，ライブラリー内のすべてのクローンを増殖させて混合するというライブラリーの増幅を行うが，この過程でクローンの冗長性が生じてしまう．また，クローンの増幅は均一ではないので，コピー前後のライブラリー間では各クローンの存在比率は異なってくる．

　クローンの存在量の少なさが，ライブラリー増幅時の増殖効率の悪さに起因している場合，増幅前の非冗長ライブラリーを用いるとよい．非冗長ライブラリーを用いれば，単離できたクローンはすべて別DNA由来であるので，同一クローンのコピーを重複して解析する無駄もなくなる（図6-9）．

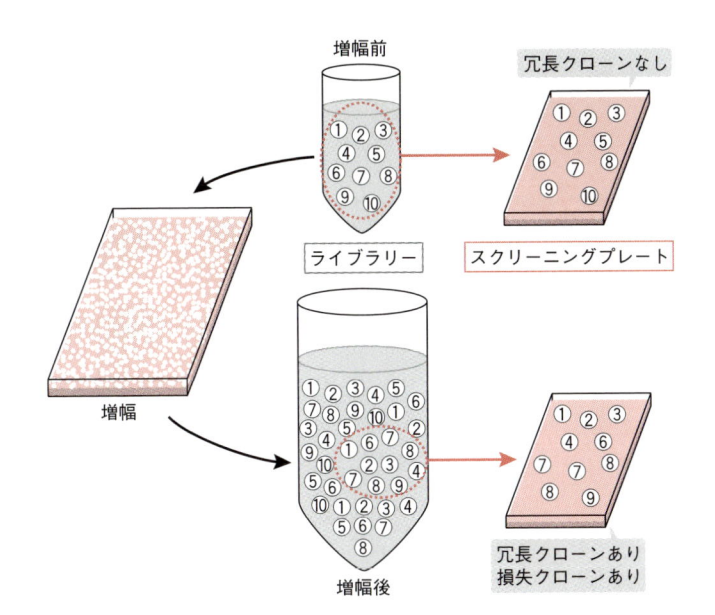

図6-9 ◆非冗長と冗長ライブラリー

オススメ技

291 小分けライブラリーをスクリーニングする

オススメ度 ★★

🔬 こんなときに有効　[短縮] [簡単]

スクリーニング対象のクローン数をできるだけ多くしたいが，スクリーニングプレートやメンブレンはできるだけ少なくしたい場合に有効．

📝 解説

遺伝子発現量がそもそも少ないなど，目的遺伝子がレアなことがあらかじめわかっている場合，ライブラリーの増幅時に工夫を凝らすことがある．ライブラリーは増幅して用いるため，クローンに冗長性が生じることになるが，これを限定的にする方法を選択する．例えば，100万クローンをベースにしたライブラリーを増幅する場合，5万クローンずつの小分けにし，20セットの小分けライブラリーとして増幅する．

スクリーニング時はまず，どの小分けライブラリー内に目的の遺伝子が含まれるかをPCRによって見出し，後はその小分けライブラリーを徹底的にスクリーニングする（図6-10）．複数の小分けライブラリー中に遺伝子が存在しているようであれば，それらは別のDNA断片由来としてスクリーニングする．この方法を用いれば，クローンの冗長性を回避して，効率的にスクリーニングを行うことができる．

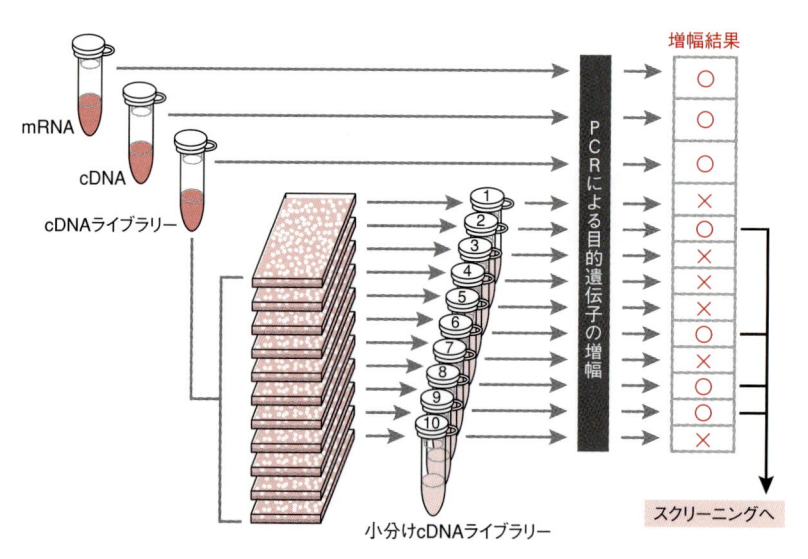

図6-10 ◆ 小分けライブラリーを用いたスクリーニング

小分けライブラリー作製時に含めるクローン数は，ライブラリー全体に含まれるクローン数に応じて決めればよい．一般的には，全体の1/20〜1/50程度が扱いやすい．ライブラリーの増幅を小さなプレートで少しずつ行うのは手間ではあるが，大型プレートを使用して大規模増幅を行うときよりは気楽に取り組める．

📝 プロトコール

『小分けライブラリーを用いたスクリーニング法』

❶ ライブラリーの増幅は数万〜十万クローンずつ行い，小分けライブラリーとして保存する
▼
❷ 小分けライブラリーの一部を鋳型にして，目的の遺伝子に対するPCR増幅確認を行う
▼
❸ スクリーニングすべき小分けライブラリーを選択する
▼
❹ 小分けライブラリーに含まれるクローン数の2〜4倍を対象として，スクリーニングを行う

まだまだある こんな チョイ技

オススメ技

292 高発現試料を用いたライブラリー作製

遺伝子の発現レベルが低い，あるいは発現が局所的であることがわかっている場合，高発現部位の試料だけを用いてcDNAライブラリーを作製する．基本的にはもとになる転写産物量比が，ライブラリー中の遺伝子頻度と相関するので，組織や器官全体ではレアとなる遺伝子でも，高発現細胞を用いれば，レアではなくなる．

オススメ技

293 平均化したcDNAライブラリーの作製

一般的なcDNAライブラリーでは，発現量の多い遺伝子由来のクローンが大量に含まれ，レア遺伝子の単離効率を下げる原因となっている．そこで，どの転写産物も平均的な頻度で存在するという平均化cDNAライブラリーの作製を行うと，レア遺伝子はスクリーニングしやすくなる．平均化ライブラリーは，存在量が多い転写産物はハイブリしやすいという原理を利用し，ハイブリしなかった転写産物を回収して作製する．

第6章 遺伝子スクリーニング 編

オススメ技

294 サイズ別のライブラリー作製

ライブラリーを作製する際には，DNA 断片をサイズで分画し，いくつかの分画を集めてクローニングすることが多い．目的の遺伝子がどのサイズ分画に多く存在しているのかがわかっていれば，そのサイズ分画のみのライブラリーを作製すればよい．目的遺伝子の存在比率が多い分画が得られれば，スクリーニング時にクローンを得やすい．

オススメ技

295 サブトラクションによる濃縮

レアな遺伝子の cDNA クローンをスクリーニングで単離したい場合，サブトラクションが利用される．レア遺伝子が発現している組織と，していない組織の mRNA あるいは cDNA を組み合わせ，ハイブリダイズするものを取り除く．残った一本鎖を二本鎖化してライブラリーを作製すれば，クローンの出現頻度は格段にアップする．

オススメ技

296 一本鎖 cDNA ライブラリーの選択濃縮

ライブラリー全体をスクリーニングの対象にすることにより，レア遺伝子の単離を試みる．プレートベースの方法では限界があるので，二本鎖 cDNA ライブラリーから一本鎖 cDNA ライブラリーを作製し，これに目的遺伝子由来の配列をもつ標識オリゴをハイブリダイズさせる．標識をもとにハイブリダイズした一本鎖 cDNA のみを分離し，二本鎖にもどして大腸菌に導入する．この方法でレア遺伝子の濃縮をかけられるキット（Gene Trapper® ［インビトロジェン］）が販売されている．

オススメ技

297 インサートとベクターと宿主との関係変更

組織内での遺伝子発現量は少なくないのに，ライブラリー内の遺伝子存在量が少ない，あるいは全くないことがある．その場合は，インサートとベクターや，インサートと宿主との相性が合ってない可能性がある．宿主，ベクターの順に変更しても改善がみられない場合，インサート内の遺伝子にコードされたタンパク質が，宿主の成長を害している可能性がある．その場合，インサートを分割したものをクローニングすることも考えてみる．

第6章 遺伝子スクリーニング 編

Keyword 特異的遺伝子単離

5 特異的遺伝子のお試しスクリーニング法

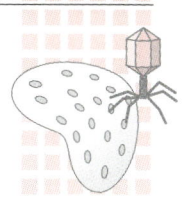

特定の細胞・組織・器官，発生ステージ，薬剤処理前後のサンプルからライブラリーが構築されている場合，その中に含まれる特異的遺伝子を単離することが，ライブラリースクリーニングにおける醍醐味と言える．生命現象間の違いと密接にリンクしているかもしれない特異的遺伝子．ハイテク系単離法もあるが，泥臭いスクリーニング法も意外と…

標準的な手法

サブトラクションしたプローブあるいはライブラリーを用いてスクリーニングする

ハイブリダイゼーションを利用し，遺伝子発現量の差分を一本鎖の核酸として抽出し，利用する．

【特異的遺伝子単離のためのサブトラクション法】
❶ 特異的遺伝子を含む核酸群を準備する
❷ これに特異的遺伝子を含まない核酸群を多量に加え，ハイブリさせる
❸ ハイブリしなかった一本鎖 DNA 群を抽出する
❹ この一本鎖 DNA 群をプローブとして用い，ライブラリーをスクリーニングする
❺ あるいはこの一本鎖 DNA 群を二本鎖にしてライブラリーを作製する

Point サブトラクション法は原理的にはシンプルな方法であるが，レアな特異的遺伝子を単離するうえで強力な方法である．さらに，特異的遺伝子の頻度を PCR を用いて増幅する方法を組み合わせることにより，少ない試料からでも始められるようになっている．PCR を用いる場合は，不完全長の遺伝子断片を得ることが多く，全長 cDNA クローンの単離には cDNA ライブラリーのスクリーニングが必要．

オススメ技

298 ディファレンシャルスクリーニングを行う

オススメ度 ★★

🖋 こんなときに有効　簡単

比較する2つ以上の生体サンプルから充分量のmRNAを抽出でき，まずはメジャーな特異的遺伝子から単離できればよい場合に有効．

📝 解 説

同一のスクリーニングプレートから2枚のレプリカメンブレンを作製し，特異的遺伝子を含むプローブと，特異的遺伝子を含まないプローブを，それぞれハイブリダイズさせ，そのシグナルを比較する（図6-11）．なお，クローンをシングルでアイソレーションできるように，1stスクリーニングプレートはクローンを疎にまく必要があり，あまりスクリーニング対象のクローン数を増やせない．

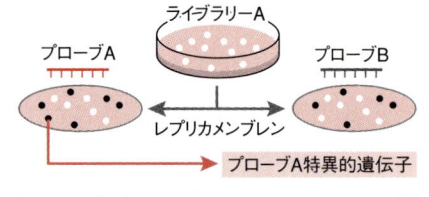

図6-11 ◆ディファレンシャルスクリーニング法

単離できる遺伝子は，構造遺伝子であることが多く，特異的な機能に直結する代表的な遺伝子であることが多い．また，発現量が多いので，その後のスクリーニングや発現解析時のシグナルは出やすい．

> **注意点◆** 検出感度が低いのが問題で，遺伝子の発現頻度が数千分の1以上ある発現量の多い遺伝子しか検出できない．プローブを多量に使用したり，シグナルの検出時間を長くすると，ある程度の改善ははかれるが，数万分の1程度の発現頻度しかない，転写因子などの単離は期待できない．

📋 プロトコール

『ディファレンシャルスクリーニング法』

① スクリーニングプレートから，2枚のレプリカメンブレンを作製する
② 目的のサンプルと他のサンプルから，mRNAをそれぞれ抽出する
③ mRNAを逆転写する際にRIでラベルし，cDNAプローブを作製する
④ cDNAプローブを，各レプリカメンブレンにそれぞれハイブリさせる
⑤ 2枚のレプリカメンブレン上のシグナルを比較する
⑥ 目的のサンプル由来のプローブのみにシグナルがあるクローンを，特異的遺伝子候補とする

299 ネガティブセレクションしたクローンを解析する

オススメ度 ★

こんなときに有効　簡単

ディファレンシャルスクリーニングにおけるネガティブシグナルの中から，特異的遺伝子を見つけだしたい場合に有効．

解説

ディファレンシャルスクリーニングは感度が悪いため，半分程度のクローンは，どちらのレプリカメンブレンにもシグナルが出ない．このネガティブなクローンを選択し，その発現をコツコツ調べていくと，興味深い遺伝子に出会えることがある．特異的遺伝子の単離効率を上げたい場合は，別サンプル由来のプローブをできるだけ多くハイブリダイズさせ，非特異的遺伝子をできるだけ多くポジティブ化してしまう（図6-12）．もちろん，特異的遺伝子を高濃度で含むライブラリーや，平均化ライブラリーを用いるに越したことはない．

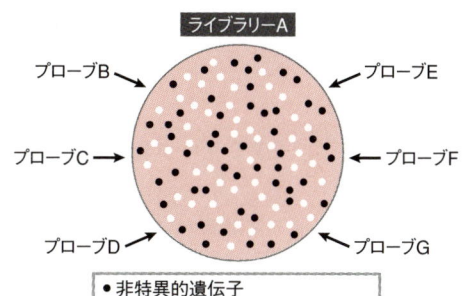

ライブラリーA
プローブB／プローブE／プローブC／プローブF／プローブD／プローブG

● 非特異的遺伝子（プローブB〜Gと反応）
○ 低発現遺伝子 or A特異的遺伝子

図6-12 ◆ ネガティブセレクション

プロトコール

『ネガティブセレクションしたクローンの発現解析』

1. ライブラリーを疎にまいたスクリーニングメンブレンに他の生体サンプル由来のプローブをハイブリさせる
2. ネガティブクローンを集めシークエンスし，重複遺伝子を取り除く
3. RNAドットブロッティングで，特異的遺伝子候補を探索する
4. ノーザンブロッティングやin situハイブリダイゼーション法などを用いて，特異性を検証する

まだまだある こんなチョイ技

オススメ技
300 ディファレンシャルディスプレイ法

多種類のプライマーを一度に用いてPCRを行うと，多くのバンドが出現する．異種サンプル由来のcDNAを鋳型にすると，それぞれに特徴的なバンドパターンが得られる．これを比較すると，特異的遺伝子由来の特異的なバンドが得られる．実際には，バンドパターンの安定性や擬陽性に悩まされることが多い．

オススメ技
301 ESTデータ数の比較

発生ステージや組織，バイオアッセイ前後の遺伝子発現がESTデータとして蓄積されている場合，EST数の比較から遺伝子発現量を類推し，特異的遺伝子候補を得る．SAGE（Serial Analysis of Gene Expression）による遺伝子発現プロファイルと組み合わせることも可能．あまり解像度はよくないので，特異的遺伝子候補の選定の初期段階や，特異性確認の参考程度に用いるとよい．

オススメ技
302 DNAチップを用いた発現比較解析

cDNAあるいはオリゴDNAをマイクロアレイしたものを用い，遺伝子発現量の差はハイブリした蛍光プローブの輝度の差としてとらえる．別々のDNAチップ間で比較する場合と，同一DNAチップ上で異なる蛍光プローブの輝度を比較する場合がある．基本的な原理はハイブリダイゼーションであり，高感度かつ冗長度をなくしたディファレンシャルスクリーニング法だといえる．

オススメ技
303 HiCEPによる解析

HiCEP（High Coverage Expression Profiling analysis）は，制限酵素処理したcDNA断片にアダプターを付加し，これを蛍光プライマーを用いてPCR増幅することによって，cDNA断片の長さと存在量をピークデータとして検出する手法である．再現性がよいため，ピークの大きさで遺伝子発現量の変化をとらえることができる．異種サンプル間でのピークデータを比較することにより，発現量が大きく変動する遺伝子や特異的な遺伝子を同定することができる．

第6章 遺伝子スクリーニング 編　　Keyword メンブレン無用

6 メンブレン無用のスクリーニング法

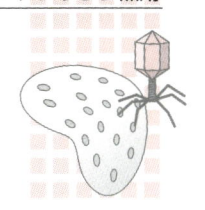

スクリーニングは，ライブラリー内のクローンをプレート上にまき広げ，それをメンブレンに写しとってコツコツ調べることが基本である．しかし，高速・高感度・高周密・高レベル解析が可能な DNA チップが台頭してきた現在，従来のスクリーニング法は何だかレトロな感じがしてきた．とはいっても，ハイテク技術・機器が身近にあるわけではないので…

標準的な手法

DNA チップを用いて遺伝子を特定する

冗長性を排除した遺伝子集団を整然と配置した DNA チップを用いれば，シグナルをもつ遺伝子の情報が瞬時に得られる．

【DNA チップを用いた遺伝子特定法】
① ゲノム・cDNA プロジェクトを行い，全遺伝子の存在とその情報を明らかにする
② 遺伝子を基盤上に高細密にアレイし，DNA チップを作製する
③ 調べたい核酸（群）をラベルし，DNA チップにハイブリさせ，シグナルを得る
④ シグナルの位置から，アレイされた遺伝子を割り出す

Point DNA チップはハイブリダイゼーションを原理としており，メンブレンスクリーニングと基本原理は変わらないが，支持体の材質とクローンの配置方法・アレイ密度が改良されており，マイクロアレイともよばれる．遺伝子の冗長性排除や，遺伝子情報との直接リンク，蛍光プローブによる高感度などの点で従来のメンブレンを用いた手法を圧倒している．1種類の核酸をプローブにして1遺伝子を特定するというよりは，一定の条件を満たす遺伝子群をまとめて特定する解析に用いられる．

オススメ技

304 ライブラリーを分割し PCR セレクションを行う

オススメ度 ★★

🔖 こんなときに有効 😊簡単

　　PCRでライブラリー内に目的遺伝子が含まれることを確かめながらスクリーニングしたい場合に有効.

📝 解説

　　一定量のライブラリーが，どれだけのコロニーあるいはプラークを形成できるかがわかれば，分割したライブラリーにおける形成数が計算できる．ライブラリーを分割し，その中で目的遺伝子の存在が確認できた分割ライブラリーを選択し，さらに分割・選択をくり返していくと，最後にはクローン化することができる（図6-13）．

　　コロニーやプラークを含むけん濁液を希釈しながら進めていくのもよいし，プレートにまくことによって，数を確認しながら進めていくのもよい．多くのポジティブクローンを扱おうとすると，処理量が増えて大変なのでPCRプライマーの設計を工夫して，必要な領域を含む目的のクローンを厳選しながら作業ができれば効率がよい．

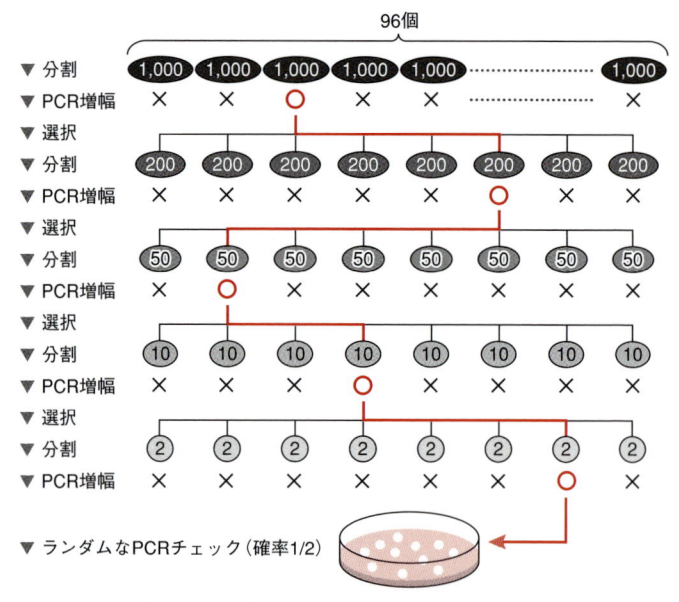

図6-13 ◆ 分割ライブラリーの PCR セレクション

🔖 プロトコール

『分割ライブラリーのPCRセレクション』

❶ コロニー/プラーク形成数が1,000個になるように，ライブラリー希釈液を96ウェルプレートに分注する
▼
❷ 96ウェルプレート内で，それぞれの分割ライブラリーを増幅する
▼
❸ 増幅済み分割ライブラリーの一部を鋳型とし，目的遺伝子のPCR産物が得られるか検定する
▼
❹ PCR産物が得られた分割ライブラリーを選択する
▼
❺ 形成数が200個になるように希釈し，96ウェルプレート1列（8ウェル）に分注する
▼
❻ 同様に分割ライブラリーを増幅し，PCRで分割ライブラリーの選択をする
▼
❼ 同様に形成数が50，10，2，1個となるように操作をくり返し，クローン化する

オススメ技

305 ライブラリーにプローブを入れて直接ハイブリさせる　オススメ度 ★★★

📕 こんなときに有効　[短縮] [簡単]

ライブラリー全体を相手にし，クローンにプローブを直接作用させることによって直接目的のクローンを単離したい場合に有効．

📝 解説

ライブラリー内には多種多様なクローンが含まれるが，その中にプローブを送り込んでハイブリさせ，目的のクローンを直接取り出してくる方法がある（図6-14）．プローブとクローンをハイブリさせるためには，環状二本鎖のDNAをもつクローンを，部分的にでも一本鎖にしなければならない．これには，

- 環状二本鎖DNAから作製した一本鎖DNAにプローブをハイブリさせるシステム（GeneTrapper®［インビトロジェン］）
- 環状二本鎖DNAを一時的に変性させている間にプローブをもぐりこませるシステム（OneDayCloning® kit［G&GT社］）
- 二本鎖cDNAを組換え酵素つきのプローブで開いてプローブを作用させるシステム（Recapture™［インビトロジェン］）

などがある．

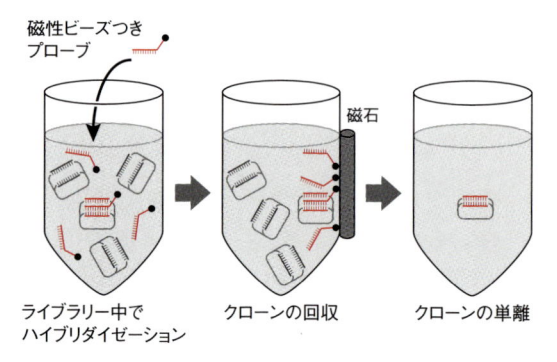

図6-14 ◆ 直接ハイブリによるクローンの単離

　また，目的のクローンをたぐり寄せるためには，プローブに何らかの仕掛けをしておく必要がある．そこで，
・ビオチン標識のプローブをストレプトアビジン結合磁性ビーズで捕獲する（GeneTrapper® ［インビトロジェン］）
・Cの連続配列を付加したオリゴプローブをoligo（dG）ラテックスビーズで捕獲する（OneDayCloning® kit ［G&GT社］）

ことによって，プローブおよびクローンを回収する．

　いずれの場合も，スクリーニングに比べて手軽にかつ迅速にクローンが得られる．非特異的あるいは類似配列にもハイブリする可能性があるので擬陽性クローンも混じるが，少なくとも目的クローンは高濃度に濃縮されている．

🧪 プロトコール

『標識オリゴによる一本鎖 cDNA ライブラリーのスクリーニング』

❶ 二本鎖 cDNA ライブラリーから一本鎖 cDNA ライブラリーを合成する
▼
❷ 一本鎖 cDNA ライブラリーに，ビオチン標識オリゴをハイブリさせる
▼
❸ ストレプトアビジン結合ビーズで，ビオチン標識オリゴと作用した一本鎖 cDNA を分離する
▼
❹ cDNA をオリゴから解離し，一本鎖 cDNA を二本鎖にもどす
▼
❺ トランスフォーメーションしてクローンを得る

まだまだある こんな チョイ技

オススメ技

306 PCRセレクション用の小分けライブラリーの利用

ライブラリーを作製する際，50あるいは100クローンごとをまとめた小分けライブラリーを，96ウェルプレートのそれぞれのウェルに入れ，選別用プレートを96枚作製しておく（クローンプールライブラリー［タカラバイオ］）．それぞれの選別用プレート上のクローンをまとめたものを，96ウェルのマスタープレートの各ウェルで管理する．スクリーニング時は，マスタープレートをPCRで選別し，続いて該当する選別用プレートのPCR選別を行うことにより，目的の遺伝子までたどり着く．

オススメ技

307 致死遺伝子を含むベクターの使用

致死遺伝子であるccdB遺伝子やミュータント型crp遺伝子がクローニングサイトに組み込まれたベクター（pZErO，pCR®［インビトロジェン］，pCAP^S［ロシュ・ダイアグノスティックス］）が，普及しはじめている．外来DNAがこのクローニングサイトに挿入されると，致死や成長阻害が解除されるため，クローンは元気に生育できる．インサートをもつクローン以外はコロニーとして現れないので，メンブレンスクリーニングでノーインサートのクローンを選別する必要はない．

オススメ技

308 受託サービスの利用

cDNAライブラリーの構築から遺伝子のスクリーニングまで，さまざまな受託サービスが提供されている．微量サンプルからのライブラリー作製，完全長cDNAライブラリー作製，平均化cDNAライブラリー作製などの各種サービスがある．ライブラリーの作製やスクリーニングには，それなりの経験とコツがいる．特に，ライブラリーの質はスクリーニング効率に大きな影響を与えるので，難しいライブラリーの作製は受託サービスを利用したほうが安全確実で，結果として安上がりなこともある．

第6章 遺伝子スクリーニング 編　　Keyword クローン鑑定

7 スクリーニングで得たクローンの鑑定法

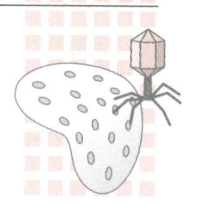

　スクリーニングやクローニングを行うと，同じ遺伝子由来でもさまざまな構造をもつクローンが得られる．cDNAクローンの場合，5′端側の配列が欠けたクローンによく出くわすが，これはmRNA時の分解や逆転写反応時の反応停止によることが多い．しかし，他のクローンよりもやけに長いクローンに出くわしたとき，最長全長クローンだと喜ぶのは…

標準的な手法

複数クローンのシークエンスを比較し，多数派を採用する

　転写産物そのものの状態のみならず，逆転写からシークエンス解析までの実験操作の各ステップで起こりうる人為的要因を考慮し，クローンの性格づけを行う．

【cDNAクローンの鑑定法】
① インサートチェックPCRで，遺伝子断片の大きさを把握する
② PCR産物の制限酵素処理断片解析で，クローンの構造を把握する
③ 最長クローンを中心に，シークエンス解析を行う
④ 塩基置換がある場合は，シークエンスエラーか多型かを判断する
⑤ 塩基対付加や欠失がある場合は，オルタナティブスプライシング産物か組換えかを判断する
⑥ 各クローンの塩基配列を比較し，多数派のクローンを採用する
⑦ 異端な構造をもつクローンは，鑑定不能として保存するか破棄する

Point　同じ遺伝子由来であるはずなのに，あるクローンが特異なドメイン構造や別遺伝子との相補配列をもっていたりすると，興味をもってしまうことがある．本道の実験とは外れるので相手にしないことが多いが，面白がって解析してみるのであれば，まずはアーティファクトでないことを充分に確認したほうがよい．

オススメ技

309 類似したクローンが複数存在するかを確認する

オススメ度 ★★

🔍 こんなときに有効 🛡️安全＋

クローンの構造がアーティファクトによるものではなく，実際に存在していることの実例を数多く示したい場合に有効．

✏️ 解 説

多数派とは異なる構造をもつクローンが，実験操作上で起こったアーティファクトでないことを証明するためには，同様の構造をもつクローンが他にも存在することを示すとよい．ただし，同様の構造を

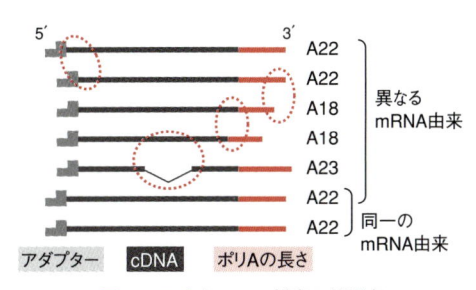

```
5'                                3'
▭━━━━━━━━━━━━━━━━━━━━━━━━━━━ A22 ⎤
▭━━━━━━━━━━━━━━━━━━━━━━━━━━━ A22 ⎥ 異なる
▭━━━━━━━━━━━━━━━━━━━━━━ A18 ⎥ mRNA由来
▭━━━━━━━━━━━━━━━━━━━━━━ A18 ⎥
▭━━━━━━━━━∨━━━━━━━━━━━ A23 ⎦
▭━━━━━━━━━━━━━━━━━━━━━━━━━━━ A22 ⎤ 同一の
▭━━━━━━━━━━━━━━━━━━━━━━━━━━━ A22 ⎦ mRNA由来
アダプター   cDNA       ポリAの長さ
```

図6-15◆クローン鑑定の着眼点

もつクローンでも遺伝子断片長が全く同じであれば，実験操作上で起こった同一クローンの単なるコピーである可能性が高い．配列中の塩基置換を根拠に，多型をもつ別の転写産物由来と考えたいところだが，塩基置換はシークエンスエラーである可能性が高い．

シークエンス解析時の着眼点としては，5′端，3′UTRとポリAのつなぎ目の配列，ポリAの長さ，欠失・挿入などを，シークエンスの波形データをもとに見つける（図6-15）．シークエンスのテキストデータは，波形データの判定不良によるミスを含むので，波形データを目で見て判断したほうがよい．

📋 プロトコール

『同一遺伝子由来の別 cDNA クローンの見分け方』

❶ 遺伝子断片長が異なっていることを見つける
　▼
❷ cDNA の 5′端側とベクターとの結合部の配列の異なりを見つける
　▼
❸ cDNA の 3′UTR とポリAとの結合部の配列の異なりを見つける
　▼
❹ cDNA のポリAの長さの異なりを見つける
　▼
❺ シークエンスエラーではない塩基置換・欠失・挿入を見つける

第6章 遺伝子スクリーニング 編

第6章◆7　スクリーニングで得たクローンの鑑定法

310 遺伝子情報データベースをホモロジー検索する

オススメ度 ★★★

こんなときに有効　安全＋

公開されている遺伝子情報を検索することができ，検索結果をもとに構造を理解しながらクローンの鑑定を行いたい場合に有効．

解 説

cDNAやESTデータベースに対するホモロジー検索の結果，同様の構造をした遺伝子情報が数多く報告されていれば，そのような構造をもったcDNAが実際に存在していることが確信できる．

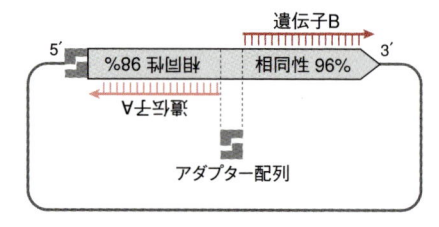

図6-16 ◆ キメラクローンの典型例

同様の構造をもつcDNAが見つからない場合は，ゲノムに対してホモロジー検索をかけてみる．ひと続きの遺伝子から転写されたものであれば，ゲノム上の近くに並んで存在するはずである．検索結果が，全く別の遺伝子上での存在を示した場合は，クローンは組換え体（キメラ）であると考えたほうがよい（図6-16）．

配列が同じ遺伝子上に存在することがわかった場合は，アライメント情報をよく見比べる．クローン内のシークエンスが，エキソンからイントロンへとつながっているのであれば，オルタナティブスプライシングの可能性が高い．ただし，高レベルで発現する遺伝子の場合は，スプライシングが完了する前の未成熟なmRNAをもとにcDNAが合成されている場合もあり，オルタナティブスプライシングかどうかの見分けは難しい．

> **注意点◆** 多くの生物種で遺伝子情報が充実してきた現在，遺伝子情報を用いた鑑定は，もっとも論理的で納得できる方法であると言える．しかし，データ不足，間違ったデータの存在，解析プログラムの偏重もあるので，データベース解析による情報がすべて正しいというわけではない．

📝 プロトコール

『ホモロジー検索によるキメラクローンの判定法』（図6-17）

1. cDNA の全長配列を用い，BLASTN でホモロジー検索をかける
2. アライメントが二分され，関連性のない2種の遺伝子名があがると，たいていキメラである
3. さらに，二分されたアライメントが，どちらもほぼ100%の相同性を示すなら，かなりキメラである
4. さらに，分断部の配列がどちらの遺伝子由来でもなく，アダプター配列を含んでいれば，ほぼキメラである
5. さらに，ゲノム配列に対してBLASTNをかけ，異なる染色体上にヒットしたら，まぎれもなくキメラである

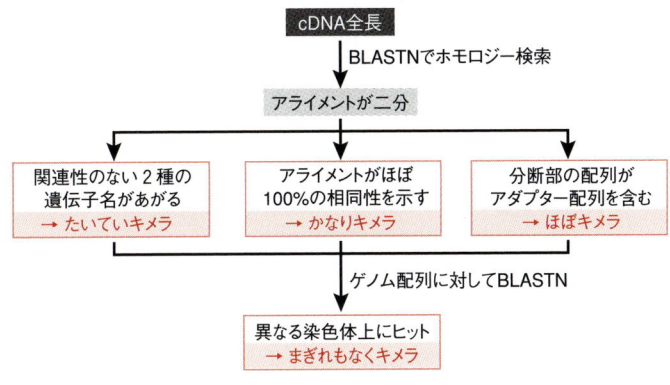

図6-17 ◆ ホモロジー検索によるキメラクローンの判定法

オススメ技

311 実際の転写産物を検出する

オススメ度 ★

📙 こんなときに有効　安全 ➕

配列情報の検討だけではなく，実際の転写産物を検出することで，転写産物の有無を直接的に判断したい場合に有効．

📝 解説

気になるクローンの構造がデーターベースに蓄積されている遺伝子情報と合致しなかった場合，単に蓄積データが不充分であったり，データベース内の情報が間違っていたりする場合がある．このような場合，気に

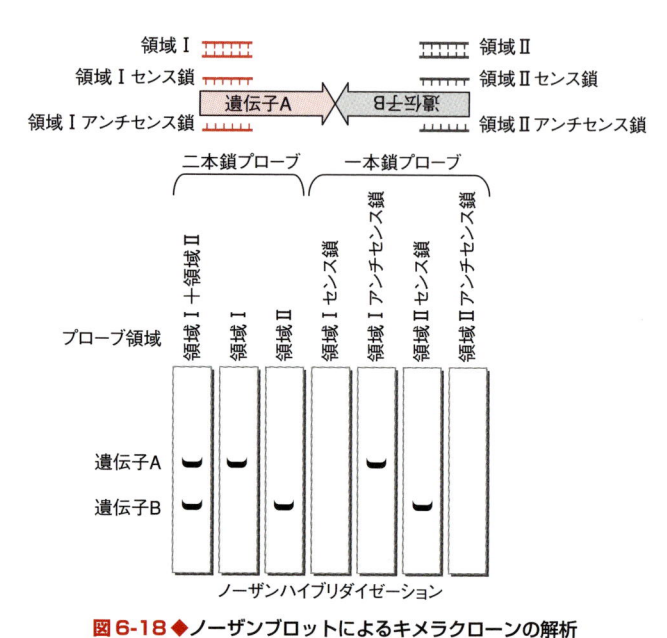

図6-18◆ノーザンブロットによるキメラクローンの解析

なるクローンと同じ構造をもつ転写産物が，実際に存在しているかどうかを検出することが決め手となる．

転写産物検出の方法としては，RT-PCR，ノーザンブロッティング，RNaseプロテクションアッセイなどがあげられる．RT-PCRの場合は，気になる領域内あるいは領域をはさむようにプライマーを設定し，思いどおりの増幅産物が得られるかを解析すればよい．ノーザンブロッティングの場合は，クローンの全長cDNAを用い，二本鎖の両方をラベリングしてハイブリさせ，シグナルの本数や大きさが想定される産物と一致するかどうかを解析する（図6-18）．

> **注意点◆** これらの解析は時間と労力を伴うため，他の方法による鑑定を行った後で，必要に応じて行うとよい．単なる人為的キメラクローンの排除目的ではなく，興味深いドメイン構造をもつ新規遺伝子の存在，あるいはオルタナティブ産物の存在などを証明するポジティブな目的で実験が行えれば，やりがいもある．

まだまだある こんな チョイ技

オススメ技

312 分子系統解析で生物種を確認

ラボ内でさまざまな生物を用いて遺伝子単離を行っている場合，単離した遺伝子が本当に目的の生物由来のものであるのか確かめておく．ホモログ遺伝子の単離であれば，アミノ酸配列をもとにした分子系統解析を行い，その結果が想定される系統学的位置と一致するかどうかを確認するとよい．目的の種のホモログではなく，昔に単離した別種のホモログだったり餌に含まれる種のホモログだったりして，それを見抜けずに実験を行ってしまい，後で発覚するとかなり痛い思いをする．

オススメ技

313 おかしなクローンの存在比率の把握

作製した cDNA ライブラリーの中には，一定の割合でおかしなクローンが混在している．クローニングサイトの制限酵素配列が潰れていたり，アダプター配列がなくなっていたり，3′領域が欠失していたり，逆向きに入っていたり，2遺伝子のキメラだったりするおかしなクローンは，結構な確率（1/20 以上）で出現すると考えてよい．つまり，スクリーニング時に 20 個程度のクローンを解析すると，1 個や 2 個はおかしなクローンに出くわすことになる．反対に，この程度の割合でしか存在しない一風変わったクローンは，アーティファクトである可能性が高い．

Column

一期一会

　バイオ実験を行っていると，研究の大展開を予見させるような千載一遇の実験結果に巡り会うことがある．このワクワクする瞬間に巡り会えた人は，これまでの実験の苦労も報われるし，今後も頑張っていく気持ちになれる．一方，人並み以上の時間をかけて実験を行っているのだが，なかなかワクワクする結果に巡り会えない人もいる．

　実験結果がうまく出たり出なかったりすると，運・不運のせいにしたくなるが，チャンスは平等に近寄ってきている．問題は，チャンスをつかみに行っているか否かにある．まさに，宝くじや馬券は買わないと当たらないのと同じである．人並み以上に実験時間を行っているにもかかわらず，チャンスに巡り会えない場合，それは近寄って来ているチャンスを理解できずにやりすごしている可能性が大きい．いわば，キャリーオーバーになっているのにロト6を買いに行かないようなものである．

　目の前にあるバイオ実験サンプルの中には，ノーベル賞級の研究テーマや一攫千金につながる大発明へのタネは必ず存在している．当たりは間違いなく入っているのであるが，馬券と同様に当たりを見極めるのが難しい．競馬では競馬新聞の情報だけではなく，実際に競馬場まで足を運んで馬の状態を見定めるとよいように，バイオ実験でも人からの情報をうのみにするのではなく，生の実験データをじっくりと見定めることが重要である．

　一期一会．茶会の心得をもじるなら，"バイオ実験に臨む際は，その機会を一生に一度のものと心得て，主観的解析・客観的解析ともに互いに誠意を尽くせ"である．実験データが出たら実験終了と気を抜く輩がいるが，データとの対面こそが一会であり，チャンスをつかむための絶好の機会である．予想とは異なるデータを失敗として闇に葬るのはいつでもできる．論理と手法は問題ないのに不可思議な結果が出たときこそ，ビッグチャンス到来の可能性を検証してみるとよい．

第7章

遺伝子発現の検出 編

求めていた遺伝子が手に入ったら，転写産物が出現する様子を探りたくなる．もっともシンプルな方法は，お目当てのmRNAに相性がよさそうな捜査官を潜入させ，接触させることである．mRNAの存在場所は，捜査官が出すシグナルをもとに特定することができる．しかし，潜入捜査官が騙されてしまったり，捜査本部の判断が不適切であったりすると…

1	甘美な結果に惑わされないRT-PCR法	256
2	安くてうまいRNAプローブ作製法	261
3	メンブレン上で遺伝子発現の根拠を得る方法	265
4	なるほど納得の切片 in situ ハイブリダイゼーション法	270
5	革新のホールマウント in situ ハイブリダイゼーション法	276
6	遺伝子発現プロファイリングを理解する方法	282

第7章 遺伝子発現の検出 編

Keyword RT-PCR

1 甘美な結果に惑わされない RT-PCR法

ゲノム DNA 中の遺伝子が発現すると mRNA が転写される．この転写産物の存在とその量を明らかにしたければ，mRNA を逆転写した cDNA を PCR で増幅する方法，すなわち RT-PCR を用いる．ただし PCR を用いるので，ゲノム DNA からの増幅，非特異的な増幅，反応の飽和の問題が起こりやすく，増幅産物が増えたからといって盲目的に喜ぶのは…

標準的な手法

コントロール実験を並行しながら RT-PCR を行う

RT-PCR による増幅産物の特異性および量を評価するため，各ステップにおいてポジティブおよびネガティブコントロール実験を行い，それぞれの結果を比較する．

【RT-PCR におけるコントロール実験】
① mRNA を DNase 処理 or 非処理の場合に分け，逆転写の鋳型を調製する
② 逆転写酵素の添加 or 無添加の場合に分け，逆転写を行う
③ プライマーを添加 or 片方のみ添加 or 無添加の場合に分け，PCR 反応を行う
④ 目的の遺伝子を含むプラスミドクローンを鋳型にした場合の PCR 増幅を確認する

Point DNase は，逆転写用の mRNA 中に混入するゲノム DNA を分解除去するために用いる．逆転写酵素を添加しなかった鋳型から PCR 増幅が起こった場合，ゲノム DNA からの増幅を疑う．また，片方のプライマーのみで PCR 増幅が起こった場合，プライマーの特異性が低いことが考えられる．目的の遺伝子を含むプラスミドを用いても PCR 増幅がうまくいかないときは，そもそもの PCR の反応条件やサーマルサイクラーの性能が正常かどうかを確認する．

オススメ技

314 イントロンをはさむようにPCRプライマーをセットする

オススメ度 ★★★

🔖 こんなときに有効　正確

RNAサンプル内にゲノムDNAが混入していても，cDNAを選択的にPCR増幅したい場合に有効．

📝 解説

RT-PCRによる増幅産物が得られたとしても，ゲノムDNAからの増幅産物が混在していれば，遺伝子の発現やその量を正確にとらえたことにはならない．ゲノムDNAの混入を少なくする方法として，逆転写の鋳型に用いるmRNAを精製したり，DNaseで処理する方法がとられるが，ゲノムDNAの混入を完全に阻止できるわけではない．

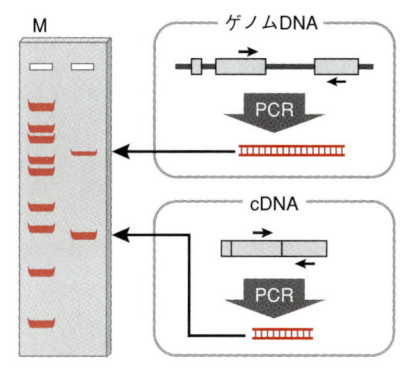

図7-1 ◆イントロンをはさむRT-PCR

そこで，ゲノムDNAとcDNAを区別できる方法を用いる．目的遺伝子のcDNAだけではなくゲノムDNAの塩基配列情報が得られる場合，エキソン/イントロン構造を解析する．

エキソン/イントロン構造を明らかにできれば，イントロンをはさむようにPCR用のプライマーを設定する（図7-1）．そうすると，cDNA由来の増幅産物は短く，ゲノムDNA由来の増幅産物は長くなるので，どちらの由来かは増幅産物の長さで判断できる．ゲノムDNA由来の増幅産物がみられるにもかかわらずRT-PCR産物がみられない場合は，PCRの失敗ではなく遺伝子の発現がないことを示している．なお，ゲノムDNA由来の増幅を抑えたい場合は，PCRの伸長時間を短めに設定する．

イントロンをはさむようにRT-PCRを行うと，mRNAの精製やDNase処理を行う必要がなくなり，トータルRNAの抽出のみでRT-PCRを行うことができる．微量なサンプルを処理する場合や，多検体を処理する場合に便利である．

第7章 遺伝子発現の検出 編

第7章◆1　甘美な結果に惑わされないRT-PCR法

注意点◆ ゲノム DNA の塩基配列情報が得られない場合は，ゲノムサザンブロッティングを行い，複数のバンドが検出されるプローブと制限酵素の組み合せを見つけだす．プローブのもとになる cDNA 領域内に制限酵素サイトが存在しなければ，ゲノム DNA 中に制限酵素サイトをもつイントロンが存在することになる．

オススメ技

315 RT-PCR 産物の増幅動態が理論に合うかを考える

オススメ度 ★★

こんなときに有効 安全＋

RT-PCR で増幅した産物が，目的の転写産物由来であることの納得度を高めたい場合に有効．

解説

mRNA の存在を RT-PCR を用いて明らかにする場合，PCR による実際の増幅産物量が推定増幅量と理論的に合うのかを考えることも，RT-PCR の評価を行ううえで重要である．遺伝子発現の絶対量あるいは相対量の情報が得られる解析（ノーザンブロット解析，in situ ハイブリダイゼーション，スクリーニング時のポジティブクローン数，EST プロジェクトにおける EST の出現数など）をもとにすると，おおよその遺伝子発現量が推定でき，RT-PCR 産物の増幅動態も推定できる（図 7-2）．

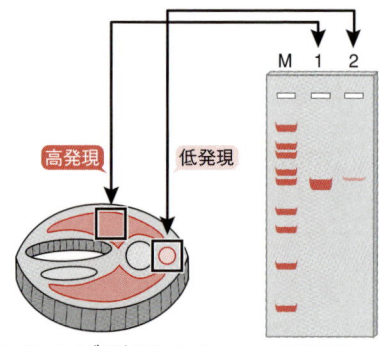

図 7-2 ◆現実と RT-PCR 産物間のマッチ

【逆転写に用いた mRNA 量が少ない，あるいは遺伝子の発現量がそもそも少ない場合】1st PCR 後のアガロースゲル電気泳動では増幅産物の視認ができないことがある．この場合は，RT-PCR に失敗したとは判断せず，続けて 2nd PCR を行ってみる．

【遺伝子の発現量は充分あるはずなのに，2nd PCR を行っても増幅産物が視認できない場合】3rd PCR は行わないほうがよい．RT-PCR に失敗している可能性が高く，PCR の反応条件はもとより，RNA 抽出や

逆転写のステップに問題がないかを確認してみる．

【ディジェネレートプライマーを使用している場合】増幅効率が悪くなるため多段階のPCRが必要なことも多いが，3rd PCRまで行っても増幅産物が得られなければ，さらに続けてPCRを行っても増幅産物が増える可能性は低い．

【推定量以上の増幅産物がみられた場合】目的以外の遺伝子を増幅している可能性が高い．プライマーが，他の塩基配列と相同性・類似性をもつ領域（高度に保存されたドメイン・モチーフ，くり返し配列，類似遺伝子など）に設定されている場合，関連配列が増幅されてしまうので注意する．

まだまだある こんな チョイ技

オススメ技

316 PCR産物のサザンブロット解析

RT-PCR産物が目的の遺伝子かどうかを確かめたい場合，アガロースゲル電気泳動でPCR産物を確認後，ナイロンメンブレンにブロッティングし，目的の遺伝子配列の一部をプローブとして用いてサザンブロット解析を行う．目的遺伝子の増幅効率が悪い場合や，非特異的な増幅産物が排除できない場合でも，目的遺伝子の増幅産物を高い感度と特異性で検出することができる．

オススメ技

317 PCR産物のダイレクトシークエンス

PCR産物が目的遺伝子由来の増幅産物であるかどうかを直接的に確かめるためには，PCR産物のシークエンス解析を行う．増幅産物をサブクローニングしてもよいが，手間と時間がかかるので，PCR産物を精製して直接シークエンスを行う．PCRに用いたプライマーできれいなシークエンス結果が得られない場合は，増幅領域の内部に設置したプライマーでシークエンスを行うとよい．

オススメ技

318 リアルタイムPCRによる定量

RT-PCRを行う際，遺伝子が発現しているか否かの情報はもとより，遺伝子発現量の情報を知りたい場合が多い．リアルタイムPCRを用いれば，蛍光標識をPCR産物の中に取り込ませながら，PCRの各サイクルごとに

PCR 産物量を定量できる．PCR 増幅が指数関数的に行われている状態で PCR 産物量の計量を行うので，PCR 終了後に定量を行う他の方法に比べて正確な情報が得られる．

オススメ技
319 塩濃度による電気泳動のズレを考える

アガロースゲル電気泳動で RT-PCR 産物のサイズを評価する場合，RT-PCR 産物と泳動マーカーの塩濃度が一致していないと電気泳動度が異なり，増幅産物の長さの測定に支障をきたす．RT-PCR 産物が目的の遺伝子と同じ大きさであることを確かめるには，目的遺伝子を含むプラスミドから増幅した PCR 産物を RT-PCR 産物の近隣で泳動し，それぞれの大きさを比較するとよい．

第7章 遺伝子発現の検出 編

Keyword RNAプローブ作製

2 安くてうまいRNAプローブ作製法

核酸は相補的な二本鎖を形成できるので，標識した一本鎖核酸（プローブ）を一本鎖のmRNAに結合させると，遺伝子発現を検出することができる．プローブには一本鎖DNAも使用できるが，結合力が強く，非特異的な吸着をRNaseで分解除去できるRNAプローブのほうが有用である．しかし，RNAプローブの合成にはRNase-freeで煩雑な操作が…

標準的な手法

直鎖化したcDNAクローンを用い，アンチセンスRNAを転写しながら標識する

cDNAクローンの5′端を制限酵素で切断して直鎖化し，標識化合物を取り込ませながら転写することで，アンチセンスRNAを合成する．

【DIG標識されたRNAプローブの作製】
1. cDNAの5′端側を制限酵素で切断し，cDNAクローンを直鎖化する
2. 直鎖化したcDNAクローンをフェノール処理し，RNA転写用の鋳型をRNase-freeにする
3. 鋳型用のRNAポリメラーゼプロモーターからアンチセンスRNAを転写する際に，DIGを取り込ませる
4. DIGでラベルされたアンチセンスRNAをアルカリ条件下で断片化し，RNAプローブを作製する
5. リチウム沈殿を数回くり返し，未反応のDIGを取り除く

Point RNA転写用の鋳型は，充分量のプラスミドを，プローブ用のcDNA領域が充分に残るような制限酵素で，時間をかけて充分に切断する必要がある．標識化合物はDIG，ビオチン，フルオレセインなどが用いられるが，バックの元凶となる未反応の標識化合物を取り除くため，リチウム沈殿をくり返す．プローブ作製には少なくとも2日はかかり，多検体になるとさらに時間と手間がかかる．

オススメ技

320 PCR 産物を鋳型にして RNA プローブを合成する

オススメ度 ★★★

こんなときに有効　短縮　簡単

インサート内の塩基配列に影響されず，多種のプラスミドから画一的かつ迅速に RNA プローブを合成したい場合に有効．

解説

プラスミドを制限酵素で直鎖化して RNA プローブ合成用の鋳型を作製する場合，cDNA の塩基配列情報が既知でないと cDNA の 5′ 端を切断する制限酵素を選択しにくい．また，鋳型の種類が多くなればなるほど，さまざまな制限酵素を用いることになり，操作が煩雑になる．そこで，RNA ポリメラーゼのプロモーター領域と，cDNA の 5′ 端側のベクター領域にプライマーをそれぞれ設定し，RNA ポリメラーゼのプロモーターと cDNA がつながった PCR 産物を増幅する（図 7-3）．そうすると，cDNA の塩基配列にかかわらず，RNA プローブ合成用の鋳型を画一的に作製することができ，多検体の RNA プローブ作製が可能となる．

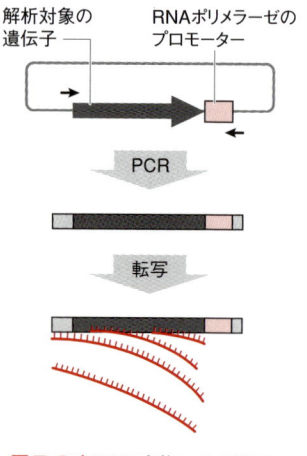

図 7-3 ◆ PCR 産物からの転写

PCR 用の鋳型としては，精製プラスミドはもとより，大腸菌コロニー，大腸菌培養液，ファージなどが使用できる．また，いったん増幅した PCR 産物や，RNA プローブ中に混在する PCR 産物を鋳型にすることもできる．また，PCR 反応液の組成を工夫して反応をサチュレーションさせることにより，鋳型の多少にかかわらず PCR 産物量を一定化させることもできる．

> **注意点◆** RNA プローブは，PCR 増幅を行ったチューブに標識化合物と転写用の試薬を直接添加することで合成可能である．大腸菌コロニーや大腸菌培養液を PCR の鋳型として使用した場合，少なからずの夾雑物が含まれるが，PCR 産物を精製したり RNase-free 化する必要はない．精製プラスミドを PCR の鋳型として用いる場合，プラスミド抽出キットが RNase を使用している場合は，プラスミドをフェノール処理して RNase-free 化しておく必要がある．

プロトコール

「PCR 産物による RNA プローブの合成法」

1. プローブ合成用の核酸領域を含む試料（プラスミド，大腸菌，ファージ，PCR 産物など）を用意する
2. RNA ポリメラーゼのプロモーターが含まれるように，プローブ合成用の核酸領域を PCR で増幅する
3. PCR 産物を一部とり，アガロースゲル電気泳動で状態を確認する
4. PCR 産物に転写/標識用の試薬を直接加え，RNA の転写/標識を行う

オススメ技

321 限外ろ過フィルターでプローブを精製する

オススメ度 ★★★

こんなときに有効　短縮　安全

リチウム沈殿操作のくり返しによる手間や RNA の損失を回避し，RNA プローブの精製を安定的・迅速・容易に行いたい場合に有効．

解説

RNA プローブの作製において，プローブの合成とともに重要なのがプローブの精製である．プローブ精製は未反応の標識化合物をプローブから除去する操作であり，RNA プローブを精製する際には，複数回のリチウム沈殿処理が行われ

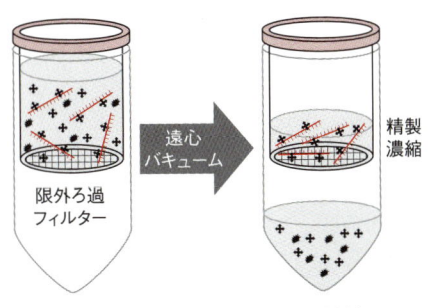

図 7-4 ◆限外ろ過フィルター精製

ることが多い．しかし，このリチウム沈殿処理は手間と時間がかかり，またプローブを失う危険性も高い．

そこで，RNA プローブの精製を限外ろ過で行う．限外ろ過フィルターを用いれば，合成した RNA はフィルター上に残り，未反応の標識化合物や反応液はフィルターを通過して除去される（図 7-4）．続いて，RNase-free の滅菌水をフィルター上に加えてろ過することを何度かくり返せば，RNA プローブの洗浄や反応液置換が迅速に行える．当然，フィルター上の溶媒量を調整することで，プローブの濃縮も可能である．

この限外ろ過フィルターを使用した精製は，遠心によるシステム（Ultrafree®-CL［ミリポア］）やバキュームによるシステム（Montage™ PCR$_{96}$［ミリポア］）が便利である．コツがいる操作がほとんどないため，誰でも多検体処理を迅速かつ安定的に行える．

まだまだあるこんなチョイ技

オススメ技

322 PCR による RNA ポリメラーゼプロモーターの直接付加

RT-PCR で cDNA を増幅する際，cDNA の 3′ 端側のプライマーに RNA ポリメラーゼのプロモーター配列を半分付加したモノを用いる．PCR 産物が得られたら，RNA ポリメラーゼのプロモーター配列の全領域を含むプライマーを用いて PCR 産物を再増幅する．この方法を用いると，RT-PCR 産物をクローニングすることなく RNA プローブの合成が行える．

オススメ技

323 DIG-RNA ラベリングミックスの節約使用

実際は，メーカー推奨のプロトコールの半分の DIG 濃度でラベリングを行うことができる．RNA 合成量は少し低下するが，反応時間を 1.5 倍にすれば大差のない合成量が得られる．遺伝子発現解析実験のコストにおいては，DIG のラベリングミックスのコストが大きなウエイトを占めるので，DIG の使用量を半減できればかなりのコストダウンになる．節約した分で，限外ろ過フィルターなどの精製システムが導入できる．

第7章 遺伝子発現の検出 編

Keyword メンブレン

3 メンブレン上で遺伝子発現の根拠を得る方法

転写産物をメンブレンブロッティングし，プローブをハイブリダイズさせると，転写産物の有無や存在量をシグナルとして視覚化できる．比較的シンプルな実験系であるためトラブルは少ないが，シグナルが得られた際はぬか喜びせずによく検討を．シグナルが目的の転写産物由来である根拠をもてないと，のちのち…

標準的な手法

ノーザンブロット解析を行い，バンドとして検出する

RNAを電気泳動で展開し，メンブレンにブロッティング後，特異性の高いプローブをハイブリダイズさせてシグナルを得る．

【ノーザンブロット解析法】
1. 変性アガロースゲルを用い，RNAを電気泳動で展開する
2. 展開したRNAをニトロセルロースあるいはナイロンメンブレンにブロッティングし，固定する
3. 特異性の高いプローブを用い，メンブレン上のRNAにハイブリダイズさせる
4. バンドとして得られるシグナルの状態から，転写産物の量と大きさを推定する

Point トータルRNAよりmRNAを用いたほうが検出感度が高く，rRNAに邪魔されることもない．ブロッティング法としては，迅速に行えるバキューム法があるが，重層したペーパータオルでゆっくり吸い上げる古典的な方法のほうがシャープなバンドが得られる．長鎖のRNAのブロッティング効率を上げるため，前処理でRNAを部分的に切断する場合もある．なお，ナイロンメンブレンへのRNAの固定は，UVクロスリンカーを用いることができる．

オススメ技

324 cDNA ライブラリーのインサートを利用する

オススメ度 ★★

📝 こんなときに有効 【簡単】

cDNA ライブラリー内のインサートを利用して，ノーザンブロット解析と類似の遺伝子発現情報を得たい場合に有効．

📝 解説

ノーザンブロット解析を行うために必要な量の RNA が得られないとき，cDNA ライブラリー中の cDNA 部分を PCR で増幅して電気泳動し，メンブレンにブロッティングする．しかし，cDNA ライブラリー作製の過程で転写産物が破損し，長さがそろわなくなっていることが多いので，PCR 増幅した cDNA をそのまま電気泳動してもシグナルは得にくい．

そこで，増幅した cDNA を制限酵素で切断したものを電気泳動し，メンブレンにブロッティングする（図 7-5）．目的遺伝子の制限酵素切断パターンがわかっていれば，シグナルのバンド長が理論値と一致するかどうかにより，目的の転写産物を特異的に検出できたのか否かを判断できる．プローブは 5′ 端の領域でなければどこでもよいが，RNA 時の分解・逆転写時の反応停止・特異性の観点から考えると，3′ 端領域を用いるほうがよい．また，アンチセンスプローブのみがシグナルの検出に有効であるノーザンブロット解析に対し，cDNA をブロッティングするとセンスプローブも有効となる．ただし，PCR を用いた cDNA 増幅は不均一となりやすいので，転写産物量に関する情報は得にくい．

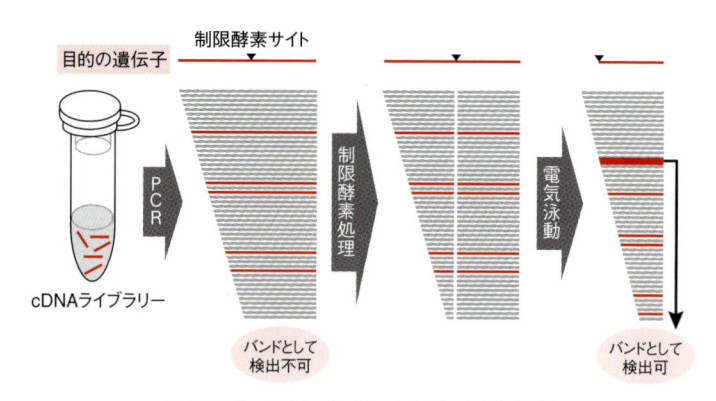

図 7-5 ◆ cDNA インサートを用いた発現解析

📋 プロトコール

『cDNA ライブラリーのインサートを利用した発現解析法』

1. cDNA ライブラリーを鋳型に，インサート部分を PCR で増幅する
   ▼
2. PCR で増幅したインサートを制限酵素で切断する
   ▼
3. アガロースゲル電気泳動を行い，メンブレンにブロッティングする
   ▼
4. プローブをハイブリダイズさせて，シグナルのバンドパターンを得る
   ▼
5. バンドパターンが，検出目的遺伝子の制限酵素断片パターンと一致することを確かめる
   ▼
6. 遺伝子発現の有無，動態，量などを解析する

オススメ技

325 短冊形のメンブレンを用いる

オススメ度 ★

🔬 こんなときに有効　[節約 ¥]

ノーザンブロット解析用のメンブレンを経済的に使用し，多検体の遺伝子発現解析を行いたい場合に有効．

📝 解説

ノーザンブロット解析はアガロースゲル電気泳動をベースとしており，解析できる検体数は電気泳動時のレーン数に依存する．多検体の遺伝子発現解析を行う際は泳動レーン数を増やすことになるが，レーンやレーン間隙の余分なスペースも増加するため，非効率なメンブレンスペースの使用となりかねない．

メンブレンスペースを効率的に使用するためには，幅広コームを使用して RNA を電気泳動し，メンブレンにブロッティングした後に 1 mm 幅に裁断し，短冊形のノーザンメンブレンを作製する（図 7-6）．そうすれば通常のコームを使用した場合に比べ，同じメンブレンスペースで数倍量のノーザンメンブレンを作製できる．メンブレンの上下表裏がわかるようにするためには，メンブレンの下部を斜めにカットしておく．短冊形のメンブレンは，15 ml 用のコニカルチューブやマルチチャンネル用のリザーバーなどを用いて処理することができる．

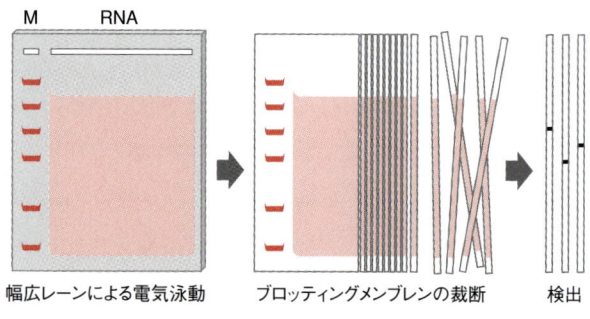

図 7-6 ◆短冊形メンブレンの利用

幅広レーンによる電気泳動 → ブロッティングメンブレンの裁断 → 検出

まだまだある こんな チョイ技

オススメ技

326 RNA ドットブロッティング

ナイロンメンブレン上の任意の場所に，RNA を直接ブロッティングする．ブロッティングする RNA 溶液の液量が多い場合は，RNA 溶液のブロッティング・乾燥をくり返して重層してもよいが，メンブレン上の小さな領域に RNA 溶液を集積できるバキュームブロッティング装置（ドットブロッター［サンプラテック］，スロットブロットマニホールド［GE ヘルスケア］）を用いれば迅速，手軽に行えることから多検体処理に向いているが，非特異的なシグナルが見分けにくいのが難点．

オススメ技

327 メンブレンリプロービングの回避

シャープなシグナルが得られるできのよいノーザンメンブレンは，学会や論文発表のデータ作成用として有用である．ハイブリダイズさせたプローブは，低塩濃度・高温で洗浄するとリプロービングできるが，過激な条件下でのリプロービングはメンブレンを傷め，次回使用時に検出感度の低下を引き起こす．半減期の短いラジオアイソトープ ^{32}P を用いてプローブを標識し，リプロービングせずに減衰を待って使用すると，できのよいメンブレンを傷めずに質のよい遺伝子発現データが何度も得られる．

オススメ技

328 DNA チップの利用

メンブレンではなく，ガラス基盤上に cDNA やオリゴ DNA を高細密にアレイした DNA チップを用いると，省スペースでかつ多検体の遺伝子発現

解析が行える．正体が明らかな DNA を支持体に固定し，多種の mRNA をプローブにするのは，RNA ドットブロッティングとは逆のアプローチといえる．各スポットの特異性はデータベース検索結果をもとに評価されるが，RNA ドットブロッティングの場合と同様に，実際のシグナルが非特異的でないことの証明は難しい．

オススメ技

329 ノイズの少ない遺伝子発現検出

遺伝子発現情報の信頼性を高める方法の 1 つは，S/N 比の大きいシグナルを得ることである．多段階の検出，マルチカラー，増感システムなどを用いず，RI ラベルした単一のプローブを用いて直接シグナルを検出する．X 線フィルムは高感度すぎるとバックグラウンドシグナルが出やすいので，微弱シグナルをとらえるのでなければ中程度の感度でコントラストが高いタイプのものがよい．X 線フィルムの代わりにイメージングプレートを用いたり，バイオイメージングアナライザー（BAS シリーズ［富士写真フィルム］）を用いて RI を検出すると，シグナル強度やコントラストをコンピュータ上で調整することが可能である．

オススメ技

330 RNase プロテクションアッセイ

標識した一定の長さのリボプローブを，転写産物にハイブリダイゼーションさせ，その後 RNase 処理を行う．プローブがハイブリダイズして二本鎖となった領域は RNase による分解を免れるため，電気泳動後にメンブレンにブロッティングすると，その二本鎖核酸をバンドとして検出することができる．ノーザン解析でクロスリアクトしてしまうオルタナティブ産物やアイソフォームも，特異的な領域にリボプローブを設定すれば見分けることができる．

オススメ技

331 cDNA ライブラリーのスクリーニング

cDNA ライブラリーをプレートにまいてスクリーニングプレートを作製し，それをトランスファーしたメンブレンをスクリーニングする．目的遺伝子を含むポジティブクローンが得られれば遺伝子の発現が確認でき，またプレート上の全クローン数に対するポジティブクローンの数で発現頻度を推定することができる．ただし，ライブラリー作製時に行われる cDNA のサイズ分画やライブラリー増幅により，遺伝子の存在頻度に偏りを生じている場合は，発現量の推定は難しい．

第 7 章 遺伝子発現の検出 編

第7章 遺伝子発現の検出 編

Keyword 納得の切片 ISH 法

4 なるほど納得の切片 in situ ハイブリダイゼーション法

遺伝子発現によって転写される mRNA を，その場所（in situ）で，ハイブリダイゼーションを用いて検出する方法が in situ ハイブリダイゼーション（ISH）法である．メンブレンのハイブリダイゼーション技術を組織切片に応用することで，遺伝子発現情報と形態学的情報が融合する．組織切片の取り扱いが難しいため，メンブレンの場合と比べて結構手間が…

標準的な手法

組織切片をスライドガラスに貼りつけて ISH 処理を行う

質のよい組織学的情報が得られる切片を作製し，形態を壊さないように ISH 処理を行う．

【切片 in situ ハイブリダイゼーション（ISH）法】
1. 胚や組織片を固定・包埋し，切片を作製する
2. 解析に適した場所・形態をもつ切片を選び，スライドガラス上に貼りつける
3. 切片を痛めないように注意しながら，スライドガラス上に ISH 用の反応液を添加・除去する
4. 遺伝子発現を視覚化後，カバーガラスをかけて顕微鏡下で検鏡する

Point 凍結切片法を用いる場合，固定は薄切後に行う．切片が剥がれないようにするためにはコーティング剤を塗布したスライドガラス（MAS コート［マツナミ］）を用い，切片上に溶液を加えるときは穏やかに行う．ハイブリダイゼーション時の乾燥防止や撹拌操作が難しく，シグナルのムラや感度の問題で苦労することが多い．多検体処理は自動処理装置を用いないと困難．

オススメ技

332 非ガラス性素材に切片を貼りつけて ISH 処理を行う

オススメ度 ★★

こんなときに有効　省スペース　簡単

スライドガラスの大きさにしばられることなく，任意の大きさの切片に合わせて最適な ISH 解析を行いたい場合に有効．

解説

　切片の大きさにかかわらず，切片 ISH 処理はサイズが決まったスライドガラス上で行われることが多い．ハイブリダイゼーション溶液，抗体溶液，発色液などの高価な試薬を用いる際は，使用量を抑えるために切片のまわりにスーパーパップペン（リキッドブロッカー［大道産業］）で撥水性のサークルをバリヤーとして描き，その内側だけで反応を行うが，他の反応はスライドガラス全体を溶液に浸しながら行うことが多い．この方法では，切片が小さい場合でも規格サイズのスライドガラスを使用するので，省スペース化や使用溶液量の最適化が行いにくい．また反対に，規格よりも大きい切片は扱えないという問題もある．

　そこで，規格サイズのスライドガラス上に切片を貼りつけることをやめ，切片を貼りつける支持体のサイズを柔軟に変更できる素材を用いることにする．透明性が高く，70℃までの耐熱性をもつ樹脂が支持体としては適しており，これに高温耐性・水濡れ耐性の粘着剤を塗布すると，切片は押しつけるだけで貼りつけることができる．支持体の樹脂を分厚くすればプレート状に，薄くすればテープ状になる．また，樹脂シート上に親水性膜を塗布したもの（X 線フィルム，OHP シートなど）を用いると，切片をゼラチンで貼りつけることができる．

　任意の形に切ることができる樹脂性の支持体を用いれば，切片が貼り

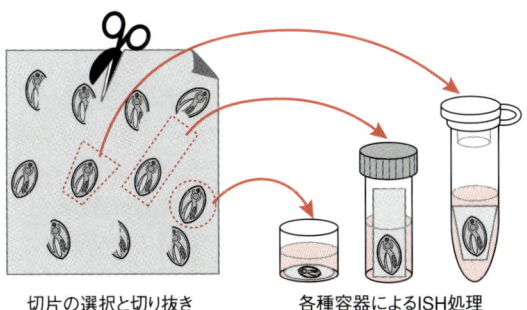

切片の選択と切り抜き　　　各種容器によるISH処理

図 7-7 ◆ 非ガラス性素材を用いた切片 ISH 法

ついていない無駄な領域を含めて ISH 処理を行う必要はなく，マルチウェルプレート・マイクロチューブ・コニカルチューブなどの中で ISH 処理を行うことができる（図 7-7）．

> **注意点◆** 樹脂や接着剤はアセトンやキシレンで白濁・変形・溶解するものが多いので，パラフィン切片を用いる際には素材を検討する．ポリエステルワックスを包埋剤として用いると，エタノールで溶解除去できるので，樹脂に影響を与えにくい．

プロトコール

『OHP シートを用いた切片 ISH 法』

① OHP シートの印字面に，自由な配置で切片を置く
② 固定液入りゼラチン溶液で切片を伸展させ，乾燥させることによって OHP シートに貼りつける
③ 貼りつけた切片を検鏡し，ISH 処理を行う切片を選択する
④ 切片を OHP シートごと切り出し，チューブに入れて ISH 処理を行う
⑤ シグナル発色後に OHP シートの乳剤部分を剥離し，スライドガラス上にのせて検鏡する

オススメ技

333 カバーガラスに切片を貼りつけて ISH 処理を行う

オススメ度 ★★★

こんなときに有効　【節約】【安全】

マルチウェルプレートとカバーガラスを使用して，多数の切片 ISH 解析を安定的かつ効率的に行いたい場合に有効．

解説

切片 ISH 解析時のシグナル強度を上げるには，ハイブリダイゼーション時にバッファーを振とう・撹拌することが有効である．しかし，手作業での切片 ISH 処理を行う際に撹拌操作をするのは難しく，静置されてしまうことが多い．自動切片 ISH 処理装置では，液体カバースリップとエアー噴射による撹拌（Ventana HX System［ベンタナ］）や，展開バーのアジテーションによる均一化（HYBRIMASTER［アロカ］）などが工夫されているが，大がかりな装置が必要となる．

そこで，カバーガラスに切片を貼りつけ，マルチウェルプレートに入れた反応液中に浸してISH処理を行うことを考える．ガラス素材の支持体であれば，アセトンやキシレンを使用しても白濁や変形は起こらず，パラフィン切片にも対応できる．短冊形のカバーガラスをマルチウェルプレートに立てかけたり，正方形のカバーガラスをウェル内に沈めてISH処理を行ってもよいが，円形カバーガラスをウェル内に沈めれば，溶液を経済的に用いたISH処理が行える．

　円形カバーガラスを用いたISH処理では，切片の貼りつき面を上に向くようにしてもよいが，切片を下に向けて扱えるようなホルダーを自作するとよい（図7-8）．ウェル内の反応液の撹拌は，マルチウェルプレートを振とうさせればよいので，反応の効率化・均一化が容易に行える．また，切片がウェルの底側に向いていると，反応液は少量で済み，乾燥に耐えることもできる．

　シグナル発色時は，倒立顕微鏡を用いてマルチウェルプレートの底から観察すると発色状態を確認することができる．また，切片を貼りつけたカバーガラスをスライドガラス上にのせれば，検鏡時には従来の切片ISH処理時と同じ構造，すなわちスライドガラス－切片－カバーガラスの構造で検鏡することができる．

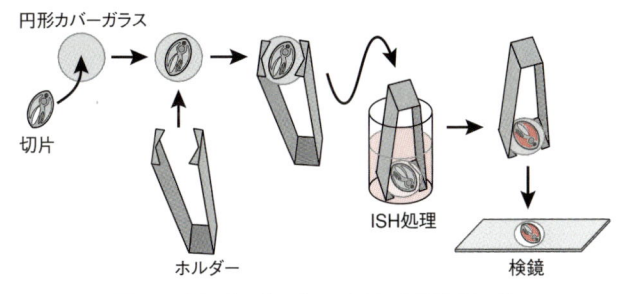

図7-8 ◆円形カバーガラスを用いた切片ISH法

🖉 プロトコール

『円形カバーガラスを用いた切片ISH法』

❶ MASコートした円形カバーガラスに，切片を貼りつける

❷ 円形カバーガラスを，ピンセット型ホルダーにセットする

❸ ISH用試薬を入れたマルチウェルプレートに，円形カバーガラスを浸してISH処理を行う

❹ スライドガラスに円形カバーガラスをのせ，顕微鏡で検鏡する

まだまだある こんな チョイ技

オススメ技

334 スライドガラスのコーティング剤の選択

切片の剥離防止法として，PLL（ポリLリジン）コートやAPS（シラン）コートしたスライドガラスを用いる方法が知られている．高温で長時間の処理が必要なISH解析では，接着力が強いMASコート済みのスライドガラスを用いるとよい．また，スライドガラスに自分で塗布することができるコーティング剤（VECTABOND™ [Vector Laboratories]，Tissue Capture [大道産業]）もある．

オススメ技

335 浅底マルチウェルプレートでの直接ISH処理

切片をマルチウェルプレートの底に貼りつけてISH処理を行うと，多検体の切片ISH解析が行える．通常のマルチウェルプレートはウェルが深く切片が貼りつけにくいので，底の浅いマルチウェルプレート（Low wellプレート [旭テクノグラス]）を用いる．ハイブリダイゼーション時は，各ウェルごとに各遺伝子のプローブを加えて反応を行うが，それ以外の共通の操作はプレート単位で行える．

オススメ技

336 切片作製のタイミングの選択

効率のよい切片ISH解析を行いたい場合，その目的に応じて切片を作製するタイミングが異なってくる．組織形態を優先させる場合はISH処理前に切片を作製し，最適な形態をもつ切片を用いてISH処理を行う．一方，組織片をホールマウントとしてISH処理し，シグナルを確認してから切片を作製するとシグナルを取りこぼさずにすむ．また多重染色を行う場合は，ハイブリダイゼーション後の洗浄が終了してから切片を作製すると，複数回の視覚化操作が行えるため，検出条件の検討や複数回のデータ抽出が可能となる．

オススメ技

337 シグナルの増感操作

切片はホールマウントに比べて組織の厚みが薄く，ISH 解析時にシグナルが弱くなる傾向がある．微弱なシグナルを検出レベルまで引き上げるには，増感操作が必要になる．増感は，酵素反応を利用するのが効果的であり，ペルオキシダーゼ（HRP）で局所的にチラミドを発生させ，標識化合物の沈着量を増やす TSA 法が用いられることが多い．また，アルカリホスファターゼ（AP）活性を用いて青色色素や蛍光色素を沈着させる方法も用いられる．

オススメ技

338 組織アレイ解析

組織を並べて包埋，あるいは包埋した組織を並べて同時に薄切すると，組織マイクロアレイが作製できる．これを用いると，複数の組織サンプルを同じ条件で同時に ISH 処理が行える．アレイは，同一個体のさまざまな組織や，異個体あるいは異なる処理を行った同一組織などさまざまなものを，目的によって組み合わせる．市販の組織アレイも数多く提供されており，サンプリング・固定・包埋・薄切などのわずらわしい操作を行うことなく ISH 処理を始めることができるので便利．

オススメ技

339 PCR を用いた ISH 法

切片や細胞をスライドガラス上に貼りつけ，スライドガラス上で逆転写および PCR を行い，細胞内の mRNA の局在を明らかにする手法である．PCR 時に取り込ませた標識化合物を検出する方法（RT in situ PCR）と，PCR で増幅した産物にプローブをハイブリダイズさせる方法（in situ RT-PCR）がある．スライドガラスの温度制御が行える特殊なサーマルサイクラーが必要．

第7章 遺伝子発現の検出 編

第7章◆4　なるほど納得の切片 in situ ハイブリダイゼーション法

第7章 遺伝子発現の検出 編　　　Keyword 革新のWISH法

5 革新のホールマウント in situ ハイブリダイゼーション法

組織や器官を反応液の中に丸ごと（ホールマウント）浸してISH処理を行い，三次元的な遺伝子発現をとらえる方法がWISH法である．この手法は，切片ISH解析では見過ごしかねない局所的なシグナルもとらえることができ，胚発生過程の遺伝子発現解析に有効である．そうはいうものの，微小で繊細な胚サンプルを損失しないための気苦労が…

標準的な手法

チューブやバイアルを用いてWISH処理を行う

試料への反応液の浸透具合や試料の損失に注意を払いながら，溶液置換処理を行う．

【ホールマウント in situ ハイブリダイゼーション（WISH）法】
1. 反応容器（チューブやバイアル）内に，固定した試料（胚や組織片）を丸ごと入れる
2. 反応容器に各種反応液を添加・除去することでISH処理を行う
3. 試料の形態を保持したまま遺伝子発現を視覚化し，顕微鏡下で三次元的発現情報を得る

Point 試料の大きさや種類によって，WISH処理における各種反応液（固定液・タンパク質分解液，ハイブリダイゼーション液，洗浄液，ブロッキング液，発色液，界面活性剤など）の組成および反応時間は異なる．試料が大きくなると反応液置換の効率が悪くなるので，置換回数を増やしたり，反応液量を増やしたり，反応時間を長くする必要がある．反対に試料が小さくなると試料を失いやすくなるので，細心の注意を払って溶液除去を行う必要がある．多検体処理時には，操作法や工程の工夫が反応の安定化と作業の効率化の決め手となる．

オススメ技

340 メッシュつきカップでWISH処理を行う

オススメ度 ★★

📖 こんなときに有効　簡単　安全

反応液を反応容器から吸いとる操作を避けることで，微小試料を失わずに反応液置換を行いたい場合に有効．

📝 解説

WISH処理は反応液置換操作のくり返しであり，反応容器にチップやスポイトなどを挿入して反応液を吸いとる操作が何度も行われる．数が容易に数えられるほど大きくて視認しやすいWISH試料であれば失いにくいが，胚などの微小な試料を扱っている場合は，細心の注意を払っていても試料を吸いとって捨ててしまう危険性がある．特に，ホルムアミド入りの反応液中では胚が透明になり見えにくくなるので，反応液置換時の気苦労はさらに過酷なものとなる．

そのような場合は，試料を通過させないサイズのメッシュを用意し，それをカップの下部に貼りつけた反応容器を利用すると，試料を失うことはない（図7-9）．試料を入れたメッシュつきカップは，反応液を入れたマルチウェルプレートのウェル内に浸すことによって反応を行う．反応液の置換は，新しい反応液を入れたウェルにメッシュつきカップを移しかえることにより行う．メッシュが細かくて反応液がメッシュを通過しにくい場合は，ペーパータオル上にカップを置いて反応液を吸いとり，新たな反応液はカップ上部から添加する．

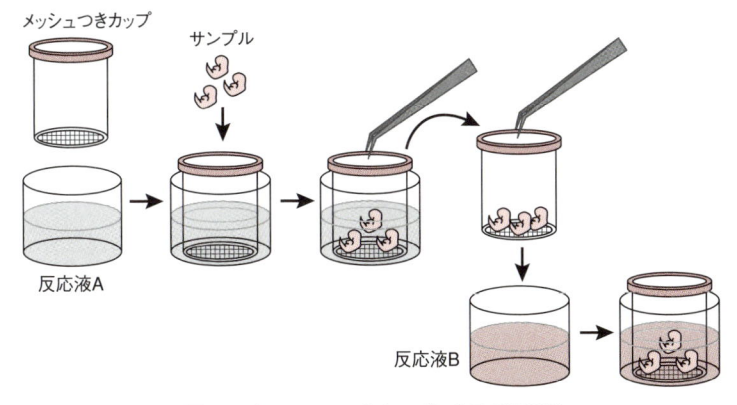

図7-9 ◆ メッシュつきカップによるWISH法

第7章 ◆ 5 革新のホールマウント in situ ハイブリダイゼーション法

オススメ技

341 二重フィルターつきカラムで WISH 処理を行う

オススメ度 ★★★

こんなときに有効　簡単　安全

WISH 試料が微小で損失しやすい場合でも，多検体解析を簡便に安定的かつ効率的に行いたい場合に有効．

解説

チューブやバイアルなどの反応容器に試料を入れて WISH 処理を行う場合，反応液の置換は溶液除去と溶液添加の 2 ステップで行われ，WISH 試料が微小で損失しやすい場合は特に慎重な操作が要求される．また，反応容器のフタを開閉する操作や反応容器を手に取ったり戻したりする操作を含めると，1 回の反応液置換には 4 ステップ以上の操作が必要であり，一度に 10〜20 検体の処理を行うのが精一杯である．

そのような場合は，メッシュやフィルターが下部についたカラム構造を発展させ，フィルターをカラムの上部にも設置し，この上下のフィルター間に試料と反応液をはさんで保持するシステムを利用する（図 7-10）．そうすると，試料はつねに上下フィルター間の反応液中を穏やかに漂うことになり，物理的な衝撃や乾燥によるダメージを避けることができる．また上部フィルターは，反応液添加時の衝撃を和らげて試料の破壊を防いだり，空中から落下してくるゴミの混入を防いでくれる．

この二重フィルターつきカラムにおける反応液置換は，新しい反応液をカラム上部に添加するだけで，カラム下部のノズルから古い反応液が

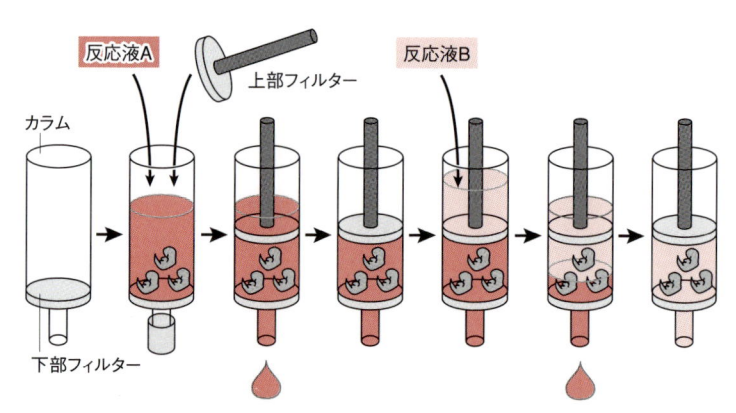

図 7-10 ◆ 二重フィルターつきカラムによる WISH 法

自然落下しはじめる．そして新しい反応液に置換されてしばらくすると，自動的に滴下が終了する．つまり反応液置換は反応液添加のみの1ステップで行うことができ，また置換完了を待たずに次のカラムの置換を開始することができるので，反応液置換が並列化できる．

　反応液の置換効率は反応液の比重差を考慮に入れて行うと効果的であり，比重大の反応液の上に比重小の反応液を加えると，反応液が混ざり合うことのない完全置換が行える．比重小から比重大への反応液置換は，反応系に影響を及ぼさない高比重試薬を混合して一過的に比重を増大させ，その後に比重小となった反応液への置換を行うことで，高効率置換が行える．

　このように，反応液置換は反応液をカラムに気楽に添加するだけなので，一度に数十～数百検体の処理も迅速に行える．この二重フィルターつきカラムは自作することも可能（フリットつきリザーバー［VARIAN］を加工）だが，ディスポーザブル反応容器（InSituチップ［アロカ］）および自動WISH処理装置（HYBRIMASTER［アロカ］）を用いると便利である．

プロトコール

『InSituチップを用いたWISH法』

① プレハイブリダイゼーションまでは，1つの反応容器内で複数の試料をまとめ処理する

▼

② プレハイブリダイゼーション時に下部フィルターつきのInSituチップ本体に試料を加え，上部フィルターをセットする

▼

③ プローブを加えたハイブリダイゼーション溶液を，InSituチップ上部から添加する

▼

④ InSituチップを穏やかに振とうさせながら，気相インキュベータ内でハイブリダイゼーションを行う

▼

⑤ ハイブリダイゼーション終了後，反応液の比重差を考慮しながらInSituチップに反応液を添加し，反応を行う

▼

⑥ 発色終了後，InSituチップの上部フィルターを取り外し，試料を回収して検鏡する

まだまだある こんな チョイ技

オススメ技
342 メンブレンつき 96 ウェルマルチウェルプレートの利用

メンブレンつきの 96 ウェルマルチウェルプレート（silent screen plate [Nunc]）を用いると，胚などの微小な試料を失わずに多検体 WISH 処理が行える．このメンブレンは常圧では溶液を通過させないため，ウェルに反応液を入れて各種反応を行い，バキューム装置を用いて反応液を吸引除去することによって反応液の置換を行う．集塵系のシステムであるため，空中から落下するホコリには気をつけ，こまめに容器にフタやカバーをかける．

オススメ技
343 自動 WISH 処理装置の利用

微小な試料を失わずに自動で多検体 WISH 処理ができるシステムとして，微細孔フィルターつきのカラムを用いた自動装置（InsituPro [INTAVIS]）や，メッシュつきカップを用いた自動装置（GENEMASTER ISH-W [アロカ]）が用いられている．1 つの反応容器あたりの操作スピードは手作業と大きく変わらないが，休みなくコツコツと夜通しで作業が進行するので，手作業よりも早く WISH 処理が終了する．画一的な処理が行える反面，手作業時の繊細なハンドリングや臨機応変な対応は得手ではない．

オススメ技
344 シグナルの明確化

シグナルが強くてもバックグラウンドシグナルが目立つと，シグナル（S）とノイズ（N）の違いが見分けにくくなる．特に WISH 解析では，細胞が密につまった領域ではバックグラウンドシグナルが集積されて発現シグナルらしく見えることがあるので，バックグラウンドシグナルを出さないことが真のシグナル検出を行ううえで重要である．S/N 比を大きくするためには，精製プローブの使用，プローブの適量使用，RNA プローブの使用と RNase による非特異的吸着プローブの分解，長時間のハイブリダイゼーション，長時間洗浄，界面活性剤の使用，抗体の適量使用，低温発色，蛍光の使用などを検討する．また，NBT/BCIP で発色させる際は，NBT の量を減らすことにより，にじみの少ないシャープなシグナルが得られる．

オススメ技

345 WISH済み試料の保存

WISH解析で遺伝子発現領域をNBT/BCIPで青色に発色させた試料は，発色後すぐにすべての遺伝子発現シグナルを評価したり，すぐに最適な顕微鏡写真を撮ることは難しい．そこで，必要に応じて後で観察や写真撮影ができるように，WISH済み試料を保存しておく．防腐剤と色落ち防止を兼ねて，WISH済み試料は低濃度の固定液入り溶液（10倍希釈の後固定液など）に入れる．冷蔵庫で保管すれば，3年以上保存することができる．

Column

コンピュータ

インターネットから試薬情報やプロトコールを得たり，実験データをデジタルデータとして取り込んで解析をしたり，実験結果をまとめた電子ファイルをネットワークで共有したりと，コンピュータと通信技術の発達のおかげで，バイオ実験は能率的に行えるようになってきた．

すでにパソコンはバイオ実験の必須アイテムとなっており，パソコンを使い倒していると自負するユーザーも少なくなさそうだが，コンピュータ世界からの恩恵はまだまだありそうだ．最新のパソコンソフトをいち早く使用できるようになることも重要だが，コンピュータや通信システムを動かしている概念を学ぶことも，バイオ実験を能率的に進めるうえで役に立つ．

巨大なハードディスクを搭載していても，メモリとCPUが非力なパソコンは処理能力が低いのと同様に，記憶力がよくても活用できる情報と頭の回転がなければ課題の解決にはつながらない．CPUや頭脳が1つしかない場合，マルチタスク化の概念は多くの課題を同時並行的に処理するために有用である．パケット通信のしくみから学ぶと，課題はまず小さく断片化し，処理しやすい断片課題から同時並行的に処理を行い，最後に残った断片課題を力をふりしぼって処理すればよく，課題の先頭から順番にコツコツ処理を行うよりも迅速に処理が終わることがわかる．また，データの整合性検定においては，データ間の比較により，欠落データの予測や補完，データ矛盾の指摘を行うことができるパリティの概念が有用である．

バイオ実験は反応効率・例外・副産物による弊害に翻弄される複雑な系であり，実験の成功確率を上げるためには論理的かつ多角的な思考が必要である．コンピュータプログラミングを行うと，思考の論理性の検定および論理的である確率が瞬時に示され，論理思考の欠点はバグとして指摘される．バイオ実験も，さまざまなケースを考慮に入れたプログラムとして組めれば，実験上の大概のトラブルは想定の範囲内として計画的に進めることができる．

第7章 遺伝子発現の検出 編　　　　　　　　　　Keyword プロファイリング

6 遺伝子発現プロファイリングを理解する方法

ゲノムレベルでの網羅的な遺伝子情報解析が可能となった現在，遺伝子発現プロファイリングもゲノムワイドに行われるようになってきた．さらに，発生の各段階，組織や器官，アッセイの前後におけるプロファイリングデータの違いをもとに，その背景にある生命現象の探求が進められている．プロファイリングにはバイオインフォマティクス技術が不可欠だが，鵜呑みにすると…

標準的な手法

複数のプロファイリングデータをもとに，遺伝子発現の傾向を把握する

異なる実験手法や解析アルゴリズムによる複数のプロファイリングデータを考慮することにより，遺伝子発現の傾向や動向を総合的に判断する．

【遺伝子発現プロファイリングを理解するうえでの留意点】
❶ 実験手法によって，遺伝子発現の検出感度や解像度は異なる
❷ アルゴリズムやパラメータ値によって，プロファイリングデータの傾向は異なる

Point　バイオ実験によって得られる遺伝子発現データは，シークエンス系とハイブリダイゼーション系に大別できる．ESTやcDNAなどのシークエンス系データは，発現する遺伝子を個々に解読確認しているため正確性は高いが，解析の母集団数が充分でないと解像度の低下や取りこぼしが生じる．一方，DNAチップ，ノーザンブロッティング，ISHなどのハイブリダイゼーション系データは，高解像度で微量な変化もとらえられるが，シグナルの特異性の保証に問題を抱える．バイオインフォマティクス系の解析においても，wet系からdry系のデータの変換方法，クラスタリングやプロファイリング用のアルゴリズムやパラメータ値の設定により，導かれる結果は異なる．dry系のデータを参考にしつつも，wet系の実験で現実を確認することが大切．

オススメ技

346 転写産物の存在比率を把握する

オススメ度 ★★★

🔖 こんなときに有効　**正確**

試料間で顕著な発現変動がみられるはずの遺伝子が，プロファイリングでは思ったほどの発現変動がみられない原因を理解したい場合に有効．

📝 解説

プロファイリングデータが現実の遺伝子発現データと一致しない原因の1つは，**wet系の操作で調製した転写産物の存在量比率が，生体内における実際の遺伝子発現量の比率と異なってしまう**点にある．RNAやcDNAを調製する際の抽出・精製・サイズ分画といった処理や，各分子の分解特性・高次構造・サイズ差などによる各種反応効率の違いによって，実際の遺伝子発現量の比率が失われていく．つまり，逆転写・サイズ分画・ライゲーション・ライブラリー増幅の過程を経たcDNAライブラリーを用いてEST解析を行った場合，ESTの出現頻度と生体内における実際の遺伝子発現頻度は一致しにくくなる．

転写産物の存在量比率に問題を生じる他の原因としては，**生体試料内での不可抗力的なコンタミネーション**がある．近隣組織の混入や血球の混入が避けられない組織サンプルの場合，混入割合が大きいほどプロファイリングに大きな影響を与える．たとえ組織量としての混入割合が少なかったとしても，混入する遺伝子が高い発現量をもつ場合は，プロファイリングへの影響は避けられない．

例えば，ある遺伝子Xが血球特異的な高発現遺伝子である場合，血球が混入してしまう器官Aと，血球が混入しない器官Bとのプロファイリング比較を行うと，遺伝子Xは器官A特異的遺伝子と判定されかねない．また，器官Aと血球とのプロファイリング比較を行っても，遺伝子Xは双方で発現しているように見えるので，

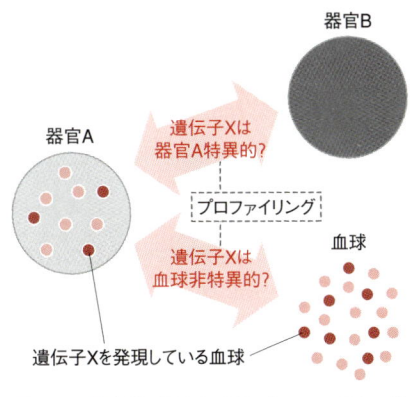

図7-11 ◆血球の混在によるプロファイリングへの影響

ユビキタス系の遺伝子と判定されかねない（図7-11）．このような場合，遺伝子Ｘが血球で高度に発現すること，器官における遺伝子Ｘの発現量が血球の混入割合と相関することを見出せれば，遺伝子Ｘの血球特異性を想定することができる．

347 アルゴリズムの限界を推測する

オススメ度 ★★

📖 こんなときに有効

普段は的確なプロファイリングデータを出してくれるプログラムが，たまにおかしなデータを出してしまう問題を理解したい場合に有効．

📝 解説

遺伝子発現のプロファイリングをゲノムワイドに行う場合，大量のデータを迅速かつ画一的に処理してくれるバイオインフォマティクス技術が重用される．バイオインフォマティクス解析では，wet系のアナログ的な遺伝子発現データは，数値やテキストといったdry系のデジタルデータに変換され，それらはコンピュータに仕込まれたアルゴリズムによって処理されることにより，クラスタリングやプロファイリングが行われる．

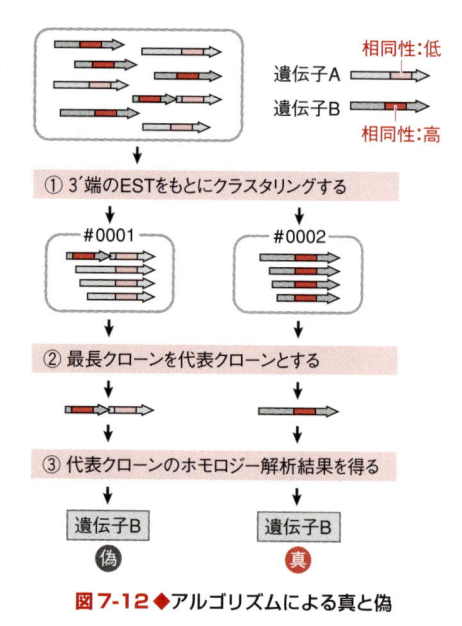

図7-12 ◆アルゴリズムによる真と偽

アルゴリズムはバイオの理論に基づいてつくられてはいるものの，バイオの特性ともいえる多様性やゆらぎのすべてを考慮できているわけではなく，代表的あるいは近似的な理論が採用されていることが多い．したがって，wet系の実験中に起こるさまざまな例外には，対応できていないことが多い．例えば，シークエンス系データにおけるオルタナティブスプライシング産物，パラロ

グ，多型，PCR ミューテーション，シークエンスエラー，組換え体，不完全長クローン，分解産物，くり返し配列などを正確にプロファイリングすることは難しく，中途半端なデータを提示してくることが多い．また，ハイブリダイゼーション系データにおける反応ムラやバックグラウンドに関しては，よくわからないままに自動補正をかけてしまうと，とんでもない補正およびプロファイリング解析を行ってしまうことがある．

　アルゴリズムによる解析データは，結論部分だけをみて理解した気になるのは危険である．例えば，最長クローンのアノテーションを行いたい場合，"3′端の EST をもとにクラスタリングされたクローンの中でももっとも長いものを代表クローンとし，そのクローンのホモロジー解析による最高スコアが得られた遺伝子名を記載する"というアルゴリズムを使用するのは問題がある．低いホモロジースコアをもつ遺伝子Aの上流に高いホモロジースコアをもつ遺伝子Bが連結した組換え体が混在すれば，クラスタの代表クローンとしてはこの組換え体が選択され，アノテーションは遺伝子Bとして評価されてしまう（図7-12）．

　プロファイリングを効率的に行ううえでアルゴリズムを用いたデータやデータベースは不可欠であるが，その中には限界とエラーが含まれるものであることを認識しておいたほうがよい．生データとの整合性をみていく作業を行えば，データが意味する限界や矛盾点をあぶりだし，致命的な判断ミスを避けることができる．さらにその状況証拠をもとに，アルゴリズムの作業手順や処理論理を推測することができれば，その後の解析時のトラブル回避につながる．

まだまだあるこんなチョイ技

オススメ技

348 配列の連結による発現遺伝子の高効率解読

EST 解析では，cDNA ライブラリー内に含まれるクローンを3′端側あるいは5′端側からシークエンス解読していくことが一般的である．しかしこの方法は，転写産物の存在比率にバイアスがかかっていることが多く，解読数を増やすことも難しい．発現遺伝子の配列の一部を連結してシークエンスを行う SAGE（Serial Analysis of Gene Expression）法や CAGE（Cap Analysis Gene Expression）法を用いると，転写産物の存在比率を保ちながら，効率的かつ大規模に発現遺伝子の同定が行える．

オススメ技

349 スタートマテリアルの同一化

転写産物を調製するための生体試料のサンプリングは，遺伝子発現プロファイリングのためのスタートマテリアルとして重要である．同じ名前がつけられるサンプルにおいては，時間的・空間的・技術的に異なる条件下で得られた生体試料を用いるよりも，同じ作業者によって得られた同じ条件下の生体試料を用いるほうがよい．マイクロアレイ・RT-PCR・ノーザンブロッティング・cDNAライブラリー作製を同一のRNAをもとに行うと，データ不一致のトラブルは少なくなる．

オススメ技

350 WISH法を用いた遺伝子発現パターンの確認

WISH法は，遺伝子発現情報を三次元空間的，さらには発生過程も含めて四次元的にとらえることができ，高解像度でかつ情報量が多いことを利点としてもつ．シークエンス系やDNAチップなどのデータをもとに得られたプロファイリングデータが，現実の遺伝子発現と一致するかを確かめるためには，WISH解析での確認が有用である．ただし，発現量の少ない遺伝子や，局在しないユビキタスな遺伝子の解析は難しい．

第8章

実験器具・
機器の変身 編

バイオ実験をするためには，当然，実験器具と機器が必要．でも，ラボの諸事情で，思いどおりにモノを揃えられないことがある．そんなとき，ちょっと視点を変えてまわりを見渡してみれば，実験器具たちのマルチな才能や，ラボに連れてきたい一般流通品が見え隠れする．もちろん実験専用のモノとは比べモノにならないが，ないよりもあったほうがマシだと思えれば…

1	隠れた才能をもつ実験器具たち	288
2	日用品で間に合う実験器具たち	295
3	こんな風にも使える実験機器たち	302
4	工夫次第で何とかなる実験機器たち	307

第8章　実験器具・機器の変身 編　　　Keyword　実験器具流用

1 隠れた才能をもつ実験器具たち

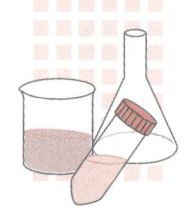

バイオ実験で用いる器具の中には，本来とは異なる目的でも使えるものがある．もちろんそのためには少々の工夫と妥協が必要だが，身近なものの流用で手っ取り早くそれなりの効果が得られれば，それで満足できる場合も多い．器具に潜在的なポテンシャルを感じることができれば，きっと実験手法の幅も広がることに…

01 96ウェルプレート

❶ チューブ立て

0.2 mLチューブや0.5 mLチューブは，96ウェルプレートに安定して立てられる．1.5 mLチューブは少々不安定．常用するようなものではないが，チューブ立てが近くにないときに一時的に使用したり，大人数の学生実験時などでチューブ立てが多量に必要な場合に重宝する．

❷ ボルテックスミキサー

96ウェルプレートの上面にチューブを押し当ててこすると振動が生じる．穏やかに行えばタッピングによる撹拌効果が，激しくこするとボルテックス効果が得られる．試験管立てやチューブ立てなども，同様の目的で使用できる．

02 アラームつきタイマー

❶ 実験復帰の促進器具

ラボメイトやボスとの会話に拘束されてしまい，なかなか実験に復帰するタイミングがつかめないとき，タイマーのアラームを鳴らすと離脱するきっかけとなりやすい．飲み会中に席を立ちたい場合にも重宝するが，乱用は禁物．

❷ スターラー押さえ

タイマーの裏に磁石がついている場合，溶液調製時に使用したマグネット式のスターラーがメスシリンダーやメジューム瓶内に入らないようにするためのスターラー押さえとして使用できる．

03 アルミホイル

❶ 各種容器・ホルダー

アルミホイルは加工しやすく，容易に形状を変更できるので，計量皿，薬サジ，反応容器，キャップ，保存容器，ロート，撹拌棒，チューブ立てなどの各種器具を手軽に作製できる（図8-1）．アルミニウムと反応性があるものを使用する場合は注意が必要．

図8-1 ◆アルミホイル器具

❷ 容器内部洗浄用タワシ

ポリタンクのように容器は大型だが口が小さくて手が入らない場合，内部のこすり洗いが行いにくい．このような場合，容器に洗剤と水を加えたうえに，くしゃくしゃに丸めたアルミホイルを10個程度入れてシェイクし，こすり洗いを行う．

04 角シャーレ

❶ 反応容器・保存容器

各種反応容器や保存容器としては，丸シャーレよりも角シャーレのほうが空間的な収まり具合がよい．メンブレンやスライドガラスなどを扱う際に重宝する．濡れたペーパータオルを底に敷いてモイストチャンバーとして使用することもできる．

第8章 実験器具・機器の変身 編

❷ マルチチャンネル用リザーバー

ラップをかけた角シャーレ上に溶液を注ぎ，それを傾けて置くと，シャーレの角に溶液がたまりマルチチャンネル用のリザーバーとして使用できる（図8-2）．他種の溶液を使用する際は，角シャーレはそのままにして，ラップのみを取り換えて使用する．

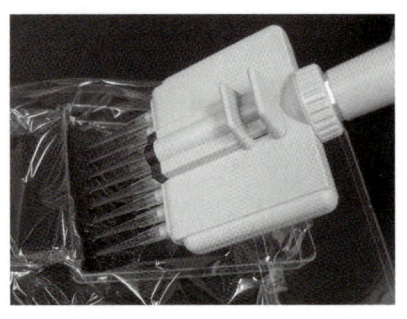

図8-2 ◆角シャーレリザーバー

05 片刃カミソリ

❶ ゲル板分離用のコテ

SDS-PAGEやシークエンスのゲル板を分離する際，ゲル板の間の隙間にカミソリの刃を入れてこじ開ける．局所的に急激に力をかけるとカミソリが割れたりゲル板が欠けたりするので，カミソリの刃の全領域を使用してゆっくりと力をかけていく．

❷ テープ痕除去用のヘラ

瓶にテープを貼りつけて長年使用していると，テープの粘着剤が瓶にこびりついて汚くなってくる．洗剤をつけてこすり洗いをしたり有機溶剤でふきとるのもよいが，ガラス瓶の場合は，カミソリで削りとってしまうほうが速い．

06 キャップロック

❶ チューブ管理用の目印

高温加熱時にマイクロチューブのフタが開かないようにするキャップロックには，カラーバリエーションがあるものが多い．これらはチューブ管理用の目印としても利用でき，共同で利用している機器内でのチューブを区別したり，ストックと使用中の試薬を区別したりするのにも使える．

07 吸引ろ過瓶

❶ 小型器具の洗浄器具

小型の器具をコツコツと洗浄するのは骨が折れる作業である．吸引ろ過瓶内に小型の器具や部品を入れて水道のホースをつなぐと，水道水を流し込みながら一気にすすぐことができる（図8-3）．また瓶内に，洗剤と水を入れて洗浄，70％エタノールを入れて殺菌，3％過酸化水素水を入れてRNaseの不活化などを行う．

図8-3 ◆ 吸引ろ過瓶洗浄器

08 コニカルチューブ

❶ 小型器具立てホルダー

コニカルチューブに，ピンセット，ハサミ，筆記用具，ピペット，白金耳など，小型の実験器具を立てると管理しやすい．先端が鋭利なものを立てるときは，必ず鋭利な部分を下に向ける．コニカルチューブは転倒しないように試験管立てに立てたり，テープで壁に貼りつけたりする．

❷ 小物入れ

フタがきっちり閉まり密閉性が高いので，小型で紛失しやすい実験器具，RNase-freeや滅菌済みの実験器具の保存ケースとして利用できる．また頑強なのでサンプルの輸送用ケースや保存ケースとして使用できる．

09 チューブ立て

❶ 使用中の標識

個人的に使用しているチューブ立てに"使用中"と書いたシールを貼りつけておくと，機器使用中の表明を手軽に行える．使用中の遠心機やPCR装置の上にチューブ立てを置いておくと，処理終了後，機器から取り出したチューブをすぐにチューブ立てに立てて運搬できるので便利．

第8章 ◆ 1 隠れた才能をもつ実験器具たち

❷ 白金耳・コンラージ棒置き

大腸菌を接種するための白金耳やコンラージ棒をガスバーナーであぶった後，チューブ立てに仮置きをすると，複数本を同時に滅菌・冷却することができる．

10 ピペット

❶ 撹拌棒

溶液調製時にビーカーに粉末試薬を一気に加えてしまうと，スターラーが埋もれてしまって撹拌できなくなることがある．その際は，きれいに洗浄されたピペットを撹拌棒として用い，試薬を溶かす．

❷ ブロッティング時の泡とり器具

ブロッティング装置のセットアップの際，ゲルとろ紙の間やゲルとメンブレンの間に泡が入ってしまうことが多い．この泡は，ピペットを転がしながら押し出していくことにより，ゲルやメンブレンを痛めずに効率よく除去することができる．

11 ペーパータオル

❶ ろ紙

何枚か重ねて使用し，ろ紙がわりに使用する．ろ紙の目のサイズは，重ねるペーパータオルの枚数によって調節する．コーヒーフィルターの代わりにも使える．

❷ メモ用紙・計算用紙

実験室では，メモ用紙よりもペーパータオルのほうが近くにあることが多く，メモ用紙や計算用紙として利用されることが多い．一過的に使用する覚え書き程度のメモとしては問題ないが，長期の掲示用や実験ノートには適さない．シャープペンシルや油性ペンよりは，ボールペンのほうが書きやすい．

❸ ホコリよけ

空中から落下するホコリを避けるため，実験器具やサンプルにかぶせて

使用する．ラップよりペーパータオルのほうが取り出しやすいが，透過視認性や密封性がないのが難点．放置されたペーパータオルと誤認されないように，ペーパータオル上にメモを書いておくとよい．

❹ 断熱材

融解させた寒天培地入りの瓶を実験机の上に直接置いておくと，瓶の底から固まり出すことがある．ペーパータオルのパックの上に瓶を置くと，瓶底部における急激な温度低下は避けられる．また，瓶が熱くて素手で持てないとき，ペーパータオルを何重かに折りたたんで持つと熱くない．一方，保冷箱で保冷サンプルを輸送する際にも，サンプルと保冷剤以外の空間を埋めるために利用される．

❺ 洗浄用布

紙素材でも水濡れ耐性があるものは，洗浄用として使用できる．たわしやスポンジで洗浄しにくいものや傷がつきやすいものは，キムワイプ［クレシア］などでこすり洗いする．ボトルに水，洗剤，キムワイプを入れ，シェイクするとボトル内部を洗浄することができる．

12 マイクロチューブ

❶ チップの仮保管容器

使用したチップを捨てずにチューブの中にエジェクトし，きれいに保管する．同じ溶液を何度も使用する工程がある場合，1本のチップをくり返し再利用することで，コストを削減することが可能．

❷ チューブアダプター

1.5 mlチューブは0.5 mlチューブを立てるアダプターとして，0.5 mlチューブは0.2 mlチューブを立てるアダプターとして使用できる（**図8-4**）．遠心用のアダプターとして使用する場合は，アダプター用チューブのフタは切り離しておく．

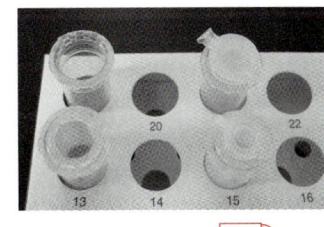

側面図

0.5 ml tube in 1.5 ml tube

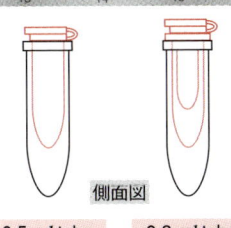

0.2 ml tube in 0.5 ml tube in 1.5 ml tube

図8-4 ◆ チューブアダプター

❸ 遠心機のバランサー

100μlごとのステップで蒸留水を入れた一連のチューブセットを用意し，その容量をラベルして並べておくと，遠心機用のバランサーとして使用できる．

13 マイクロピペットチップ

❶ ゲルに混入した泡の除去器具

電気泳動用のアガロースゲルをトレイに入れて固めるときや，大腸菌やファージ用のアガープレートを固めるとき，混入した泡を除去する際に使用する．直接手に持ったチップで泡をつついたり隅に寄せたりして除去するが，マイクロピペットにチップを装着して泡を吸いとってもよい．

❷ ディスポーザブル滅菌ピンセット

2本のチップを箸のように使用して，小さな試料（WISH用・免疫染色用など）をつまむことができる．割り箸の先端にチップをつけるとさらに扱いやすい（図8-5）．ピンセットでつまむと力が入りすぎて試料が壊れてしまう場合，箸でつまむ要領で取り扱うと繊細な操作が可能になる．

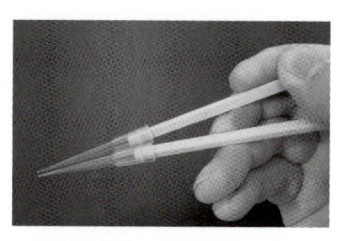

図8-5 ◆ ディスポ滅菌ピンセット

14 メジューム瓶

❶ ブロッティング時の重し

ノーザンやサザンブロッティングの際，メジューム瓶に水を入れて重しにする．重さは入れる水の量で調節できる．

❷ 水相インキュベーター用の水位上昇器具

水相インキュベーターの水位が低下してしまった場合，多量の水を加えて水位を上昇させると温度が変わってしまう．加える水の温度を適温にするのが手間な場合，空のメジューム瓶をインキュベーターに入れると，大幅な温度変化を引き起こさずに水位を上昇させることができる．

第8章 実験器具・機器の変身 編

Keyword 日用品流用

2 日用品で間に合う実験器具たち

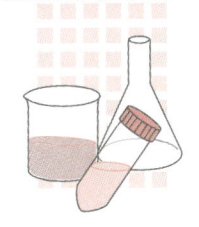

バイオ実験で使われる器具は高い品質と価格を誇るが，実際の実験ではそれほどの精度や性能を必要としないこともある．安価な日用品の中から実験器具と類似の形状や機能をもつものを探せば，それなりに使えそうである．ホームセンターや100円均一ショップに出かけたとき，実験器具として流用できそうなものをあらかじめ探しておくと，いざというときに…

15 柄つき針

❶ まち針・縫い針・標本針

シャープペンシルに芯のかわりに，まち針・縫い針・標本針などを入れると，柄つき針として使用できる．生体試料の解剖時，スクリーニング用メンブレンの位置決め時，切片の取り扱い時などで利用する．

16 ガラス板立て

❶ ブックスタンド・CDスタンド・まな板立て

ミニサイズのSDS-PAGE用のゲル板は，ブックスタンドやCDスタンドを工夫すれば立てることができる．ラージサイズのSDS-PAGE用ゲル板やシークエンス用ゲル板は，大型のブックスタンドやまな板立てが利用できる．

17 コニカルチューブ・試験管立て（図8-6）

❶ ペン立て

立てる場所が一口ではなく，複数口あるペン立てが便利．仕切り板の位置を可変できるものもある．

❷ 空き瓶・空き缶

清涼飲料や栄養ドリンクの空き瓶，各種調味料の空き瓶，飲料用スチール缶などの内部を洗浄し，チューブ立てとして使用する．

❸ ラップの芯

ラップの芯をノコギリで適当な大きさに切り，3.5 cm 直径の小型シャーレを底に貼る．安定性が必要な場合は，底に貼りつけるシャーレのサイズを大きくしたり，芯を複数本まとめて固定したりする．

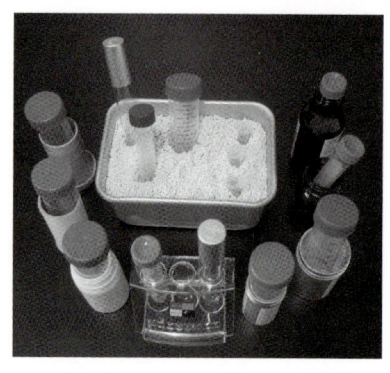

図8-6 ◆ さまざまなチューブ立て

❹ BB弾

エアガン用のプラスチック製の弾を容器に敷きつめ，各種チューブをその中に差し込んで使用する．任意の大きさのチューブを任意の場所に差し込める．

18 試薬棚・整理棚

❶ ホームシェルフ

スチール製の簡易本棚のようなホームシェルフが利用できる．試薬瓶や実験器具の高さに合わせ，棚板の高さを調節することができるので便利．また，構造が簡単で加工しやすく，ドリルで穴を開けたり，ボルトを入れたり，フックをつけたり，転倒防止用のワイヤーを張ったりできる．

❷ カラーボックス

小型の試薬瓶や実験器具であれば，カラーボックスに置ける．用途に応じて幅，高さ，奥行きを選ぶ．棚板の高さを変えられるものがよいが，高価で種類が少ない．また，素材が紙・合板なので水濡れに弱く，重いものを長期間のせておくと棚板がたわんでくるのが難点．

19 シャーレ・反応容器（図8-7）

❶ タッパー
ポリプロピレン製のタッパーが利用できる．透明性やフラット性には少々難があるが，気密性がよく，オートクレーブ滅菌が可能．さまざまな規格が出回っているため，最適なサイズや形状のものが手に入れやすい．

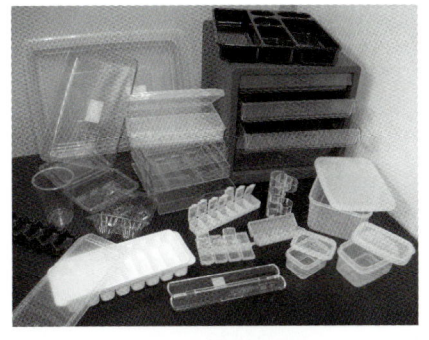

図8-7 ◆各種反応容器

❷ 書類ケース
同じ規格の反応容器を多数扱う必要がある場合，多段の引き出し式の書類ケースや小物入れケースなどが便利．フタがないので気密性が低く，蒸発に注意が必要．ケースの素材として多いポリスチレン製のものは，透明度は高いが熱には弱いのでオートクレーブ滅菌はできない．

❸ プラスチック製小物
さまざまな形・大きさ・素材・色のプラスチック容器が使用できる．シンプルなトレイ・バス・バケツ型の容器はもとより，製氷トレイや小物入れケースなど仕切り板があるもの，箸箱や印鑑ケースなど溶液を入れることを想定していないもの，たまごやお菓子を整列させるための中敷きトレイなども使用できる．

20 凍結サンプルすくい

❶ 穴あきおたま
細胞の凍結試料やコンピテントセルを作製する際には，液体窒素中に1.5 mlチューブを放り込んで凍結させることが多い．箸やピンセットを用いて凍結チューブを回収するのは手間なので，穴あきおたまですくい上げて回収する．大量にすくい上げるときは，柄つきのザルも利用できる．

❷ 水切りかごつき洗浄バット

台所で使う水切り用のザルかごと洗浄バットを組み合わせた状態で液体窒素を入れ，その中にサンプルを入れて凍結させる．水切りかごを持ち上げるだけで，すべての凍結サンプルを一気に回収することができる．

21 白金耳

❶ ニクロム線

電気ストーブや電熱コンロのヒーター部分には，熱に強いニクロム線が使われている．不用になった電熱ヒーターを分解してニクロム線を取り出し，ニクロム線耳をつくる．一般的に白金耳よりもニクロム線耳のほうが太いので，加熱後の冷却には時間がかかる．

22 ビーカー

❶ カップ酒用瓶

日本酒のカップ酒の空き瓶を利用する．1合用の180 mlタイプのものが多いが，少し大きな200 mlタイプのものや，ミニタイプの100 mlタイプのものもある．計量機能はなく，ちょっとした反応容器として使用する．各社，さまざまな形状のものを出しているが，シンプルな形状でフタつきのものが便利．

❷ ガラス製ティーサーバー・ティーポット

取っ手がついており，ホットプレートや恒温水層で加温した溶液を取り扱う際に利用すると便利．目盛りらしきものが印刷されているが，計量機能は全くといってよいほどない．うまく利用すれば，ティーサーバーでろ過が可能．ティーポットについている茶葉が流れ出ないようにする仕掛けは，スターラーの流出を抑えるのに役立つ．

23 分注器具

❶ ノズルつき容器

分注量を目分量で調節すればよい程度であれば、タレ瓶・点滴瓶・洗瓶が利用できる。また、金魚の形をした小型のしょう油差しのようなものからボディーソープ用のプッシュポンプ式のものまで、さまざまなノズルつき容器が利用できる（図 8-8）。

図 8-8 ◆ 多彩な分注器具

❷ 灯油ポンプ

正式名は醤油チュルチュルと言うそうだが、サイフォンを利用した送液システムをもつポンプである。小容量の溶液の分注には向かないが、一斗缶入りの試薬をポリ容器に移す際に重宝する。

24 保冷コンテナ

❶ 発泡ウレタン製フォーム

生花を刺すための土台として、発泡ウレタン製のスタイルフォームが利用される。このフォームは吸水性をもつため、フォームに吸水させ、チューブをさして凍らせると保冷用のチューブコンテナとして使える（図 8-9）。

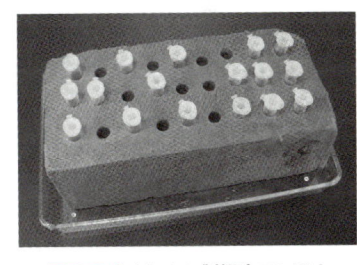

図 8-9 ◆ ウレタン製保冷コンテナ

❷ 真空ボトル

液体窒素やドライアイス用の保冷コンテナとして、現代版の魔法瓶であるステンレス製の真空ボトルが利用できる。広口のものがサンプルを出し入れしやすい。爆発事故が起こらないようにボトルの口は密閉せず、少し開けておく。

第 8 章 ◆ 2　日用品で間に合う実験器具たち

25 マイクロプレートシール

❶ 透明テープ・アルミテープ

幅はマルチウェルプレートのサイズと異なるが，梱包用の透明テープやアルミテープがプレート用シールとして利用できる．また，セロハン粘着テープであれば，各列ごとに分けてシールしたり，必要な列だけはがしたりすることができる．

26 メジューム瓶

❶ ペットボトル

PET 樹脂はホット飲料用であっても耐熱温度が低くオートクレーブ滅菌はできないが，常温非滅菌の水溶液であれば使用可能．さまざまなサイズや形状のものが手軽に手に入るのが利点．

❷ 焼酎瓶

瓶素材にこだわるのであれば，焼酎の空き瓶を利用する．フタそのものや，フタ内部のパッキンの耐熱性・耐薬性に気をつける．同じ形状の瓶をたくさんそろえるのは少々難しい．

27 メスシリンダー

❶ 計量カップ

料理用の計量カップが利用できる．透明性の高いプラスチック製で，2 l 程度入るもの，取っ手がついているものが便利．ついている目盛りは正確ではないが，培地作製のように，厳密な計量が必要ではない場合に使用できる．

28 ろ紙

❶ ペーパータオル・キッチンペーパー
薄手であるが，ペーパータオルやキッチンペーパーが利用できる．ろ紙の目のサイズは，重ねる枚数によって調節する．

❷ コーヒーフィルター
ろ紙を折って整形する必要がなく，すぐに使用できるので便利．構造的にしっかりしているので，コーヒーフィルターの端をつまみ上げ，ロートなしでろ過することも可能．

29 ロート

❶ コーヒー用のドリッパー
コーヒー用のドリッパーを用いると，広口のビーカーや容器上に安定して置くことができる．当然ながら，各種サイズのコーヒーフィルターが利用できる．

❷ ペットボトルを加工
ペットボトルの上部を適した長さに切断して使用する．ボトルサイズの大・小，細口・広口，丸・角が選べる．また，ボトル部分を多く残すとリザーバー容量が多くとれ，場合によってはリザーバー内に多段のろ過装置を組むこともできる．

第8章 実験器具・機器の変身 編

第8章 実験器具・機器の変身 編　　Keyword 実験機器流用

3 こんな風にも使える実験機器たち

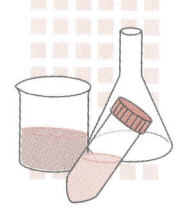

バイオ実験で使われる実験機器は，実験器具に比べて使用目的が限定的であり，本来の用途以外の目的で使用することは難しい．しかし，機器がいくつかの機能的モジュールの組み合わせで成り立っていたり，その機能が付随的な効果をもつのであれば，その能力を流用することができる．目的外や想定外使用には，当然問題点も多いが…

30 恒温インキュベーター（気相）

❶ 乾燥機

アナログ式あるいは老朽化などで恒温の維持に難を感じるインキュベーターは，厳密な恒温条件を必要とする実験系で用いるのには不安がある．そこで，温度管理の厳密性が必要ではない用途，例えば実験器具の乾燥用として使用する．電源コードを引き込む孔がある場合は，解放すると通気性がよくなり，乾燥が速くなる．防塵が必要であれば，くしゃくしゃに丸めたペーパータオルを孔の中に軽く詰め込むとよい．また，インキュベーター内でファンをまわすと乾燥を速めることができる．ファンは廃棄されるデスクトップパソコンのものが流用できる．

31 恒温インキュベーター（水相）

❶ シェーカー

水相の恒温インキュベーターでは水槽内の温度を一定にするため，恒温槽内の水を循環させており，水槽内では水流が生じている．このため，タッパーのようなものを水槽に浮かべると，タッパーは水流によって漂うことになる．このランダムな浮遊を利用すると，恒温振とう操作が可能となる．

32 サーマルサイクラー

❶ ヒートブロック

サーマルサイクラーもヒートブロックの一種であり，各種温度設定での恒温インキュベーションが行える．迅速に温度を上げることができ，またホットボンネットでチューブのフタを温めると同時にフタが開かないように押さえつけることができるため，ボイリング時や高い温度でのインキュベーション時に有効．氷箱代わりの保冷用としても使うのは贅沢すぎる．

33 ショーケース型冷蔵庫

❶ 低温インキュベーター

4℃設定で使われることが多い薬用冷蔵ショーケースだが，設定温度を変えることができるので，他の温度設定の低温インキュベーターとしても使用できる．反対に，冷却機能つきの気相インキュベーターも，場合によっては冷蔵庫として使用可能である．

❷ 消耗品ストック置き場

薬用冷蔵ショーケースは横長のタイプが多く，装置の上に段ボールをのせておくことができる．かさばるが近くに置いておきたい消耗品ストックを保管しておくのに便利．ただし，装置の放熱を妨げないように，装置と段ボールの間に隙間をつくり，熱気の逃げ場を確保することが重要．

❸ 実験器具・試薬保管庫

家電リサイクル法によって，冷蔵庫は廃棄しにくい実験機器となってしまった．ショーケース型の冷蔵庫であれば，カギつきのガラス扉をもつ利点をいかし，耐用年数が過ぎた後も実験器具や試薬の常温保管庫として活用できる（図8-10）．

図8-10 ◆実験器具保管庫

34 ディープフリーザー

❶ シールはがし

常温でシールやラベルがはがれにくいとき，ディープフリーザーで凍結させると楽にはがすことができる．はがれにくい場合は，70％エタノールを染みこませてから凍結してみる．シールを貼った容器や袋が，－80℃での冷却耐性がない場合は利用不可．

❷ 実験台

たいていの場合，ディープフリーザーの開閉頻度はそれほど多くはない．背丈の低いタイプのディープフリーザーを使用している場合は，天板部分を臨時の実験台として使用できる．ただし，フリーザー開閉の要望があった際に，すぐに実験を中断・撤去できるようにしておくことが必要．

35 ヒートブロック

❶ チューブ用保冷コンテナ

ヒートブロックから取り外したブロックを氷や氷水，保冷剤の上に置けば，アルミ製のブロックは熱伝導効率がよいので保冷コンテナとして利用できる（図8-11）．もちろん，未使用や予備のブロックを冷蔵庫で冷やしておくのもよい．

図8-11 ◆チューブ用保冷コンテナ

❷ ブロッティング時の重し

ノーザンやサザンブロッティングの際，取り外したブロックを重しにできる．重さを調整する必要があるときは，孔に直接水を入れたり，孔にさしたチューブに水を入れたりして調整することができる．

36 ホットプレートスターラー

❶ 恒温水槽

撹拌機能だけではなく，加熱系の保温機能がついているため，オートクレーブ後の寒天培地を自然冷却する際に，冷えすぎないように保温することができる．バッフルつきフラスコを用いれば，大腸菌の液体旋回培養が行える．また，ビーカー内の水温を一定に保つようにすると，恒温水槽としても使用できる．

❷ パラフィン伸展機

デジタル式のホットプレートスターラーの中には，天板温度を正確にコントロールできるものがあり，パラフィン伸展機として利用できる．また，冷蔵庫で保存していた大腸菌用の寒天プレートを温めるプレートウォーマーとしても利用できる．

37 メディカルフリーザー

❶ 製氷器

メディカルフリーザーの扉を開閉する際，空気が流入するとその中に含まれる水分が凍って霜になる．これを氷冷用の氷として使用すれば，霜取りと氷の確保が同時にできて一石二鳥である．なお，夏場は多湿のため霜をつくるのには好都合だが，フリーザーの温度上昇を避けるため，扉の開閉は短時間で行う．

❷ 掲示板

メディカルフリーザーの扉面や機器の側板を利用して，フリーザー内のサンプルや試薬の情報，ラボ内の連絡事項などを掲示する．フリーザーの外板にスチール製の素材が使われている場合は磁石も利用できる．メモを磁石で貼りつけるのみならず，レターポケット，ラップホルダー，ペーパータオルホルダーなどを磁石で貼りつけて使用することもある．

❸ 暖房機

冷却装置は機器内の温度を低下させる分だけ，機器外の温度を上昇させるしくみをもっている．フリーザーや冷蔵庫は機器からつねに熱を発生させており，部屋の中に何台か冷却装置つき機器があると，冬場は暖房

をつけなくても結構暖かい．反対に，夏場は風通しのよい場所に置くかエアコンを入れるかしないと，外気温よりも室温が上昇することになり，フリーザー内部の冷却にとってもよくない．

38 冷却遠心機

❶ クールボックス

冷えたローターは，氷箱を用意していない場合にクールボックスとして使用できる．ただし，共用で遠心機を使用している場合，長時間の使用や頻繁な使用は問題となるので，緊急時の一時的使用にとどめておく．また，ローターの孔以外にサンプルを入れると，気づかずに遠心機を作動させてしまったときに事故が起こるのでやめたほうがよい．

❷ タイマー

遠心終了時にアラームが鳴るタイマーがついている遠心機の場合，実験タイマーとして使用できる．タイマーとして使用する際は，高速回転での長時間使用はナンセンス．遠心機は回転数の増加に伴って傷むので，恒常的な使用は避けたほうがよい．

第8章　実験器具・機器の変身 編　　　Keyword　一般家電流用

4　工夫次第で何とかなる実験機器たち

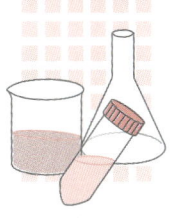

バイオ用の実験機器は高性能であるが，負けず劣らず高価である．しかし，必要以上の精度や性能をもっていたり，付加機能によって高価になっていることもあり，実際の実験ではそこまでの性能を必要としない場合も多い．まわりを見渡してみると，安価な一般家電を工夫して使用すれば，実験用としてそれなりに使えることも…

39　アガロースゲル撮影装置

家庭用デジタルカメラ

アガロースゲルで電気泳動した核酸は，EtBrで染め，暗条件下でUV励起することにより視覚化する．これを記録として残すため，高感度カメラによる写真撮影が行われる．従来法であるポラロイドカメラによる撮影法は，装置は安価であるがランニングコストが高くつく．近年は，CCDカメラ/モニタ/ビデオプリンタを搭載した撮影装置を利用する方法が主流となってきた．この方法はランニングコストが安く，映像を確認しながら写真が撮れるといった利点をもつが，装置そのものが高価である．そこで，安価に電気泳動写真を撮影するために，高解像度かつ高感度のものが出回ってきた家庭用のデジカメを利用する．実際には，UVランプにダンボール箱をかぶせ，これに覗き穴を開け，その穴にデジカメのレンズを差し込んで撮影する．PCカメラタイプのデジカメであれば，パソコン画面に映し出すこともできる．メモリーカード内のデジタル画像は，パソコンに取り込むことにより画像解析・作図・印刷などを行うことができる．

40 SDS-PAGE ゲル撮影装置

家庭用イメージスキャナ

SDS-PAGE のバンドや二次元電気泳動のスポット，現像した X 線フィルム上のシグナルを電子データ化する際には，家庭用のイメージスキャナが利用できる．ゲル上のバンドやスポットを取り込む際には，透過原稿ユニットを利用した透過光モードのほうが，シグナルをシャープに取り込むことができる．画像データとしてパソコンに取り込めば，画像解析を行ったり，2 枚のゲルイメージ間でのディファレンシャル解析を行ったりすることができる．濡れたゲルはスキャナの上には直接置かず，OHP フィルムを敷いた上に置くとよい．ラップはシワになりやすいので，厚手の透明シート系の素材のほうが扱いやすい．

41 乾燥機

食器乾燥機・恒温インキュベーターなど

洗浄済みの実験器具や現像済みのフィルムの乾燥は自然乾燥で行われることが多いが，乾燥機を用いると迅速に乾燥させることができる．一般的な実験器具の場合は，食器乾燥機や恒温インキュベーターが用いられる．フィルム乾燥の場合は，小さなフィルムであれば恒温インキュベーター内に立てて入れておくとよい．大きなフィルムの場合はインキュベーターに入らないので，ドライヤーや扇風機，空気清浄機の風を利用しながら乾燥させる．

42 恒温水槽

電気ポット

電気ポットに投げ込み式のサーモスタットをセットし，電気ポットのオンオフをコントロールすれば，恒温水槽として使用できる．オートクレーブした寒天培地の温度を適温まで下げつつ保温したり，スクリーニング用の洗浄バッファーを試薬瓶ごと温めたり，SDS-PAGE 用のサンプルをボイルしたり，さまざまな用途で使用できる．

43 製氷器

🏠 家庭用冷蔵庫＋電動かき氷機

バイオ実験用の製氷器は砕氷を自動的につくってくれるすぐれものであるが，設置には水道・電源・場所・騒音・価格を考慮に入れる必要がある．一般的には，実験室から少し離れたところに共通機器として設置されるケースが多い．実験中に急に砕氷が必要になったとき，製氷器が遠くにあると不便であり，実験室内で必要最低量だけでも砕氷がつくれればありがたい．砕氷はメディカルフリーザーの霜をかきとって利用することもできるが，安定的な砕氷の供給という意味では難がある．そこで，自動製氷機能つきの家庭用冷蔵庫を実験室内に導入し，角氷をこまめにつくっておくことにする．角氷を砕氷にするためには，電動かき氷機や電動アイスクラッシャーを利用する（図8-12）．電動であっても砕氷を多量につくるのには時間がかかるので，必要最低量のみを作製する．面積の大きい保冷箱に砕氷を敷きつめる場合は，まず保冷箱の底に角氷をある程度入れ，その上を砕氷で覆うようにするとよい．

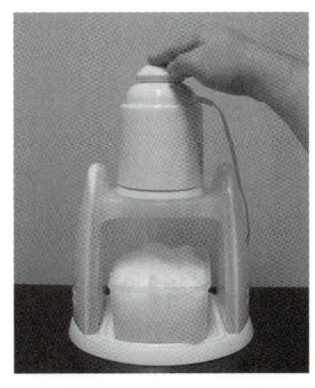

図8-12◆電動かき氷機

44 超音波洗浄機

🏠 メガネ洗浄機

大きな器具はこすり洗いをすればよいが，こすり洗いしにくい小さな器具や複雑な形状の器具は，超音波による洗浄が効果的である．実験用の超音波洗浄機は大きさに伴って高価になるので，実験器具の大きさに合ったものを選ぶ．小型器具の洗浄用であれば，メガネ洗浄用の超音波洗浄機が安価である．

45 電解研磨器

電気分解装置

先の尖った柄つき針を作製する方法の1つとして，タングステン線の電解研磨がある．これは，水酸化ナトリウム溶液内でタングステン線を電気分解によって削って細くしていく方法で，コニカルチューブ・白金線・タングステン線・直流電源・水酸化ナトリウム溶液があれば装置がつくれる（図8-13）．ポイントとしては，－電極は白金線に，＋電極はタングステン線にすることであり，タングステン線を削る速さは水酸化ナトリウム溶液の濃度（2N～6N）と電圧（6V～12V）で調節する．実際に研磨するときは，タングステン線を水酸化ナトリウム溶液に入れたり出したりすることをくり返し，徐々に尖らせていく．水酸化ナトリウム溶液に浸かった部分のタングステン線が電気分解によりやせるので，ゆっくり深く差し込むように出し入れすると長い針先が，すばやく浅く出し入れすると短い針先ができる．

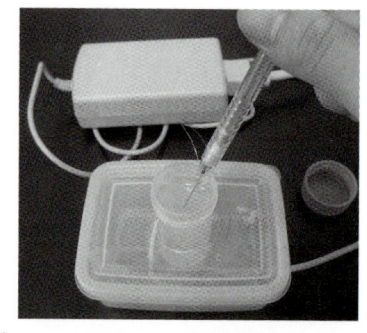

図8-13 ◆電解研磨器

46 電子天秤

料理用デジタルはかり・体重計

バイオ実験で行われることが多い0.1g～100g程度の試薬を計量する場合，1mgの単位まで計量できる電子天秤を用い，10mg程度の誤差内で計量すればよい．それよりも重い数十g～数百gの試薬を計量する場合は，0.1g程度の誤差内で計量できればよく，料理用のデジタルはかりでも問題なく計量できる．大きなポリタンクで溶液を作製する場合や，液体窒素タンク内の液体窒素の残りを計量する場合など，さらに重い量を計量する際には，体重計が利用できる．

47 電動ホモジナイザー

電動ドリル・卓上ボール盤

ガラス製のホモジナイザーを使用する場合，専用の撹拌装置がなくても，日曜大工用の電動ドリルが使用できる．低速回転であれば，電動ドリルにシャフトを連結したものを右手で持ち，ガラス製外筒を左手でしっかり持って使用する．高速回転で使用する場合は卓上ボール盤を利用し，熱の発生を抑えるため冷却しながらホモジナイズする．マイクロチューブとペッスルでホモジナイズを行う場合は，彫金用の小型の電動ドリルが使用できる．

48 パーソナルインキュベーター

ポータブル保冷温庫

自由に温度を設定できる個人用インキュベーターが欲しくなったときは，最近安価なものが出回っているポータブル保冷温庫を利用する．容量が小さく，温度安定性にやや難があるが，好きなだけ自由に使用できる利点は大きい．持ち運べるサイズなので好きな場所に設置でき，シガレットライターからも電源がとれるタイプのものであれば，車でサンプルを定温輸送することもできる．もう少し大きな容量の低温インキュベーターが必要な場合は，ワインクーラーを利用する手もある．

49 マイクロプレートウォッシャー

8チャンネルディスポピペット

96ウェルマイクロプレートは孔が小さくてこすり洗いができないので，高圧の水流で洗浄することになる．水道の蛇口や瞬間湯沸かし器のシャワーからの水流をそのまま用いた洗浄も可能だが，各孔の中をきちんと洗浄するのは大変である．そこで，水道の蛇口につないだホースにディスポーザブルの8チャンネルのポリピペットをつなぎ，8連ノズルの高圧洗浄装置を作製する．ノズルは96ウェルマイクロプレートの孔のピッチに合っているので，確実に各孔の中を洗浄することができる．

50 モニタリング装置

ライブカメラ

パソコンとネットワーク環境が充実した現在，実験装置や反応の状況をライブカメラを利用してネットに流すことができる．そうすれば実験状況を自分のデスク上のパソコン画面で，また外出中は携帯電話でリアルタイムに把握することができる．振とう機の作動状態を監視したり，電気泳動の泳動距離の把握を行う際に有用．

Column

ものの形と意味

ものには形があり，その形に意味や論理をもつ場合が多い．特に人工的なものの形は機能に適するように論理的に決められることが多く，逆に形を見ることで機能を論理的に推定するアプローチが可能となる．しかし，ものの形は機能や論理から外れることもある．それが単に機能や論理の不完全さからくる場合は駄作と評されるが，機能や論理をあえて犠牲にし，芸術やあそびの要因を取り入れた場合はデザインやバリエーションということになる．

例えば信号機．機能は事故防止のための停止命令である．自動車用，歩行者用，左側通行用，右側通行用，豪雪地帯用，大型交差点用などによって，信号機の設置場所や信号の配置（横・縦）は異なるが，いずれの場合も赤信号がもっとも視認しやすくなるための論理でもって形と場所が決められている．自動車用の信号の配置は，日本の横配置に対して海外では縦配置と異なるが，これは機能的制約外の自由選択部分として理解することができる．

形は直接認識できる表面的な意図をもつが，さらに深くに込められた意図を理解できれば，作製者の思考の本質に近づける．反対に，形には作製者の思考が必然的に入ってしまうので，作製者の思考の質を赤裸々にあばき出してしまう．形と意図については，県市町村や会社団体などのシンボルマークの意味を考えてみるとおもしろい．二次元という単純な空間内に，点・線・面・配置・パターン・色などを駆使し，多くの意図が織り込まれているはずだ．

形は物質のみならず動作や思考過程などを含め，認識できるものすべてに存在する．バイオ実験においても，操作手順，器具の配置，結果のまとめ方，作図などさまざまな局面で思考と形がリンクする．生物の形や現象は必ずしも機能性の追求の結果ではなく，あそびや適当が大いに含まれた結果であり，形の意味をとらえることは難しい．人工的で単純な形に込められた意図を理解できることが，より複雑な生物の形や現象の理解につながっていく．

索引

数字

- 0.2 m*l* チューブ …… 107
- 1st スクリーニング …………… 219, 234
- 2.0 m*l* チューブ …… 109
- 2×TY 培地 ………… 102
- 2nd スクリーニング … 221
- 8 チャンネルピペット … 28
- 70％エタノール ……… 33
- 96 ウェルプレート … 288

和文

あ

- アイデア洗浄装置 ……… 27
- アガロースゲル 電気泳動法 ………… 184
- 浅底マルチウェル プレート ………… 274
- 圧力釜 ………………… 36
- アニーリング …… 156, 159
- アプライ操作 ………… 195
- アプライ用補助器具 … 199
- アラーム ……………… 288
- アルゴリズム …… 282, 284
- アルミホイル … 29, 42, 289
- アルミホイル皿 ……… 42
- アンプル ……………… 124
- 一般家電流用 ………… 307
- 一本鎖 cDNA ライブラリー ……… 238
- 遺伝子情報データベース …………………… 229
- 遺伝子存在量 ………… 225
- 遺伝子発現 プロファイリング … 282
- イノシン ……………… 156
- イメージスキャナ …… 308
- イメージトレーニング … 68
- 陰イオン交換樹脂 …… 137
- インサート …………… 266
- インサートチェック PCR ………………… 227
- インターネット ……… 40
- イントロン …………… 257
- ウェル形状 …………… 200
- 裏文字 ………………… 123
- エアレーション ……… 110
- 泳動状態 ……………… 202
- 泳動スピード ………… 201
- 泳動制御 ……………… 201
- 泳動電圧 ……………… 202
- 泳動バッファー … 202, 208
- 液相インキュベーター … 89
- エタノール ………… 33, 86
- エタノール沈殿 ……… 150
- 柄つき針 ……………… 295
- 円形カバーガラス …… 273
- 遠心機 ………………… 79
- 遠心操作 ……………… 79
- 遠沈濃縮 ……………… 114
- オートクレーブ ……… 32
- オートクレーブ滅菌 … 100
- オーブンレンジ ……… 36
- 音声読み上げ ………… 40

か

- 回転半径 ……………… 80
- 火炎滅菌 ……………… 32
- 加温 …………………… 89
- 核酸検出用試薬 ……… 210
- 核酸の回収 …………… 211
- 核酸の濃縮 …………… 150
- 角シャーレ ……… 119, 289
- 撹拌培養 ……………… 109
- 撹拌棒 ………………… 292
- 核密度 ………………… 138
- カスタム濃度ゲル …… 185
- ガスレンジ台 ………… 21
- 画線培養 ……………… 115
- 加速 …………………… 81
- カバーガラス ………… 272
- カミソリ ………… 211, 290
- カラーセレクション … 173
- カラーボックス ……… 296
- ガラス板立て ………… 295
- ガラスビーズ ………… 118
- 体の微振動 …………… 68
- 借りゲル ……………… 188
- 乾燥機 ……………… 302, 308
- 乾燥培地 ……………… 103
- 乾燥保存 ……………… 122
- 寒天培地厚 …………… 117
- 乾熱滅菌 ……………… 32
- 管理システム ………… 23
- 器具管理 ……………… 22
- 気相インキュベーター … 89
- 既知遺伝子 …………… 224
- 既知遺伝子単離 ……… 224
- 揮発性試薬 …………… 44
- キメラクローン ……… 251
- 逆向き電気泳動 ……… 214
- キャップロック ……… 290
- キャピラリー電気泳動 …………… 190, 212
- キャリアー …………… 153
- 吸引ろ過瓶 …………… 291
- 給水ボトル …………… 109
- 吸着 …………………… 143
- 急冷 …………………… 86
- 凝固点降下 …………… 88
- 局所的加温 …………… 134
- 切りゲル ……………… 188
- 均一化 ………………… 75
- 均一塗布培養 ………… 115
- グアニジン チオシアネート …… 141
- クールボックス ……… 306
- 組換えシステム ……… 171
- クリーンベンチ ……… 35
- グリセロールストック … 120
- クローン鑑定 ………… 248
- クローン救出 ………… 177
- クローン選択 ………… 232
- クローンチェック …… 221
- 軽快スクリーニング … 218
- 掲示 …………………… 38, 162

索引 ◆ **313**

掲示板 ………………… 55	最終容量調整 ………… 45	浄化 …………………… 27
傾斜プレート 117, 131, 222	サイズマーカー ……… 208	使用順 ………………… 60
継代 …………………… 123	再生 …………………… 137	小スケール培養 ……… 104
携帯電話 ……………… 202	サイドテーブル ……… 19	使用済みゲル ………… 186
計量 …………………… 41	砕氷 …………………… 84	上清回収 ……………… 147
結果解析 ……………… 206	再利用 ………………… 61	消毒 ……………… 32, 33
ゲノム DNA 136, 138, 256	坂口フラスコ ………… 109	消毒剤 ………………… 36
ゲル準備 ……………… 184	サザンブロット解析 … 259	蒸発 …………………… 151
ゲル濃度 ……………… 185	撮影装置 ……………… 307	使用法 ………………… 60
限外ろ過フィルター	殺菌 ………… 33, 34, 100	使用予定情報 ………… 26
………………… 151, 263	サブクローニング …… 166	ショーケース型冷蔵庫 303
減速 …………………… 81	サブトラクション 238, 239	除菌 …………………… 33
高圧蒸気滅菌 ………… 32	三点支持 ……………… 197	書類ケース …………… 297
高圧プレート	サンプル調製 ………… 191	シリカ系担体 ………… 137
ウォッシャー ……… 28	サンプル品 …………… 62	シリカ法 ……………… 141
恒温インキュベーター	サンプル保存 ………… 94	シリコナイズ処理 …… 143
………………… 89, 302	シール式温度計 ……… 52	シングルセル RT-PCR 145
恒温室 ………………… 92	シェイク ……………… 48	振とう ………………… 75
恒温水槽 ……………… 308	シェーカー …………… 302	振とう培養 …………… 104
恒温槽つきスターラー 52	紫外線照射滅菌 ……… 35	新品ゲル ……………… 187
高温培地 ……………… 129	色素マーカー …… 201, 210	信頼ブランド ………… 53
高温培地分注 ………… 103	シグナルの増感 ……… 275	水飽和 (酸性) フェノール 146
抗生物質 ……………… 172	試験管立て …………… 295	スクリーニング … 218, 269
高速電気泳動 ………… 205	試験管内壁 …………… 126	スター活性 …………… 164
高濃度溶液 …………… 50	指示菌 ……… 125, 129, 133	スタートマテリアル … 286
コーティング剤 ……… 274	磁性ビーズ …………… 144	スターラー … 75, 109, 289
コーム ………………… 212	失活条件 ……………… 164	スタイルフォーム …… 85
個人用ストック ……… 26	実験機器流用 ………… 302	スタブアガー ………… 120
コツ …………………… 68	実験器具洗浄 ………… 27	ストック ……………… 22
固定試料 ……………… 142	実験器具流用 ………… 288	スピードバック ……… 151
コニカルチューブ 105, 291	実験スペース ………… 18	棲み分け ……………… 21
コロニーイムノ	至適塩濃度 …………… 160	スライドガラス ……… 270
スクリーニング …… 176	至適温度 ……………… 164	制限酵素 ………… 261, 266
コロニーダイレクト	自動切片 ISH 処理装置 272	制限酵素サイトつき
PCR ………………… 176	自動分注装置 ………… 73	プライマー ……… 167
コロニーハイブリ	自動 WISH 処理装置 … 280	制限酵素処理 …… 158, 160
ダイゼーション …… 176	霜 ……………………… 85	制限酵素処理断片
小分け保存 …………… 55	シャーレ ……………… 297	………… 220, 227, 232
小分けライブラリー	試薬管理 ……………… 22	成功実績 ……………… 54
………………… 236, 247	試薬計量 ……………… 41	性能確認 ……………… 54
コンラージ棒 ………… 292	試薬棚 ………………… 296	製氷器 …………… 305, 309
混合動態 ……………… 55	試薬調製 …………… 37, 47	整理棚 ………………… 296
	試薬品質 ……………… 53	切片 …………………… 270
さ	縮重プライマー ……… 156	切片 in situ ハイブリ
サーマルサイクラー … 303	出向 …………………… 26	ダイゼーション法 … 270

索引

節約使用 …………… 103
セルフライゲーション 169
洗浄 ……………… 27
洗瓶 ……………… 299
専用化 ……………… 30
想定の範囲内 ……… 68
即洗浄 ……………… 31
素材特性 …………… 63
組織アレイ ………… 275
存在比率 …………… 154

た

ターンテーブル …… 119
体温 ………………… 90
待機時間 …………… 201
対数増殖期 ………… 111
タイターチェック … 130
代替品 ……………… 25
代替法 ……………… 25
大腸菌管理 ………… 120
大腸菌ゲノム ……… 170
大腸菌コロニー …… 115
大腸菌増殖 ………… 110
大腸菌培地 ………… 100
大腸菌培養 ………… 104
耐熱性
　DNAポリメラーゼ 158
タイマー …… 204, 288, 306
タイムロス ………… 196
ダイレクトシークエンス
　………………………… 259
卓上ボール盤 ……… 77
卓上ミニ遠心機 …… 83
濁度見本 …………… 114
多段ゲル …………… 188
タッパー …………… 297
タッピング ………… 75
棚 …………………… 19
種菌 …………… 113, 129
ダミー ……………… 143
ダメゲル …………… 189
タレ瓶 ………… 194, 299
多連チューブ ……… 104
単価 ………………… 62
短冊形メンブレン … 268

担体 …………… 137, 149, 153
断熱材 ……………… 293
致死遺伝子 …… 172, 247
チップ詰め ………… 63
チャックつき透明袋 95
中間層 ……………… 147
中間層固化剤 ……… 149
中古ゲル …………… 187
中古パソコン ……… 40
中スケール培養 …… 105
チューブアダプター 293
チューブ立て … 288, 291
超遠心法 …………… 141
超音波洗浄機 … 28, 309
超音波ピペット洗浄機 … 59
調理器具 …………… 36
直接ハイブリ ……… 245
ディープウェルプレート
　………………………… 108
ディープフリーザー 84, 304
低温インキュベーター 303
低温恒温機器 ……… 87
低温室 ……………… 88
ディスポーザブル器具
　……………………… 31, 58
ディスポピペット … 59
ティッシュペーパー 82
ディファレンシャル
　スクリーニング … 240
ディファレンシャル
　ディスプレイ法 … 242
低融点アガロース … 213
テープワープロ …… 38
デカント …………… 43
手際 …………… 64, 68
デジタルカメラ … 209, 307
手回し遠心機 ……… 82
電解研磨器 ………… 310
電気泳動 …………… 307
電気炊飯器 ………… 36
電気バケツ ………… 28
電気ポット ………… 308
電極間距離 ………… 204
電子ジャー ………… 36
電子天秤 …………… 310

電子ファイル化 …… 39
電子レンジ …… 34, 93, 100
電子レンジ対応カイロ
　………………………… 52, 92
点滴瓶 ………… 72, 299
電動かき氷機 …… 87, 309
電動ドリル …… 28, 76, 311
電動ホモジナイザー 311
凍結真空乾燥 ……… 124
凍結保存 ……… 84, 121
同時大量調製 ……… 55
動線 ………………… 195
同族遺伝子 ………… 233
導入コスト ………… 59
当番制 ……………… 31
透明袋 ……………… 94
トータルコスト …… 58
トータルRNAの抽出
　………………………… 141
特異的遺伝子 ……… 239
特異的遺伝子単離 … 239
トップアガー ……… 125
トップアガロース … 129
トポイソメラーゼ … 171
ドライアイス ……… 88
トランスフォーメーション
　………………………… 177
ドロッパーボトル … 72

な

二重フィルターつき
　カラム …………… 278
日用品流用 ………… 295
二点支持 …………… 196
ネガティブセレクション
　………………………… 241
ネスティッドPCR … 159
熱伝導効率 ………… 86
粘性試薬 …………… 44
濃縮 ………………… 150
ノーザンブロット解析
　……………… 258, 265, 267

は

バーコード ………… 97

パーソナルインキュベーター … 311	フェノール/クロロホルム … 146	ホットボンネット … 93
バイオインフォマティクス … 282	フェノール処理 … 146	ボディーシェイキング … 76
バイオリソース … 98	不完全消化断片 … 162	ホモジナイザー … 77
培地組成 … 114	不均一培養 … 116	ホモロジー検索 … 233, 250
白濁水層 … 148	複数回使用 … 137	ボルテックス … 75
白熱灯照射 … 92	ブタノール濃縮 … 152	ボルテックスミキサー … 288
パソコンラック … 21	プッシュポンプ式 … 73	保冷コンテナ … 87, 299, 304
白金耳 … 292, 298	プラーク形成 … 130	保冷箱 … 84
バックアップ … 24	プラークサイズ … 134	ホワイトボード … 39
バッフルつき三角フラスコ … 109	プラスミドDNA … 136	
発泡スチロール箱 … 90	プレート保温 … 127	**ま**
幅広コーム … 267	プレキャストゲル … 190	マイクロチューブ … 293
バブリング … 78	プレミックス培地 … 103	マイクロ波 … 34
パラフィルム … 29, 48, 191	プローブ精製 … 263	マイクロピペット … 70
バランサー … 82, 294	ブログ … 40	マイクロピペットチップ … 294
バルク品 … 63	プログラム … 119	マイクロプレートウォッシャー … 311
ハンディーUVイルミネーター … 207	プロファイリング … 282	マイクロプレートシール … 300
バンド … 211	分子系統解析 … 253	間借りゲル … 189
ハンドシェイク … 75	分取用チューブ … 51	マグネット … 39
ハンドリング … 64	分担制 … 31	マルチウェルプレート … 108, 124, 192
反応容器 … 297	分注器具 … 299	マルチチャンネル … 199
ビーカー … 47, 298	分注操作 … 69	マルチチャンネルピペット … 65
ヒートシーラー … 97	分注手順 … 70	まわりのラボ … 24
ヒートブロック … 89, 119, 129, 303, 304	分納 … 96	見える化システム … 22
ヒートリッド … 93	平均化ライブラリー … 237	右利き左利き … 67
非ガラス性素材 … 271	ペーパータオル … 29, 198, 292, 301	ミネラルオイル … 158
引き出し … 20	ペットボトル … 84, 300, 301	無菌化 … 32
微小スケール培養 … 107, 108	ペルチェ式 … 87	無菌室 … 35
非冗長ライブラリー … 235	ペレット … 153	メガネ洗浄機 … 309
微調整 … 71	ボイリング法 … 178	メジューム瓶 … 49, 185, 294, 300
ピペッティング … 75	ポータブル保冷温庫 … 311	メスシリンダー … 47, 48, 300
ピペット … 292	ホームシェルフ … 296	メタ認知 … 67
漂流振動 … 78	ホールマウント … 276	メチル化 … 165
秤量皿 … 42	ホールマウント in situ ハイブリダイゼーション法 … 276	滅菌 … 32
拾いゲル … 189	保温 … 89	メッシュつきカップ … 277
ピンセット … 294	保管庫 … 303	メディカルフリーザー … 84, 305, 309
ファージ培養 … 125	ポジティブプラーク … 219	メモ用紙 … 292
ファージ溶出 … 133	ホットスタート … 158	メンブレン … 175, 265
ファージライブラリー … 218	ホットプレート … 36	メンブレン無用 … 243
フェノール … 146	ホットプレートスターラー … 52, 305	

索引

モイストチャンバー …… 92
モニタリング …… 205, 312
もらいゲル …… 188

や

薬包紙 …… 46
遊星式撹拌装置 …… 78
ユニット数 …… 164
ユニバーサルバッファー
　…… 161
溶液の均一化 …… 75
溶液分注操作 …… 69
容量可変式 …… 70
容量固定式 …… 70
予行練習 …… 66

ら

ライゲーション …… 171
ライブカメラ …… 312
ライブラリー …… 139
ラジオ …… 31
ラップ …… 29, 48, 61
ラボメイト …… 26
ラミネート …… 39
ランニングコスト …… 59
リアルタイムPCR …… 259
リザーバー …… 290
リサイクル …… 187
リチウム沈殿 …… 261
リプロービング …… 268
臨機応変 …… 68
類似遺伝子 …… 230
類似遺伝子単離 …… 230
レア遺伝子 …… 234
レア遺伝子単離 …… 234
冷却 …… 84
冷却遠心機 …… 306
冷水 …… 84
冷蔵 …… 84
冷蔵庫 …… 87, 309
冷凍 …… 84
レーザーマイクロ
　ダイセクション …… 142
レプリカプレート法
　…… 123, 173

レプリカメンブレン
　…… 226, 240
レプリケーター …… 108, 124
連続再使用 …… 60
連続ゼロ点調整 …… 45
ローター …… 79, 81
ローテーター …… 109
ロート …… 301
ろ過滅菌 …… 36
ろ紙 …… 139, 144, 181, 292, 301
ロットチェック …… 55

わ

ワゴン …… 18

欧文

A〜D

AGPC法 …… 141
cDNAライブラリー
　…… 266, 269
CTAB沈殿 …… 140
DIG標識 …… 261
DNase …… 256
DNAチップ
　…… 242, 243, 268
DNA抽出 …… 136

E〜H

EST …… 258, 283
EST解析 …… 229
ESTデータ …… 242
EtBr …… 184, 206, 208
G（遠心加速度） …… 79
GTC …… 141
Hae III …… 165
Hae III処理断片 …… 231
HiCEP …… 242

I〜O

ICチップ …… 97
InSituチップ …… 279

in situハイブリ
　ダイゼーション …… 258, 270
LB培地 …… 102
Loading Dye …… 191
mRNA …… 256
mRNAの精製 …… 141
NZY培地 …… 102
OHPシート …… 272

P・R

PCR …… 139, 154, 220, 232, 262, 266
PCRクローニング …… 154
PCRセレクション …… 244
PCRプレート …… 191
PCRミックス …… 194
RACE …… 159, 228
RNaseの不活化 …… 145
RNaseプロテクション
　アッセイ …… 269
RNA抽出 …… 141
RNAドット
　ブロッティング …… 268
RNAプローブ …… 261
RNAプローブ作製 …… 261
RNAポリメラーゼ …… 262
rpm（回転数） …… 79
RT-PCR …… 142, 228, 256

S〜Y

S/N比 …… 269, 280
SOC培地 …… 102
Super broth培地 …… 102
TE飽和済みフェノール …… 149
TE飽和フェノール …… 146
UVイルミネーター …… 35, 206
UV灯 …… 35
WISH法 …… 276, 286
yeast tRNA …… 143

著者プロフィール

小笠原 道生（おがさわら みちお）　千葉大学大学院 融合科学研究科 准教授

1995年 岡山大学理学部生物学科卒業．同年，京都大学大学院理学研究科に進学．2000年 博士課程修了，博士（理学）取得．日本学術振興会特別研究員（PD）．2001年 千葉大学理学部生物学科助手．2002年 日本動物学会奨励賞．2006年千葉大学理学部生物学科助教授．2007年より現職．カタユウレイボヤを中心に，下等脊索動物の咽頭器官の分子進化発生学的研究を行っている．また，お手軽かつ安定的に多検体WISHが行える実験器具として，InSituチップシステムを提案し，盛り上がるのを待っている．

研究室ホームページ　http://life.s.chiba-u.jp/ogasa/

バイオ実験の知恵袋
効率アップとピンチ脱出のワザ350＋

2007年 3月10日 第1刷発行	著　者	小笠原 道生
2010年 7月20日 第2刷発行	発行人	一戸 裕子
	発行所	株式会社 羊土社
		〒101-0052
		東京都千代田区神田小川町2-5-1
	TEL	03（5282）1211
	FAX	03（5282）1212
	E-mail	eigyo@yodosha.co.jp
©Michio Ogasawara, 2007. Printed in Japan	URL	http://www.yodosha.co.jp/
ISBN978-4-7581-0710-5	印刷所	広研印刷株式会社

本書の複写にかかる複製，上映，譲渡，公衆送信（送信可能化を含む）の各権利は（株）羊土社が管理の委託を受けています．

JCOPY　＜（社）出版者著作権管理機構 委託出版物＞
本書の無断複写は著作権法上での例外を除き禁じられています．複写される場合は，そのつど事前に，（社）出版者著作権管理機構（TEL 03-3513-6969, FAX 03-3513-6979, e-mail：info@jcopy.or.jp）の許諾を得てください．

無敵のバイオテクニカルシリーズ

改訂 細胞培養入門ノート

井出利憲，田原栄俊／著

初版から大幅に写真を追加・改変し，
手技の解説がさらにわかりやすくなりました！

- 第1日：無菌操作の基本を身につけよう！
- 第2日：継代の方法と細胞数の計測法を身につけよう！
- 第3日：細胞を正確にまく技術を身につけよう！
- 第4日：マルチウェルプレートの扱いとクローニングの方法を学ぼう！
- 第5日：増殖曲線の作成と応用実習にチャレンジしよう！

＋事前講義（細胞培養の基礎知識），特別実習（共通試薬の作製など）

実習形式の解説で基本操作をしっかりマスター！

- ◆A4判 ◆171頁 ◆2色刷り
- ◆定価（本体4,200円＋税）
- ◆ISBN978-4-89706-929-6

好評シリーズ既刊！

改訂第3版 遺伝子工学実験ノート

田村隆明／編

多くの支持を集める分子生物学実験入門書
待望の改訂第3版!!

- 上 DNA実験の基本をマスターする
  ＜大腸菌の培養法やサブクローニング，PCRなど＞
  232頁　定価（本体3,800円＋税）　ISBN978-4-89706-927-2
- 下 遺伝子の発現・機能を解析する
  ＜RNAの抽出法やリアルタイムPCR，RNAiなど＞
  215頁　定価（本体3,900円＋税）　ISBN978-4-89706-928-9

マウス・ラット実験ノート

中釜 斉，北田一博，庫本高志／編
169頁　定価（本体3,900円＋税）　ISBN978-4-89706-926-5

RNA実験ノート

稲田利文，塩見春彦／編

- 上 RNAの基本的な取り扱いから解析手法まで
  188頁　定価（本体4,300円＋税）　ISBN978-4-89706-924-1
- 下 小分子RNAの解析からRNAiへの応用まで
  134頁　定価（本体4,200円＋税）　ISBN978-4-89706-925-8

改訂 顕微鏡の使い方ノート

野島 博／編　194頁　定価（本体5,400円＋税）
ISBN978-4-89706-917-3

改訂第3版 タンパク質実験ノート

岡田雅人，宮崎 香／編

- 上 抽出・分離と組換えタンパク質の発現
  218頁　定価（本体3,800円＋税）　ISBN978-4-89706-918-0
- 下 分離同定から機能解析へ
  164頁　定価（本体3,700円＋税）　ISBN978-4-89706-919-7

改訂第3版 バイオ実験の進めかた

佐々木博己／編　200頁　定価（本体4,200円＋税）
ISBN978-4-89706-923-4

バイオ研究がぐんぐん進む コンピュータ活用ガイド

門川俊明／企画編集　美宅成樹／編集協力
157頁　定価（本体3,200円＋税）　ISBN978-4-89706-922-7

イラストでみる 超基本バイオ実験ノート

田村隆明／著　187頁　定価（本体3,600円＋税）
ISBN978-4-89706-920-3

改訂 PCR実験ノート

谷口武利／編　179頁　定価（本体3,300円＋税）
ISBN978-4-89706-921-0

バイオ研究 はじめの一歩

野地澄晴／編　155頁　定価（本体3,800円＋税）
ISBN978-4-89706-913-5

発行　羊土社 YODOSHA
〒101-0052　東京都千代田区神田小川町2-5-1　TEL 03(5282)1211　FAX 03(5282)1212
E-mail：eigyo@yodosha.co.jp
URL：http://www.yodosha.co.jp/

ご注文は最寄りの書店，または小社営業部まで

実験がスイスイはかどる 羊土社おすすめ書籍

バイオ実験 誰もがつまずく 失敗&ナットク解決法

大藤道衛／著

- 定価（本体 3,600円＋税）
- A5判　238頁
- ISBN978-4-7581-0727-3

失敗は宝の山だ！ささいなミスから危険な事故まで，知らなきゃ損する失敗の解決策が満載．読みやすい&イメージしやすいケーススタディ形式で，いざという時慌てない，失敗への対応力と実験の基礎力が身に付く！

最適な実験を行うための バイオ実験の原理

分子生物学的・化学的・物理的原理にもとづいたバイオ実験の実践的な考え方

大藤道衛／著

- 定価（本体 3,800円＋税）
- B5判　227頁
- ISBN978-4-7581-0803-4

原理がわかれば実験のコツがわかる！本当に使える入門書！

バイオ試薬調製 ポケットマニュアル

欲しい溶液・試薬がすぐつくれるデータと基本操作

田村隆明／著

- 定価（本体 2,900円＋税）
- B6変型判　286頁
- ISBN978-4-89706-875-6

調製法や特性に加え，基本的なバイオ実験の操作法までわかります

◀ 溶液・試薬データ編と基本操作編の2部構成です．

バイオ実験法&データ 必須 ポケットマニュアル

ラボですぐに使える基本操作といつでも役立つ重要データ

田村隆明／著

- 定価（本体 3,200円＋税）
- B6変型判　324頁
- ISBN978-4-7581-0802-7

実験に必要なデータと汎用プロトコールをポケットサイズにギュッと凝縮した，新しいタイプの実験解説書です

発行　羊土社 YODOSHA　〒101-0052 東京都千代田区神田小川町2-5-1　TEL 03(5282)1211　FAX 03(5282)1212
E-mail : eigyo@yodosha.co.jp
URL : http://www.yodosha.co.jp/

ご注文は最寄りの書店，または小社営業部まで